Praktiken und Räume des Wissens

Expertenkulturen in Geschichte und Gegenwart

Herausgegeben von
Marian Füssel, Frank Rexroth und Inga Schürmann

Vandenhoeck & Ruprecht

Gedruckt mit freundlicher Unterstützung der Deutschen Forschungsgemeinschaft.

Bibliografische Information der Deutschen Nationalbibliothek:
Die Deutsche Nationalbibliothek verzeichnet diese Publikation in
der Deutschen Nationalbibliografie; detaillierte bibliografische Daten
sind im Internet über http://dnb.de abrufbar.

Umschlagabbildung: »Adam Schall von Bell« (kolor. Zeichnung).
Deutsche Provinz der Jesuiten, München, © SJ-Bild

Satz: textformart, Göttingen | www.text-form-art.de
Druck und Bindung: ⊕ Hubert & Co BuchPartner, Göttingen
Printed in the EU

Vandenhoeck & Ruprecht Verlage | www.vandenhoeck-ruprecht-verlage.com

ISBN 978-3-525-37073-5

Inhalt

III. Grenzen der Expertise

Marian Füssel, Frank Rexroth und Inga Schürmann

Experten in vormodernen und modernen Kulturen

Zur Einführung

Wir wählen den Einstieg in unser Thema über eine Person, die an der Wende vom 12. zum 13. Jahrhundert auf sich aufmerksam machte: den jüngeren Peter von Blois, der wohl in den späteren 1120er Jahren geboren wurde und der bis 1212 lebte.[1] Macht man sich heute über ihn anhand von Fachlexika kundig, stellt man ihn sich als typisches Kind seiner Zeit vor. Er war ein ehrgeiziger junger Mann aus der Bretagne, mobil, bildungswillig und jahrzehntelang auf der Jagd nach einem Auskommen, das seinem nicht eben geringen Selbstwertgefühl entsprechen würde. Peters Bestreben war es, irgendwo ein Bistum übertragen zu bekommen – jedes andere Ziel erachtete er offenbar als zu gering. Sein Bildungsgang fiel entsprechend aus: Er erhielt in Paris elementaren Unterricht, an den sich weitere Studien in Tours und wohl auch Chartres anschlossen. Danach reiste er zum Jurastudium nach Bologna, doch dort fand er nicht, was er sich erhofft hatte, also kehrte er bald nach Paris zurück und befasste sich dort mit der Theologie. Peter besuchte die päpstliche Kurie, wurde in Rouen Angehöriger des erzbischöflichen Haushalts, suchte die Nähe zum Bischof von London, nahm 1189 am Kreuzzug teil, besuchte Salerno und schmiedete Pläne, als Prinzenerzieher am sizilischen Königshof zu arbeiten. Nach einer letzten Lebensphase als Archidiakon von London beschloss er etwa achtzigjährig sein Leben.

Sein Ziel, selbst zum Bischof erhoben zu werden, hat er also niemals erreicht. Peter war ein Mann, der für den allergrößten Teil seines Lebens die anspruchsvolleren Möglichkeiten, ein Auskommen zu finden, verfolgt hat. Erst auffallend spät ließ er sich zum Priester weihen; möglicherweise hatte er geglaubt, dass man auch anderweitig zum Zug kommen kann. Und trotzdem: Immerhin einmal in seinem Leben war Peter ein großer Coup gelungen. Nachdem er lange Zeit im Auftrag verschiedener Herren Schriftsätze verfasst hatte, stellte er seine eigenen Briefe zu einer Sammlung zusammen, die ausgesprochen erfolgreich sein sollte:

---

[1] Zur Biographie Taliadoros, Jason: Communities of Learning in Law and Theology. The Later Letters of Peter of Blois (1125/30–1212), in: Mews, Constant J. / Crossley, John N. (Hg.): Communities of Learning. Networks and the Shaping of Intellectual Identity in Europe. 1100–1500, Turnhout 2011, S. 85–107; Southern, Richard W.: Scholastic Humanism and the Unification of Europe, Bd. 2, Oxford 2001, S. 178–218, dort auch S. 180 f. zur Unterscheidung Peters von einem Verwandten und Namensvetter, der auch sein Lehrer war; Cotts, John D.: The Clerical Dilemma. Peter of Blois and Literate Culture in the Twelfth Century, Washington, D. C. 2009; Türk, Egbert: Pierre de Blois. Ambitions et Remords sous les Plantegenêts, Turnhout 2006.

300 Exemplare dieser Sammlung sind erhalten! Schon bald stand Peter seinen Zeitgenossen als ein virtuoser Briefschreiber vor Augen, den man mit vielerlei Dingen beauftragen und an dessen Briefen man seinen eigenen Stil schulen konnte.[2]

Für unsere Zusammenhänge sind allerdings diejenigen Briefe besonders interessant, die Peter erst in der letzten Phase seines Lebens, d. h. nach dem Abschluss der berühmten Briefsammlung, verfasste. An ihnen nämlich fällt eine besondere Art und Weise auf, wie der Briefschreiber seine Expertise präsentierte. Er inszeniert sich als Träger nutzbaren, abrufbaren und dezidiert praxisbezogenen Sachwissens, ja man könnte diese Briefe als *Expertenbriefe* bezeichnen.[3] Von anderen Brieftypen sind sie recht deutlich unterscheidbar, sei es mit Rekurs auf ihren Inhalt oder auf die soziale Rolle, die der Briefschreiber in ihnen übernimmt. Sie handeln weder von Freundschaft noch von Geschäften. Auch heben sie sich ab von jenen auffälligen Briefen, in denen sich Schreiber selbstbewusst und mit den Waffen der geschliffenen Sprache an Päpste und andere hohe Würdenträger wenden und Anliegen von allgemeiner Wichtigkeit vorbringen, die sie von Amts wegen nichts oder doch wenig angehen. Man ist versucht, diese letzteren Episteln als Intellektuellenbriefe zu bezeichnen: Einzig mit der Macht der virtuosen Formulierung mischen sich ihre Verfasser in Dinge außerhalb ihrer Zuständigkeit ein, die sie aber zum Wohl der Allgemeinheit verändert sehen wollen.[4]

Die Expertenbriefe, um die es hier gehen soll, folgen einer ganz anderen Logik. Sie gehen allesamt auf eine spezifische Anfrage zurück, auf die der Briefschreiber eingangs Bezug nimmt und die er dann in auffallend konzisem Stil mit einer Antwort bedenkt. »Ihr habt mir, der ich derzeit weder körperlich entlastet noch geistig erholt bin, schwierige und heikle Fragen vorgelegt, damit ich euch diese Dinge sorgfältig erläutere«, antwortet Peter auf eine Anfrage, die ihn vom Abt des Zisterzienserklosters von Coggeshall in Essex erreichte.[5] Die

---

2 Wahlgren, Lena: The Letter Collections of Peter of Blois. Studies in the Manuscript Tradition, Göteborg 1993.

3 Peter von Blois: The Later Letters, hg. v. Elizabeth Revell, Oxford 1993, siehe zum Beispiel epp. 16, 29, 35–37, 39–41, 46, 50, 53.

4 Ebd., zum Beispiel S. 1–3. Ein Archidiakon von London (d. h. Peter) will hier den Papst (Innozenz III.) unaufgefordert darüber belehren, wie und wieso man den Ritus der Messfeier reformieren sollte! Die soziologische Beschreibung des Intellektuellen auf der Grundlage derartiger »legitimer«, aber »inkompetenter« (d. h. durch Nicht-Zuständige geübter) Kritik geht zurück auf Lepsius, Mario R.: Kritik als Beruf. Zur Soziologie des Intellektuellen, in: Ders. (Hg.): Interessen, Ideen und Institutionen, Opladen 1990, S. 270–285.

5 Peter von Blois, The Later Letters (wie Anm. 3), ep. 29, S. 146, 7: »[…] michi graves et arduas proponitis questiones ut eas vobis diligenter explanem, qui nec ad momentum vacationem corporis habeo animive quietem«. Vgl. Hugo, Charles Louis: Sacrae antiquitatis monumenta historica, dogmatica, diplomatica, Bd. 2, Saint-Diè 1731, ep. 37, S. 380–382, hier S. 380: »Quaestionibus tuis nuper me pulsasti, pulsatus pauca respondi; negotiosus siquidem tibi respondere non potui. Malui itaque pauca de plurimis respondere, quam in multiloquio errare, et per multiloquium incurrere falsiloquium«.

Fragen, auf die die Expertenbriefe eingehen, treffen einzeln oder – wie in diesem Fall – im Paket ein, sie sind in Peters spätem Briefwerk durchweg theologischen oder liturgischen Problemen gewidmet. Das war nicht immer so, früher war Peter auf dieselbe Weise auch um Informationen über eherechtliche und andere juristische Fragen konsultiert worden, in einem Fall sogar von einem Studenten des Rechts.[6] Doch in seiner Zeit als Londoner Archidiakon galt er als Experte in Dingen des Glaubens: Wie ist die Auferstehung des Lazarus zu verstehen? Können sich Schlafende oder Irre Verdienste erwerben, d.h. setzt das Verdienst intentionales Handeln voraus oder nicht?[7] Manchmal haben die Fragen sich aus vorangegangenen mündlichen Unterredungen zwischen Peter und den Fragenden ergeben, und Peters Antworten fanden offenbar so großen Anklang, dass er über die Belastung zu klagen begann, die von den häufiger werdenden Anfragen herrührte. Auch bei niedrigen Dignitären der englischen Kirche hatte sich Peter allem Anschein nach einen Ruf als eine Art ›Briefkasten-Experte‹ erworben. Mit seinen Texten signalisiert Peter, dass er über maßgeschneidertes Wissen zur Beantwortung der an ihn gerichteten Fragen verfügt, und dies ohne Rücksicht auf Fächergrenzen.[8] Er benutzt die theologische Literatur seiner Zeit, aber er inszeniert sich nicht selbst als Theologe, sondern als »expert mediator« zwischen gelehrtem und nicht-gelehrtem Wissen.[9]

Diese Expertenbriefe pflegen einen *medias in res*-Stil. Sie lassen ihre Leser beobachten, wie sich der Schreiber-Experte durch die Sichtung von Autoritäten, durch diskursive Problembehandlung und durch Abwägen einer Antwort annähert. In der Interaktion zwischen Fragenden und Respondierenden nehmen die Expertenbriefe diejenige Stelle ein, die wenige Jahrzehnte später von einer neuen Textsorte besetzt werden wird: dem Gutachten; und dieses erinnert ja in seinem Aufbau ebenfalls noch an die Epistolographie des 12. Jahrhunderts.[10] Auch Peter als dem Verfasser von Expertenbriefen ist es wichtig, seine Wissensgrundlagen zu nennen, also einfließen zu lassen, was seine Aussagen qualifiziert, und gerade in jenen Expertenbriefen ist er in auffälliger Weise um einen objektivierenden Stil ohne Abschweifungen und bekennerhafte Selbstaussagen bemüht. Sie sind keine gelehrten Abhandlungen, treffender würde man von Aufbereitungen gelehrten Wissens sprechen. Ohne selbst dem gelehrten Jargon ihrer Zeit zu folgen, präsentieren sie Problemlösungen auf gelehrter Grundlage. Sie legen Wert auf klare, verständliche Antworten.

---

6   Peter von Blois: Opera omnia, Bd. 1 u. 2: Epistolae, hg. v. John A. Giles, Oxford 1847, ep. 19, S. 71–74.
7   Peter von Blois, The Later Letters (wie Anm. 3), epp. 39f.
8   Taliadoros, Communities of Learning (wie Anm. 1).
9   Zum »expert mediator« als einer sozialen Rolle Ash, Eric H.: Power, Knowledge, and Expertise in Elizabethan England, Baltimore 2004.
10 Am Beispiel des Thomas von Aquin Wieland, Georg: Praktische Philosophie und Politikberatung bei Thomas von Aquin, in: Kaufhold, Martin (Hg.): Politische Reflexion in der Welt des späten Mittelalters. Political Thought in the Age of Scholasticism. Essays in Honor of Jürgen Miethke, Leiden 2004, S. 65–83.

In Zusammenhang mit dem Auftauchen solcher Texte scheint der Umstand zu stehen, dass die Wissenschaften (hier: die Theologie) um 1200 bereits zu einer Sache für Gelehrte geworden sind, zu einer Denkgemeinschaft von Männern, die ihre ganze intellektuelle Aufmerksamkeit der Weiterentwicklung ihres Fachs als einer scholastischen Disziplin gewidmet haben.[11] Derartige Wissenschaft und ihre Hervorbringungen waren raffiniert und voraussetzungsreich, und man konnte sie nur noch überblicken, wenn man sich selbst in den zeitgenössischen disziplinären Diskurs hineinbegab. Mit Briefen wie denen des späten Peter von Blois schob sich nun ein neues Bindeglied zwischen die Wissenschaft und die lebensweltlichen Bedürfnisse von Seelsorgern. Gefragt war offenbar eine Wissensform, die beanspruchte, das theologische Wissen der Zeit für den Gebrauch außerhalb des scholastischen Feldes zurechtzuschneiden und dadurch passförmig für die Nutzung durch Seelsorger zu machen.

Jene Wissensform und die Selbstinszenierung, die wir an Peter von Blois beobachtet haben, sind im Rahmen des Göttinger Graduiertenkollegs »Expertenkulturen des 12. bis 18. Jahrhunderts« zwischen 2009 und 2018 intensiv erforscht worden. Der Göttinger Zugang zur Geschichte der vormodernen Expertenkulturen stützte sich mit Institutionen, Inszenierungen, Ambivalenzen und Märkten auf eine Reihe von miteinander verzahnten forschungsleitenden Begriffen. Dieser Zugang wird im vorliegenden Band noch einmal durch weitere Perspektiven auf Räume, Praktiken und Grenzen ergänzt. Am Anfang der gemeinsamen Arbeit stand die Überlegung, dass europäische Expertenkulturen seit dem 12. Jahrhundert historisch bestimmte institutionelle Verdichtungen erfahren haben, die ihnen Stabilität und Dauer verliehen.[12] Der Institutionenbegriff wurde dabei bewusst weit gefasst und kann neben Universitäten, Höfen, Klöstern oder Stadtmagistraten auch eher virtuelle Kommunikationsgemeinschaften wie etwa die Gelehrtenrepublik oder eine gelehrte Fachgemeinschaft umfassen.[13] Eng mit den Institutionalisierungen verknüpft ist die symbolische Inszenierung von Experten und deren Rollen. Titulatur, Kleidung, Rangordnung, Fachsprache oder bestimmte Instrumente wiesen den Experten symbolisch als solchen aus.[14] Inszenierung wird nicht als bloßes Zeigen und

---

11 Zu diesem Prozess jetzt Rexroth, Frank: Fröhliche Scholastik. Die Wissenschaftsrevolution des Mittelalters, München 2018, dort S. 278–283 zur Rolle von Experten und Expertenbriefen.

12 Wegweisend sind hier die Arbeiten des Dresdner SFBs 537 »Institutionalität und Geschichtlichkeit« (1997–2008), vgl. in Auswahl Melville, Gert (Hg.): Institutionalität und Symbolisierung. Verstetigung kultureller Ordnungsmuster in Vergangenheit und Gegenwart, Köln 2001; Ders. / Vorländer, Hans (Hg.): Geltungsgeschichten. Über die Stabilisierung und Legitimierung institutioneller Ordnung, Köln 2002; Brodocz, André u. a. (Hg.): Institutionelle Macht. Genese – Verstetigung – Verlust, Köln 2005.

13 Füssel, Marian u. a. (Hg.): Höfe und Experten. Relationen von Macht und Wissen in Mittelalter und Früher Neuzeit, Göttingen 2018; zur Gelehrtenrepublik vgl. Füssel, Marian / Mulsow, Martin (Hg.): Gelehrtenrepublik, Hamburg 2015.

14 Rexroth, Frank / Schröder-Stapper, Teresa (Hg.): Experten, Wissen, Symbole. Performanz und Medialität vormoderner Wissenskulturen, Berlin 2018.

Darstellen verstanden, sondern als performativer Akt, der erst schuf, was er bezeichnete.[15] Besonders plastisch wird dies in Ritualen der Statusveränderung, wie etwa einer Meisterprüfung oder einer Doktorpromotion, aber auch in vielfältigen anderen Formen des ›doing expertise‹ wie einem Richterspruch oder einer medizinischen Harnschau.[16] Inszenierungen werden damit zum unverzichtbaren Bestandteil von Expertenkulturen, rufen aber seit jeher auch die Kritiker der Experten auf den Plan.[17] Gerade der Blick auf die symbolische Praxis ließ immer wieder die Ambivalenzen der Expertenkultur hervortreten, deren Vertreter nicht nur als willkommene Problemlöser, sondern auch als Gefährdung sozialer Ordnung wahrgenommen wurden.[18] Die Macht der Experten – egal ob real oder zugeschrieben, in jedem Fall aber als relationales Gefüge verstanden – konnte sich in anmaßendem Standesgebaren äußern, ebenso aber im Gefühl des Kontrollverlustes des immer mehr von Expertise abhängigen Individuums. Expertenskepsis wurde zum kontinuierlichen Begleiter von Expertenkulturen.

Die Trias von Institution, Inszenierung und Ambivalenz, respektive Kritik, wurde in der zweiten Förderphase des Kollegs noch um die Kategorie des Marktes ergänzt.[19] Das war neben der Erweiterung des Untersuchungszeitraums bis in die Sattelzeit um 1800 vor allem der generellen empirischen Beobachtung geschuldet, dass sich die Fabrikation, Anrufung und Konjunktur bestimmter Expertenrollen nicht allein bestimmten klassischen institutionellen Figurationen wie Hof, Stadt, Universität oder Klerus verdankte, sondern im weitesten Sinne auch marktförmigen Mechanismen gehorchte. Auf dem medizinischen Gesundheitsmarkt einer vormodernen Stadt konkurrierten unterschiedliche Anbieter mit Heilungsangeboten und Heilungsversprechen wie akademische Ärzte,

---

15 Bourdieu, Pierre: Einsetzungsriten, in: Ders.: Was heißt sprechen? Die Ökonomie des sprachlichen Tausches, Wien 1990, S. 84–93.

16 Zur Promotion vgl. Rasche, Ulrich: Die deutschen Universitäten und die ständische Gesellschaft. Über institutionengeschichtliche und soziökonomische Dimensionen von Zeugnissen, Dissertationen und Promotionen in der Frühen Neuzeit, in: Müller, Rainer A. (Hg.): Bilder – Daten – Promotionen. Studien zum Promotionswesen an deutschen Universitäten in der frühen Neuzeit, bearb. v. Hans-Christoph Liess u. Rüdiger vom Bruch, Stuttgart 2007, S. 150–273; Füssel, Marian: Ritus Promotionis. Zeremoniell und Ritual akademischer Graduierungen in der frühen Neuzeit, in: Schwinges, Rainer Christoph (Hg.): Examen, Titel, Promotionen. Akademisches und staatliches Qualifikationswesen vom 13. bis zum 21. Jahrhundert, Basel 2007, S. 411–450. Zu den Praktiken der »Schau« vgl. den Beitrag von Annemarie Kinzelbach in diesem Band.

17 Füssel, Marian: Die Experten, die Verkehrten? Gelehrtensatire als Expertenkritik in der Frühen Neuzeit, in: Reich, Björn u. a. (Hg.): Wissen, maßgeschneidert. Experten und Expertenkulturen im Europa der Vormoderne, München 2012, S. 269–288.

18 Rexroth, Frank: Systemvertrauen und Expertenskepsis. Die Utopie vom maßgeschneiderten Wissen in den Kulturen des 12. bis 16. Jahrhunderts, in: Reich u. a. (Hg.), Wissen, maßgeschneidert (wie Anm. 17), S. 12–44.

19 Füssel, Marian u. a. (Hg.): Wissen und Wirtschaft. Expertenkulturen und Märkte vom 13. bis 18. Jahrhundert, Göttingen 2017.

jüdische Ärzte, Hebammen, Bader oder mobile Scharlatane.[20] Auch im Bereich der Jurisprudenz sind Konkurrenzen greifbar, sei es im sogenannten »*forum shopping*« oder bei der Erstellung von Gutachten.[21] Im Kontext der Handelsgesellschaften, das zeigt beispielsweise der Beitrag von *Susanne Friedrich*, ergab sich Konkurrenz nicht nur zu anderen Gesellschaften, sondern ebenso um Expertisen etwa zu Seewegen, Produkt- oder Sprachkenntnissen. In der Figur des »Projektemachers«, der im 17. und 18. Jahrhundert Konjunktur feierte, wird die Marktbezogenheit von Expertise schließlich in einer spezifischen Persona greifbar, deren Image wiederum ähnliche Ambivalenzen aufwies wie der Experte.[22] Die zentrale Figur in der Generierung von Experten, die Situation der Anrufung, kann durch den Blick auf Märkte und Konkurrenzen heuristisch präzisiert werden, ohne damit einen zu engen Rahmen zu ziehen. Anrufung meint hier im Sinne der Subjektivierungstheorien von Althusser bis Butler eine Situation der Interpellation, in der ein Subjekt als Experte bzw. um seine Expertise angerufen wird: die Beauftragung eines Anwaltes, die Konsultation eines Arztes oder die Befragung eines Fernsehexperten während einer Nachrichtensendung.[23]

Mögliche Verengungen der Perspektive auf vormoderne Expertenkulturen des 12. bis 18. Jahrhunderts zu überwinden, war ein wesentliches Ziel der hier dokumentierten Abschlusstagung des Graduiertenkollegs. Dies geschah in zwei Richtungen: Nach der Weitung des Zeitraums bis 1800 wollten wir einerseits den Sprung in die Moderne wagen, andererseits die fraglos eurozentrische Blickrichtung durch eine räumliche Perspektivenweitung aufbrechen.[24] Experten-

---

20 Schütte, Jana Madlen: Medizin im Konflikt. Fakultäten, Märkte und Experten in deutschen Universitätsstädten des 14. bis 16. Jahrhunderts, Leiden 2017; zur medizinischen Gutachtenpraxis vgl. Geisthövel, Alexa / Hess, Volker (Hg.): Medizinisches Gutachten. Geschichte einer neuzeitlichen Praxis, Göttingen 2017; vgl. auch den Beitrag von Annemarie Kinzelbach in diesem Band.

21 Jasper, Dieter: Forum shopping in England und Deutschland, Berlin 1990; Oestmann, Peter: Wege zur Rechtsgeschichte. Gerichtsbarkeit und Verfahren, Köln 2015, S. 287; zu den Gutachten vgl. Falk, Ulrich: Consilia. Studien zur Praxis der Rechtsgutachten in der frühen Neuzeit, Frankfurt a. M. 2006.

22 Vgl. Lazardzig, Jan: Projektemacher als Virtuosen des Wissens?, in: Brandstetter, Gabriele u. a. (Hg.): Prekäre Exzellenz. Künste, Ökonomien und Politiken des Virtuosen, Freiburg i. Br. 2011, S. 37–55, sowie das laufende Göttinger Dissertationsprojekt von Stefan Droste: Mechanisierung der Elemente? Militärisches Projektemachen zwischen Imagination und Scheitern (1650–1750).

23 Zur Figur der Anrufung vgl. Althusser, Louis: Ideologie und ideologische Staatsapparate. Aufsätze zur marxistischen Theorie, Hamburg 1977; Butler, Judith: Psyche der Macht. Das Subjekt der Unterwerfung, Frankfurt a. M. 2001.

24 Vgl. zum 19. und 20. Jahrhundert u. a. MacLeod, Roy (Hg.): Government and expertise. Specialists, Administrators, and Professionals 1860–1919, Cambridge 1988; Hitzler, Ronald u. a. (Hg.): Expertenwissen. Die institutionalisierte Kompetenz zur Konstruktion von Wirklichkeit, Opladen 1994; Busset, Thomas / Schumacher, Beatrice (Hg.): »Experten« – »L'Expert«. Aufstieg einer Figur der Wahrheit und des Wissens – L'Ascension d'une Figure de la Vérité et du Savoir (= Traverse. Zeitschrift für Geschichte, Themenheft 2), Zürich 2001; Kurz-Milcke, Elke / Gigerenzer, Gerd (Hg.): Experts in science and society,

kulturen wurden von uns stets als Plural verstanden, d. h. es gibt nicht ›den‹ Experten und nicht ›die eine‹ europäische Expertenkultur, sondern es geht um Konstellationen von Expertise. Damit wird bewusst gegen eine Essentialisierung des Expertenbegriffs argumentiert. Expertise wird vielmehr praxeologisch als immer wieder neu geschaffen begriffen.[25] Dennoch stellt sich zweifellos die Frage nach historischem Wandel und Entwicklungsmodellen. So sind wir den Veränderungen der jeweiligen Konstellationen nachgegangen, ohne in ihrer Analyse einem modernisierungstheoretischen Großnarrativ zu folgen, sei es der okzidentalen Rationalisierung, der funktionalen Differenzierung oder einer Geburt der Wissensgesellschaft, obwohl wir allen diesen Ansätzen wichtige Impulse verdanken.[26] Auch ein Aufbruch zu einer neuen europäischen Wissenskultur um 1200, dem Beginn des vom Graduiertenkolleg angelegten Untersuchungszeitraumes, ist evident, ohne ein gradliniges Entwicklungsnarrativ oder eine Fortschrittsgeschichte zu beflügeln.[27] Blickt man etwa auf die Expertenkultur im Umfeld der europäischen Universitäten, ergibt sich in vielen Belangen ein Bild erstaunlicher Kontinuitäten, das allerdings nicht verallgemeinerbar für alle Formen der Anrufung von Expertise ist. Begriffe wie »Expertokratisierung« setzen

New York 2004; Engstrom, Eric J. u. a. (Hg.): Figurationen des Experten. Ambivalenzen der wissenschaftlichen Expertise im ausgehenden 18. und frühen 19. Jahrhundert, Frankfurt a. M. 2005; Kästner, Alexander / Kesper-Biermann, Sylvia (Hg.): Experten und Expertenwissen in der Strafjustiz von der Frühen Neuzeit bis zur Moderne, Leipzig 2008; Kohlrausch, Martin (Hg.): Expert Cultures in Central Eastern Europe. The Internationalization of Knowledge and the Transformation of Nation States since World War I, Osnabrück 2010; Schleiff, Hartmut / Konečný, Peter (Hg.): Staat, Bergbau und Bergakademie: Montanexperten im 18. und frühen 19. Jahrhundert, Stuttgart 2013; Keller, Márkus: Experten und Beamte. Die Professionalisierung der Lehrer höherer Schulen in der zweiten Hälfte des 19. Jahrhunderts in Ungarn und Preußen im Vergleich, Wiesbaden 2015; Furusten, Staffan / Werr, Andreas (Hg.): The Organization of the Expert Society, New York 2016.

25 Zu praxeologischen Ansätzen vgl. Haasis, Lucas / Rieske, Constantin (Hg.): Historische Praxeologie. Dimensionen vergangenen Handelns, Paderborn 2015; Füssel, Marian: Praxeologische Perspektiven in der Frühneuzeitforschung, in: Brendecke, Arndt (Hg.): Praktiken der Frühen Neuzeit. Akteure – Handlungen – Artefakte, Köln 2015, S. 21–33; Ders.: Praktiken historisieren. Geschichtswissenschaft und Praxistheorie im Dialog, in: Daniel, Anna u. a. (Hg.): Methoden einer Soziologie der Praxis, Bielefeld 2015, S. 267–287.

26 Als geraffter Überblick über Modernisierungstheorien immer noch nützlich: Loo, Hans van der / Reijen, Willem van: Modernisierung. Projekt und Paradox, München 1992. Die zwischen 2000 und 2010 intensiv geführte Diskussion um die Genese einer Wissensgesellschaft scheint mittlerweile etwas an Dynamik verloren zu haben, vgl. Burke, Peter: Papier und Marktgeschrei. Die Geburt der Wissensgesellschaft, Berlin 2001; Dülmen, Richard van / Rauschenbach, Sina (Hg.): Macht des Wissens. Die Entstehung der modernen Wissensgesellschaft, Köln 2004; Vogel, Jakob: Von der Wissenschafts- zur Wissensgeschichte. Für eine Historisierung der »Wissensgesellschaft«, in: Geschichte und Gesellschaft 30 (2004), S. 639–660; Füssel, Marian: Auf dem Weg zur Wissensgesellschaft. Neue Forschungen zur Kultur des Wissens in der Frühen Neuzeit, in: Zeitschrift für historische Forschung 34/2 (2007), S. 273–289.

27 Vgl. Rexroth, Scholastik (wie Anm. 11).

einen Prozesscharakter voraus, der seine konzeptionellen Grenzen schnell in der langen Dauer findet.[28] Als Prozesse mittlerer Reichweite können Konjunkturen spezifischer Expertenkulturen jedoch sehr wohl beobachtet werden. Im Folgenden wird wiederholt von Grenzen, Entgrenzungen und Grenzüberschreitungen die Rede sein; Begriffe, die ohne Zweifel mittlerweile zum modischen Vokabular der historischen Kulturwissenschaften gehören. Gerade für eine Abschlusstagung war es jedoch eine Frage der intellektuellen Redlichkeit, sich der Reichweite des eigenen Ansatzes noch einmal reflexiv zu stellen und ihn damit mit seinen schon rein pragmatisch unvermeidbaren Begrenzungen zu konfrontieren.

Grenzen setzen nicht nur spezifische Epochenzugänge, sondern auch unterschiedliche Disziplinen wie die Soziologie und die Kognitionspsychologie, deren Zugänge zur »Expertise als soziale Konstruktion und Expertise als mentale Realität« landläufig als inkommensurabel gelten. *Marcel Bubert* argumentiert in seinem Beitrag hingegen dafür, diese Grenzziehungen zu überwinden und den dialektischen Verschränkungen der Inhalte und Strukturen mit den Zuschreibungen von Expertenwissen nachzugehen. Um konkrete räumlich-geographische Grenzüberschreitungen geht es bei *Ekaterini Mitsiou*, die mit den Dominikanern in der Romania (d. h. der zuvor byzantinisch beherrschten Region des östlichen Mittelmeerraums) einen europäischen Grenzraum in den Blick nimmt, während *Masaki Taguchi* mit dem Vergleich zu japanischen Rechtsexperten auf einen noch weiter entfernten Kulturraum eingeht, der lange Zeit kaum Austausch mit Europa hatte. Um Grenzüberschreitungen und Übersetzungsarbeiten geht es gleich in mehrfacher Hinsicht in *Georg Fischers* Analyse von geologischer Expertise um 1900. Fischer verfolgt nicht nur den Transfer zwischen Brasilien und Europa, sondern auch zwischen Wissenschaft, Staat und Markt.

Die grundlegende Problematik der Historisierung von Expertenkulturen diskutiert *Eric H. Ash*. So hat der Begriff des »Experten« immer mit dem Vorwurf des Anachronismus zu kämpfen, obwohl die Begriffsgeschichte der »*periti*« weit zurückreicht.[29] Zum verbreiteten Etikett wird der Begriff hingegen erst im 19. Jahrhundert. Im Sinne eines produktiven Anachronismus hat der Terminus jedoch unfraglich seinen heuristischen Wert, der, wenn er sich der eigenen Geschichtlichkeit bewusst ist, nicht durch begriffsgeschichtliche Befunde beeinträchtigt wird.[30] Dennoch mahnt Ash zu Recht einen reflektierten Begriffsgebrauch an. Ein zentrales Defizit mangelnder wissenshistorischer Historisierung sieht Ash in den westlichen Fortschrittsnarrativen der sogenannten

---

28 Meuser, Michael / Nagel, Ulrike: Das ExpertInneninterview. Wissenssoziologische Grundlagen und methodische Durchführung, in: Friebertshäuser, Barbara / Prengel, Annedore (Hg.): Handbuch qualitative Forschungsmethoden in der Erziehungswissenschaft, Weinheim 1997, S. 481–491, hier S. 483.

29 Vgl. Röckelein, Hedwig / Friedrich, Udo (Hg.): Experten der Vormoderne zwischen Wissen und Erfahrung (= Das Mittelalter 17/2), Berlin 2012.

30 Vgl. zum produktiven Anachronismus Le Goff, Jacques: Die Intellektuellen im Mittelalter, Stuttgart 1986 [zuerst 1957]; zu dessen wissenschaftshistorischer Einordnung vgl. Rexroth, Scholastik (wie Anm. 11), S. 27–29.

»*whig-history*«, deren jüngste Spielarten Andre Wakefield polemisch als »Disney History« bezeichnet hat.[31] Gerade wenn wir mit Begriffen wie »Experte« oder »Markt« operieren, ist eine solche reflexive Vorgehensweise unabdingbar, will man Nachmodernisierungen der Vergangenheit entgehen.

Am Beispiel der Wirtschaftsexpert_innen an der »Schnittstelle von Wissenschaft, Politik und Medien« zeigt *Jens Maeße*, dass auch in modernen Gesellschaften Praktiken der Inszenierung wirkmächtig sind. Im »Exzellenz-Dispositiv« verbinden sich vormoderne und moderne Begrifflichkeit. So ließ sich mancher Professor im 18. Jahrhundert »Exzellenz«, eigentlich ein Adelstitel, nennen, jedoch nicht ohne den Spott seiner Kollegen zu ernten.[32] In der jüngsten Zeit hat sich der Begriff von Individuen auf Institutionen übertragen und damit ebenfalls Skepsis und Kritik hervorgerufen.[33]

Wenn wir nach den Grenzen von Expertise fragen, muss das nicht nur die Grenzen von Expertenkulturen in Raum und Zeit meinen, sondern kann sich auch auf die Begrenztheit der Expertise selbst beziehen. Das kann die Konkurrenz um Preise betreffen, wie sie der Beitrag von Susanne Friedrich rekonstruiert, es kann aber ebenfalls um weniger agonale Formen der Grenzziehung gehen. So zeigt *Klaus Oschema* am Beispiel des ›Versagens‹ spätmittelalterlicher Astrologen, wie deren Prognosen zwar unzutreffend sein konnten, ihre Expertenrolle aber dennoch nicht darunter litt. Denn sie arbeiteten mit rhetorischen Strategien an einer gewissen Unbestimmtheit der Aussagen, die sich gar nicht allein im Wert für Zukünftiges erschöpften, sondern auch einer Bestandsaufnahme des Gegenwärtigen dienen konnten. Als noch wirkmächtiger sieht Oschema jedoch die Schaffung eines kognitiven »Raums der Unschärfe« rund um den Vorgang der Vorhersage. Mit spanischen Moraltheologen und Humanisten des 16. Jahrhunderts beleuchtet *Philip Knäble* eine Gruppe »multipler Experten«, die sich allen Tendenzen der funktionalen Differenzierung zum Trotz als begehrte Experten in Fragen der Wirtschaftsethik behaupteten. Knäble wendet sich damit gegen modernisierungstheoretische Kurzschlüsse, die mit einem Fokus auf den protestantischen Raum die kulturelle Produktivität und Funktionalität von spezifischen Akteurskonstellationen in Neu-Spanien vernachlässigen, und stellt so weitere konfessionelle und epochale Grenzen der Expertise in Frage.

Am Beispiel der frühneuzeitlichen Medizingeschichte im Alten Reich hinterfragt *Annemarie Kinzelbach* den Expertenstatus gelehrter Ärzte. Ähnlich wie

---

31 Wakefield, Andre: Butterfield's Nightmare. The History of Science as Disney History, in: History and Technology 30/3 (2014), S. 232–251.

32 Vgl. Füssel, Marian: Die zwei Körper des Professors. Zur Geschichte des akademischen Habitus in der Frühen Neuzeit, in: Carl, Horst / Lenger, Friedrich (Hg.): Universalität in der Provinz. Die vormoderne Landesuniversität zwischen korporativer Autonomie, staatlicher Abhängigkeit und gelehrten Lebenswelten, Darmstadt 2009, S. 209–232, hier S. 222–224.

33 Kaube, Jürgen (Hg.): Die Illusion der Exzellenz. Lebenslügen der Wissenschaftspolitik, Berlin 2009; Münch, Richard: Die akademische Elite. Zur sozialen Konstruktion wissenschaftlicher Exzellenz, Frankfurt a. M. 2007.

Jens Maeße im Hinblick auf heutige Wirtschaftsexperten geht auch Kinzelbach für die vormoderne Stadtgesellschaft von einem »trans-epistemischen Feld« aus, d.h. konkret einem Ineinanderwirken verschiedener Akteure beim Aushandeln von Expertise: der Obrigkeit, den Kranken und diversen »nicht-akademischen« Heilkundigen, darunter auch eher handwerklich ausgebildete Mediziner und Frauen. Mit *Brigitte Hubers* Beitrag zu Funktionen und Grenzen medialer Expertise schließt sich der Bogen zur Gegenwart. Der Expertentypus Peter Scholl-Latour ist im Fernsehzeitalter scheinbar allgegenwärtig, doch auch hier sind zeithistorisch Konjunkturen wie Begrenzungen beobachtbar. Trotz eines tendenziellen Anstiegs der Präsenz von Expertenaussagen in der Presse der vergangenen zwei Jahrzehnte stößt deren Expertise an verschiedene Grenzen, die Huber unter die »Vielfalt der Expertenstimmen«, die »Unabhängigkeit der Experten« und die »Transparenz in der Darstellung« fasst.

Gemeinsam bestätigen, ergänzen und modifizieren die hier versammelten Beiträge so aus den unterschiedlichsten Blickwinkeln die Forschungsergebnisse des Graduiertenkollegs »Expertenkulturen des 12. bis 18. Jahrhunderts«. Sie eröffnen schlaglichtartig vielfältige neue Perspektiven auf die Rolle des Experten und machen zugleich sichtbar, was seinen Typus über zeitliche und räumliche Grenzen hinweg, von Peter von Blois bis zu den Adels- und Terrorismusexperten der heutigen Fernsehlandschaft, ausmacht.

I. Räume des Wissens

Marcel Bubert

The Attribution of What?

Grenzen der Expertise zwischen sozialer Konstruktion und mentaler Realität[1]

In der berühmten Debatte zwischen dem französischen Philosophen Michel Foucault und dem amerikanischen Linguisten Noam Chomsky von 1971 brachten die beiden Intellektuellen sehr verschiedene Ansichten über die Frage nach der Natur des Menschen zum Ausdruck.[2] Im Verlauf der Diskussion unterstrich Foucault wiederholt die basalen Annahmen seiner fünf Jahre zuvor erschienenen Studie über die »Ordnung der Dinge«:[3] Wie auch immer sich die herrschenden Systeme von Macht und Unterdrückung in gegenwärtigen Gesellschaften gestalten, wäre es inadäquat, sie auf der Grundlage stabiler Konzepte von menschlicher Natur, Gerechtigkeit oder Freiheit zu kritisieren. Da derartige Begriffe auf den epistemischen Ordnungen und Diskursformationen der historischen Zivilisationen beruhten, in denen sie entstanden sind, könnten keine generellen Charakteristika menschlicher Natur etabliert und normativ geltend gemacht werden. Wenig überraschend nahm Noam Chomsky einen ganz anderen Standpunkt ein: Chomsky leugnet nicht die Existenz einer immensen Diversität historisch spezifischer Wissensordnungen mit ihren jeweils eigenen Konzepten menschlicher Natur. Stattdessen plädiert er für die Annahme eines tiefer liegenden mentalen Schematismus, interner organisierender Prinzipien des menschlichen Geistes, die nicht nur die angeborene Voraussetzung für Spracherwerb bilden, sondern einen regulativen Rahmen hinter der Emergenz differenter, aber in ihrer Vielfalt nicht unbegrenzter kultureller Systeme bereitstellen. Insofern es derartige angeborene Prinzipien sein müssen, die das Individuum in die Lage versetzen, innerhalb kurzer Zeit hoch artikulierte sprachliche Fähigkeiten auf der Basis sehr partieller und verstreuter empirischer Daten zu generieren (und es zudem bemerkenswerte gemeinsame Limitationen der grammatischen Systeme

---

1 Die Überschrift ist angelehnt an Hacking, Ian: The Social Construction of What?, Cambridge, MA 2001, der sich kritisch mit dem Konzept der »sozialen Konstruktion« auseinandersetzt, wie es zahlreiche Studien in der Nachfolge von Peter Bergers und Thomas Luckmanns Klassiker »The Social Construction of Reality« aus dem Jahre 1966 aufgegriffen haben.
2 Chomsky, Noam / Foucault, Michel: The Chomsky-Foucault Debate on Human Nature, New York 2006.
3 Foucault, Michel: Die Ordnung der Dinge. Eine Archäologie der Humanwissenschaften, Frankfurt a. M. 2003 (französisches Original: Les mots et les choses. Une archéologie des sciences humaines, Paris 1966).

gibt, die in verschiedenen Teilen der Welt in unterschiedlichen Kulturen entstanden sind), ist es für Chomsky unausweichlich, sie als fundamentale Konsti-
tuenten der menschlichen Natur zu betrachten. Ließe sich ein Begriff der Natur
des Menschen fassen, so könne dieser, wenn auch nur im Sinne einer regulativen
Idee, als Korrektiv für Gesellschaftsordnungen fungieren.

Diesen Beitrag mit einem kurzen Referat der (vermeintlich) antithetischen
Positionen von Michel Foucault und Noam Chomsky zu beginnen, war insofern
naheliegend, als beide Denker in den folgenden Ausführungen eine wichtige
Rolle spielen werden. Darüber hinaus aber lassen sich aufschlussreiche struktu-
relle Analogien zwischen den Positionen dieser Debatte und den verschiedenen
Auffassungen über ›Expertise‹ in unterschiedlichen Forschungskontexten ausmachen. Im vorliegenden Beitrag sollen diese Perspektiven und die mit ihnen
verbundenen Konsequenzen für die empirische Forschung in den Blick genommen, sowie Möglichkeiten und Grenzen ihrer konzeptionellen Vereinbarkeit
diskutiert werden. Die von Seiten der Soziologie sowie der Kognitionspsychologie jeweils eingenommenen Sichtweisen laufen, jedenfalls idealtypisch, auf gänzlich verschiedene Forschungsgegenstände und Erkenntnisinteressen hinaus.[4]
Ist die Psychologie an Expertise als ›realer‹ mentaler Kapazität des Individuums
interessiert, welche dessen überlegenen Leistungen erklärt und es in dieser Hinsicht von Laien und Anfängern unterscheidet,[5] befasst sich die Soziologie stärker
mit der performativen Seite und den institutionellen Kontexten von Experten.
Die Professionssoziologie beschäftigt sich etwa mit der Darstellung und Attri-
buierung von Professionalität, mit Aspekten der Karrierepolitik oder der hand-
lungsleitenden Funktion einer Professionsethik.[6]

Wie später noch einmal aufzugreifen sein wird, gibt es gute Gründe dafür,
dass dort, wo sich die historisch arbeitenden Kulturwissenschaften für Experten zu interessieren begonnen haben, letztere Perspektive die attraktivere war:
Das Graduiertenkolleg »Expertenkulturen des 12. bis 18. Jahrhunderts«, das die
Expertenthematik für die kulturgeschichtliche Vormoderneforschung konzep-
tualisiert und erprobt hat,[7] hat seinerseits einen primär soziologischen bzw.
›sozialkonstruktivistischen‹ Ansatz gewählt: Ein Experte ist hier weniger über

4 Dazu auch: Mieg, Harald: The Social Psychology of Expertise. Case Studies in Research,
   Professional Domains, and Expert Roles, Mahwah 2001, S. 9 f.
5 Ericsson, K. Anders (Hg.): The Road to Excellence. The Acquisition of Expert Performance
   in the Arts and Sciences, Sports, and Games, Mahwah 1996; Ders. / Smith, Jacqui (Hg.):
   Toward a General Theory of Expertise, Cambridge 1991; Chi, Michelene T. H. u. a. (Hg.):
   The Nature of Expertise, Hillsdale 1988.
6 Pfadenhauer, Michaela / Sander, Tobias: Professionssoziologie, in: Kneer, Georg / Schroer,
   Markus (Hg.): Handbuch spezielle Soziologien, Wiesbaden 2010, S. 361–378; Macdonald,
   Keith: The Sociology of the Professions, London 1995; Abbott, Andrew: The System of
   Professions. An Essay on the Division of Expert Labor, Chicago 1988.
7 Rexroth, Frank: Systemvertrauen und Expertenskepsis. Die Utopie vom maßgeschneiderten Wissen in den Kulturen des 12. bis 16. Jahrhunderts, in: Reich, Björn u. a. (Hg.): Wissen,
   maßgeschneidert. Experten und Expertenkulturen im Europa der Vormoderne, München
   2012, S. 12–44.

Wissensinhalte (also über das, was er ›wirklich‹ weiß oder kann), sondern über eine in bestimmten Kommunikationssituationen von Beobachtern zugeschriebene soziale Rolle definiert, die, um Geltung zu erlangen, sorgfältig inszeniert werden muss und an die konstitutive Komplementärrolle des Laien gebunden bleibt.[8] Insofern es hier um den Status des Experten in der gesellschaftlich konstruierten Wirklichkeit, also um sein ›soziales Sein‹ geht, ist die dabei relevante ›Expertise‹ zwar ein *attribuiertes* Phänomen (und kein beobachterunabhängiges Merkmal des Akteurs), aber in den Strukturen der intersubjektiv geteilten *Lebenswelt*[9] nicht weniger real. Die ›Anrufung‹ durch den Laien erschafft und bestätigt eine Realität, in der Experten existieren, indem sie hervorbringt, was sie adressiert.[10]

Die Begriffe »Konstruktivismus«, »Beobachter« und »Wirklichkeit«, die in den vorausgehenden Bemerkungen benutzt wurden, lassen es an dieser Stelle verführerisch erscheinen, die Dinge in recht übersichtlicher Weise zu ordnen. Expertise als soziale Konstruktion und Expertise als mentale Realität[11] scheinen, so dargestellt, unvereinbare Auffassungen zu sein, denen grundsätzlich verschiedene erkenntnistheoretische und ontologische Positionen zugrunde liegen: Einer gesellschaftlich konstruierten Wirklichkeit steht eine Realität des Geistes gegenüber, die auch dann bestünde, wenn sich kein Beobachter verstehend auf sie beziehen würde. In letzterem Sinne müsste man auch nichts über das Verstehen von (anderen) Beobachtern verstehen, um die Existenz von Expertise zu konstatieren.[12] Zur Klärung der Frage, ob es sich hier tatsächlich um unvereinbare Gegensätze, bzw. ob es sich um ein ontologisches Problem handelt, wird es später in diesem Beitrag nötig sein, noch einmal differenzierter zu diskutieren, was in diesem Zusammenhang mit Konstruktivismus gemeint ist oder gemeint sein kann. Die Erörterung dieses Themas wird die Voraussetzung sein, um über die Möglichkeiten einer heuristisch sinnvollen Verbindung von psychologischen und soziologischen Herangehensweisen in der historischen Expertenforschung nachzudenken. Bevor ich zu diesem im weiteren Sinne philosophischen Problem komme, soll es zuvor aber um eine viel bescheidenere Frage gehen. In den folgenden beiden Abschnitten möchte ich zunächst besprechen, ob, und wenn ja

---

8 Zur performativen Dimension: Rexroth, Frank / Schröder-Stapper, Teresa (Hg.): Experten, Wissen, Symbole. Performanz und Medialität vormoderner Wissenskulturen, Berlin 2018; zum Wechselspiel von Inszenierung und Zuschreibung: Bubert, Marcel / Merten, Lydia: Medialität und Performativität. Kulturwissenschaftliche Kategorien zur Analyse von historischen und literarischen Inszenierungsformen in Expertenkulturen, in: Ebd., S. 29–68.

9 Schütz, Alfred / Luckmann, Thomas: Strukturen der Lebenswelt, Konstanz 2003.

10 Zur Anrufung: Scholz, Leander: Louis Althusser und die Anrufung, in: Bartz, Christina u. a. (Hg.): Handbuch der Mediologie. Signaturen des Medialen, München 2012, S. 41–46.

11 Zum Begriff der mentalen Realität aus der Sicht der Philosophie des Geistes zusammenfassend: Strawson, Galen: Mental Reality, Cambridge, MA 2010.

12 Dies greift eine Grundfrage auf, die in anderer Hinsicht in der aktuellen Realismus-Debatte der Philosophie begegnet: Gabriel, Markus (Hg.): Der Neue Realismus, Berlin 2014; dazu ausführlicher unten S. 37–41.

in welchem Maße, die kognitionspsychologische Perspektive als solche für die historische Arbeit adäquat und ertragreich sein kann, und eine Vermutung darüber anstellen, warum sich eine kulturwissenschaftlich orientierte Forschung tendenziell gegen eine derartige Herangehensweise sperrt.

I. Kulturwissenschaft und Geist

Der Umstand, dass kulturgeschichtliche Studien eher der konstruktivistischen Sichtweise zuneigen und ihren Fokus nicht auf die vermeintlich tatsächlichen mentalen Kapazitäten von Individuen, sondern auf die kulturelle Konstruktion von Expertise legen, scheint mit zwei allgemeinen Tendenzen in den Kulturwissenschaften zusammenzuhängen. Einerseits besteht in fast allen Bereichen der kulturwissenschaftlichen Theoriebildung ein generelles Bestreben, die apriorische Faktizität angeblich natürlicher (und in diesem Sinne »realer«) Phänomene zu demaskieren, eine Ideologiekritik auf semiotischer oder diskursanalytischer Grundlage zu betreiben, um auf diese Weise die scheinbar naturgegebenen Verhältnisse und Kategorien einer Gesellschaft als konstruiert und damit veränderlich zu erweisen.[13] Die Annahme einer hinter dem sozial bedingten Wechselspiel von Darstellung und Zuschreibung liegenden mentalen Realität der Expertise muss aus dieser Perspektive zumindest verdächtig erscheinen. Auf der anderen Seite hat, was hier vielleicht noch wichtiger ist, die Dominanz der Kulturwissenschaft in der historischen Forschung zu einer relativ klar benennbaren und durchaus verbreiteten Haltung des ›Antimentalismus‹ geführt.[14] Dieser Begriff verlangt eine kurze Erläuterung.

Ungeachtet des früheren Interesses der Mentalitätsgeschichte für kollektive Manifestationen von Mentalität in einer bestimmten Kultur besteht eines der ambitioniertesten Anliegen der jüngeren Kulturwissenschaften in der Unterwanderung und Dekonstruktion vermeintlich objektiver geistiger Eigenschaften des Individuums. Diese antimentalistische Haltung ist offenbar, selbst wenn der Nexus zunächst relativ oberflächlich erscheint, mit dem viel grundsätzlicheren Projekt einer Subjekt-Dezentrierung verbunden.[15] Die folgenreichsten theoretischen Ansätze in dieser Richtung waren zweifellos jene des Poststrukturalismus, die von französischen Theoretikern in den 1960er Jahren formuliert wurden. Hinsichtlich der Einbindung des Einzelnen in die Zeichensysteme und sprachlichen Konventionen seiner Kultur, ist das Subjekt hier kein autonomer

---

13 Hacking, Social Construction (wie Anm. 1), S. 58.

14 Siehe dazu auch: Boer, Jan-Hendryk de / Bubert, Marcel: Absichten, Pläne und Strategien erforschen. Einleitung, in: Dies. (Hg.): Absichten, Pläne, Strategien. Erkundungen einer historischen Intentionalitätsforschung, Frankfurt a. M. 2018, S. 9–38.

15 Reijen, Willem van: Das unrettbare Ich, in: Frank, Manfred u. a. (Hg.): Die Frage nach dem Subjekt, Frankfurt a. M. 1988, S. 373–400; Japp, Uwe: Der Ort des Autors in der Ordnung des Diskurses, in: Fohrmann, Jürgen / Müller, Harro (Hg.): Diskurstheorien und Literaturwissenschaft, Frankfurt a. M. 1988, S. 223–234.

Produzent von Aussagen, sondern ein Schnittpunkt von Diskursen. Dessen Regeln treten dem Sprecher nicht nur als »Ordnung«, sondern auch als »Befehl« (*ordre*) entgegen.[16] Diese Entdinglichung des intentionalen, selbstreflexiven Geistes machte den »Tod des Autors«, den Roland Barthes in seinem berühmten Essay von 1968 ausrief, unausweichlich.[17] Als Konsequenz dieser Subjekt-Dezentralisierung werden mentale Phänomene, wie etwa Intentionalität,[18] insofern sie als geistige Zustände mehr als nur Produkte diskursiver Konstruktion sein sollen, prinzipiell mit Skepsis betrachtet. In ähnlicher Weise hat die Etablierung der Praxeologie dafür gesorgt, dass sich Kulturwissenschaftler eher für institutionalisierte kollektive Praktiken, nicht für den menschlichen Geist und intentionales Handeln interessieren.[19]

Die grundsätzliche antimentalistische Tendenz der Kulturwissenschaften hat in diesem Sinne ein gewisses (wenn auch im Rahmen der eigenen Konzeption nicht immer kohärentes) Misstrauen gegenüber der Annahme von nicht sozial konstruierten geistigen Fähigkeiten des Menschen erzeugt. Der Ansatz der Kognitionspsychologie, die Expertise als ›echte‹ mentale Eigenschaft und nicht als Zuschreibungsphänomen untersucht, muss vor dem Hintergrund eines kulturwissenschaftlichen Paradigmas daher zunächst fragwürdig erscheinen. Inwieweit diese Skepsis berechtigt ist, oder ob sich ein psychologischer Begriff von Expertise nicht doch mit einem kulturwissenschaftlichen Zugang verbinden lässt, sei an dieser Stelle dahingestellt. Doch ganz unabhängig davon, ob man die Definitionen von Expertise als kommunikative Zuschreibung oder als reale geistige Kapazität für konzeptionell integrierbar hält oder nicht, könnte man sich freilich zunächst auf die Feststellung zurückziehen, dass hier derselbe Signifikant für gänzlich verschiedene Dinge gebraucht wird, die auf grundsätzlich unterschiedlichen analytischen Ebenen liegen und deshalb auch getrennt voneinander erforscht werden können. Insofern könnte man zuerst einmal fragen, ob der kognitionspsychologische Ansatz für sich genommen, was die Erforschung historischer Expertenkulturen betrifft, einen heuristischen Gewinn bringen kann.

16 Foucault, Michel: Die Ordnung des Diskurses, Frankfurt a. M. 2010.

17 Barthes, Roland: Der Tod des Autors, in: Jannidis, Fotis u. a. (Hg.): Texte zur Theorie der Autorschaft, Stuttgart 2000, S. 185–193; noch radikaler: Foucault, Michel: Was ist ein Autor?, in: Ebd., S. 198–229.

18 Searle, John: Intentionalität. Eine Abhandlung zur Philosophie des Geistes, Frankfurt a. M. 1991.

19 Zur Praxeologie: Reckwitz, Andreas: Die Transformation der Kulturtheorien. Zur Entwicklung eines Theorieprogramms, Weilerswist 2000, S. 308–346; grundlegende Theorietexte sind unter anderem: Bourdieu, Pierre: Entwurf einer Theorie der Praxis auf der ethnologischen Grundlage der kabylischen Gesellschaft, Frankfurt a. M. 2009; Ders.: Praktische Vernunft. Zur Theorie des Handelns, Frankfurt a. M. 1998.

II. Psychologische Expertiseforschung

Die kognitive Psychologie hat seit den 1960er Jahren in zahlreichen empirischen Studien differenzierte Kriterien für die Erforschung und Beschreibung
von Expertise als mentaler Eigenschaft etabliert.[20] Ausgehend von der ›Bereichs-
spezifizität‹ des Expertenwissens, besteht ein zentrales Anliegen darin, die besondere mentale Repräsentation des Wissens durch Experten zu untersuchen,
welche sie von Laien und Anfängern unterscheidet und in die Lage versetzt, in
ihrem spezifischen Wissensbereich höhere Leistungen zu erbringen. Dass die
dabei identifizierten Experten unter entsprechenden Parametern den Nicht-
Experten in ihren Zuständigkeitsfeldern kognitiv haushoch überlegen sind, steht
angesichts der empirischen Resultate außer Zweifel; die Frage besteht vielmehr
darin, welche mentalen Repräsentationsstrukturen und Organisationsformen,
d. h. welche an ein spezifisches Problemfeld hochgradig angepassten kognitiven
Muster diese überlegenen Leistungen bei der Bewältigung von bereichsrelevan-
ten Problemen ermöglichen.

Eine klassische Studie von Allen Newell und Herbert Simon formulierte 1972
die These, dass der Unterschied zwischen Experten und Anfängern in einer
bestimmten Wissensdomäne vor allem in der Art und Weise besteht, in der
»Problemräume« (*problem spaces*) durchsucht werden.[21] Das Durchforsten dieses Raums, das zur »Problemrepräsentation« führt, enthält dabei zwei primäre
Phasen: eine Verstehensphase, welche die Ausgangs- und Zielzustände, die verfügbaren Mittel und bestehenden Hindernisse erfasst, und eine Such-Phase, die
davon ausgehend Lösungsstrategien generiert. Wie jüngere Studien auf dieser
Grundlage gezeigt haben, können die kognitiven Vorgänge der Verstehensphase
hinsichtlich der mentalen Organisation des Bereichswissens aufschlussreicher
sein.[22] Der Erfolg der Wissensapplikation beruht demnach nicht nur auf einer
›richtigen‹ Entscheidung in der Such-Phase, sondern auf schon im Vorfeld kons-
tituierten kognitiven Mustern, die eine gänzlich andere Problem*erfassung* ermöglichen. Experten sehen Probleme also von vornherein anders.

Die Differenzen, welche die empirischen Forschungen zur Verstehensphase
zwischen Experten und Anfängern herausgearbeitet haben, betreffen konsequenterweise unter anderem die Aspekte der Wahrnehmung und Kategorisierung.[23] Um diese Aspekte zu erforschen, haben sich sogenannte »*contrived
tasks*« als besonders ergiebig erwiesen: Man konfrontiert Experten mit Aufga-

---

20 Zusammenfassend: Feltovich, Paul u.a.: Studies of Expertise from Psychological Per-
    spectives, in: Ericsson, K. Anders u.a. (Hg.): The Cambridge Handbook of Expertise
    and Expert Performance, Cambridge 2006, S. 41–67; Chi, Michelene T.H.: Laboratory
    Methods for Assessing Experts' and Novices' Knowledge, in: Ebd., S. 167–184.
21 Newell, Allen / Simon, Herbert: Human Problem Solving, Englewood Cliffs 1972.
22 Chi, Laboratory Methods (wie Anm. 20), S. 169.
23 Dies. u.a.: Categorization and Representation of Physics Problems by Experts and
    Novices, in: Cognitive Sciences 5 (1981), S. 121–152.

ben, die über ihre gewöhnlichen Tätigkeiten hinausgehen, aber trotzdem noch in ihre epistemische Zuständigkeit fallen. Bahnbrechend für die Untersuchung der Strukturen der Wahrnehmung von Experten waren bereits die Studien von Adriaan de Groot zu Schachmeistern aus den 1960er Jahren.[24] Vor die Herausforderung gestellt, nach wenigen Sekunden des Hinsehens die Positionen auf einem Schachbrett zu memorieren, waren die Experten im Gegensatz zu Anfängern in der Lage, nicht nur einzelne Figuren, sondern vollständige Konstellationen zu rekonstruieren. Bezeichnenderweise funktionierte dies nur, solange die aufgestellten Figuren auch sinnhafte Konstellationen ergaben, nicht hingegen, wenn sie willkürlich verteilt waren. Dieses in der Psychologie als »*chunking*« bezeichnete Phänomen verweist auf die Fähigkeit von Experten, in der Perzeption bereichsspezifischer Probleme große komplexe Cluster von Einheiten zu bilden, statt einzelne Daten zu sammeln.[25]

Die Verwendung von *contrived tasks*, also die Formulierung ungewöhnlicher, aber domänenspezifischer Aufgaben, hat ebenso hinsichtlich der Kategorisierung von Problemelementen durch Experten signifikante Ergebnisse erbracht.[26] Von der Radiologie, über Psychotherapie, bis hin zur Fischerei haben empirische Studien durchweg ergeben, dass Anfänger die präsentierten Phänomene nach Oberflächenmerkmalen, Experten hingegen nach Tiefenstrukturen (d. h. tiefer liegenden gemeinsamen Prinzipien) kategorisieren.[27] Diese bereichsspezifische Vorsortierung der Dinge, die schon in der Situationserfassung stattfindet, ermöglichte den Experten auch die Herstellung von Relationen und Interdependenzen zwischen den einzelnen Elementen, die erst auf der Ebene der Tiefenstruktur sichtbar werden, woraus eine gänzlich andere Problemrepräsentation entsteht.

Diese höhere Integration der Wissensrepräsentation versetzt Experten in die Lage, konzeptuelle Verbindungen zwischen Phänomenen herzustellen, die Laien verborgen bleiben. Indem Elemente in der kognitiven Organisation auf der Grundlage abstrakter Prinzipien vernetzt werden, ergibt sich jedoch ebenso, im Gegensatz zu einer Sortierung nach oberflächlichen Merkmalen, ein erheblich offeneres Muster von (möglichen) Verbindungen. Die Ergebnisse der Studien zu *contrived tasks* auf den genannten Gebieten haben nahegelegt, dass diese abstraktere und zugleich offenere Struktur der mentalen Organisation die Bildung von dynamischen Verbindungen ermöglicht, wodurch sich ein bei weitem höheres Maß an Flexibilität bei der Lösung von ungewöhnlichen, aber bereichs-

---

24 De Groot, Adriaan: Thought and Choice in Chess, Mouton 1965; Ders.: Perception and Memory versus Thought. Some Old Ideas and Recent Findings, in: Kleinmuntz, Benjamin (Hg.): Research, Method, and Theory, New York 1966, S. 19–50.

25 Chase, William / Simon, Herbert: Perception in Chess, in: Cognitive Psychology 4 (1973), S. 55–81; ebenso waren Architekten bei der Rekonstruktion von Blaupausen in der Lage, ganze Cluster von Räumen statt einzelner Raumelemente wahrzunehmen: Akin, Omer: Models of Architectural Knowledge, London 1980.

26 Chi u. a., Categorization and Representation (wie Anm. 23).

27 Chi, Laboratory Methods (wie Anm. 20), S. 175.

spezifischen Problemen ergibt.[28] Die Überlegenheit der Experten beruhte hier auf der spontanen Herstellung problemrelevanter Relationen auf abstrakter Ebene. Mit diesem Gedanken ist der letzte Punkt verbunden, den ich im Rahmen dieser kurzen (und unvollständigen) Skizze zur psychologischen Expertenforschung behandeln möchte. Im Hinblick auf die prinzipienbasierte und daher flexiblere Struktur der Wissensorganisation wird ein wesentliches Merkmal von hoch entwickelter Expertise in der Fähigkeit zu einer ›kreativen‹ Applikation von Wissen gesehen, im Sinne einer Kreativität, die in produktiver Weise auf unvorhergesehene Probleme der eigenen Domäne zu reagieren erlaubt.[29]

Dass der innovative, kreative Charakter der Expertise von einigen Psychologen als zentrales Element der wissensbezogenen Aktivität von Experten in einem spezifischen Bereich, ja bereichsmodifizierende Kreativität mitunter sogar als höchste Ausprägung von Expertise angesehen wird,[30] ist freilich keinesfalls selbstverständlich. Eine derartige Auffassung von Kreativität wäre kaum innerhalb des wissenschaftlichen Paradigmas entstanden, das die lernpsychologische Forschung um die Mitte des 20. Jahrhunderts dominierte. Der Behaviorismus, prominent mit dem Namen Burrhus Frederic Skinners verbunden, betrachtete den Prozess des Wissensgebrauchs im Wesentlichen als Vorgang von Reiz und Reaktion im Rahmen einer »operanten Konditionierung«:[31] Der Erwerb von Expertise führt in dieser Perspektive zur Etablierung eines festen Nexus zwischen problematischen Situationen und angemessenen Reaktionen, die sich nach wiederholtem Erfolg stabilisieren. So gesehen, bestünde Expertise in dem Vermögen, auf eingeübte Situationen passend zu reagieren.

Mit dem Aufkommen des *cognitive turn* in der Psychologie wurde jedoch ein neues Verständnis des Wissenserwerbs etabliert. Ein entscheidender Impuls zu dieser ›kognitiven Revolution‹ ging bekanntlich von Noam Chomskys 1959 publizierter Rezension zu Skinners Buch »Verbal Behavior«[32] sowie anschließenden Veröffentlichungen Chomskys aus. Chomsky nahm an, dass Individuen über einen gewissen mentalen Schematismus verfügen, der sie in die Lage versetzt, in höchst kreativer Weise unendlichen Gebrauch von endlichem Material zu machen. Zugrunde liegt unter anderem die Beobachtung, dass jeder Sprecher

---

28 Dies. u.a.: Expertise in Problem Solving, in: Sternberg, Robert (Hg.): Advances in the Psychology of Human Intelligence, Bd. 1, Hillsdale 1982, S. 7–75.
29 Feltovich u.a., Expertise from Psychological Perspectives (wie Anm. 20), S. 55 ff.; Weisberg, Robert: Models of Expertise in Creative Thinking. Evidence from Case Studies, in: Ericsson u.a. (Hg.), Cambridge Handbook of Expertise (wie Anm. 20), S. 761–787; Ders.: Creativity and Knowledge. A Challenge to Theories, in: Sternberg, Robert (Hg.): Handbook of Creativity, New York 1999, S. 226–250.
30 Ericsson, K. Anders: The Acquisition of Expert Performance. An Introduction to Some of the Issues, in: Ders. (Hg.), Road to Excellence (wie Anm. 5), S. 1–50.
31 Grundlegend: Skinner, Burrhus Frederic: The Behavior of Organisms. An Experimental Analysis, New York 1938; Ders.: Science and Human Behavior, New York 1953; Ders.: Verbal Behavior, New York 1957.
32 Chomsky, Noam: Verbal Behavior by B. F. Skinner, in: Language 35 (1959), S. 26–58.

sehr frühzeitig die Fähigkeit hat, Phrasen, Sätze und Diskurse zu produzieren und zu verstehen, die er niemals zuvor in dieser oder ähnlicher Form gehört hat, ja die vielleicht überhaupt noch nie in der Geschichte des Universums artikuliert wurden. Da derartige generative Prinzipien nicht gelehrt oder antrainiert werden können, da sie nicht als Reaktion auf externe Stimuli entstehen, betrachtet Chomsky sie als angeborene Eigenschaft des Menschen.[33] Es ist diese spezifische Form von Kreativität, um deren Erforschung Kognitionspsychologen seither in vielen anderen Bereichen intellektueller Aktivität bemüht waren. Bezeichnenderweise zählen zu den aufschlussreichsten Studien in diesem Kontext solche über Expertise.[34]

Die wegweisende Theorie von William Chase und Herbert Simon aus dem Jahre 1973 schaffte die Voraussetzung für die Ansicht, dass Expertise in adäquater Weise nicht einfach als Akkumulation von Wissensinhalten, sondern als komplexes kognitives Muster zu betrachten ist, dessen Funktion sich nicht darin erschöpft, mechanisch bestimmte Wissensdaten zu reproduzieren, sondern dazu befähigt, das mental repräsentierte Wissen kreativ an neue Probleme und veränderte Bedingungen anzupassen.[35] Wie Paul Feltovich u. a. betont haben, sind Experten zwar einerseits mit der Aufgabe konfrontiert, passende Maßnahmen zur schnellen Problemlösung bereitzustellen, gleichzeitig aber auch damit, die kontingenten, unerwarteten und neuen Probleme ihrer Domäne anzugehen: »[Experts] need to recognize when the task they are facing is not within their normal, routine domain of experience and adjust accordingly«.[36] Die Effizienz dieses generativen Schemas steht allerdings mit der oben genannten Funktionsweise der Wahrnehmung und der mentalen Wissensorganisation bei Experten in engem Zusammenhang: So wie Schachmeister und Architekten nicht vereinzelte Elemente, sondern komplexe Konfigurationen wahrnehmen, so verfügen Experten im Allgemeinen über differenzierte Perzeptionsmuster aus größeren Einheiten, die im Bedarfsfall restrukturiert, reorganisiert und neu justiert werden können. Im gleichen Sinne ermöglicht die tiefenstrukturelle Organisation der Wissensrepräsentation, also die Kategorisierung nach abstrakten Prinzipien, die spontane Herstellung neuer intrinsischer Relationen zur Anpassung an unvorhergesehene Umstände.

33 Ders.: Cartesian Linguistics. A Chapter in the History of Rationalist Thought, Cambridge ³2009; Ders.: Sprache und Geist, Frankfurt a. M. ¹¹2015.
34 Übersicht bei Weisberg, Creative Thinking (wie Anm. 29).
35 Chase / Simon, Perception in Chess (wie Anm. 25); Dies.: The Mind's Eye in Chess, in: Chase, William (Hg.): Visual Information Processing, New York 1973.
36 Feltovich u. a., Expertise from Psychological Perspectives (wie Anm. 20), S. 56.

III. Psychologische Perspektiven auf historische Expertenkulturen

Während die Adäquatheit der kognitionspsychologischen Parameter zur Beschreibung von ›Expertise‹ durch extensive empirische Studien mit lebenden Individuen erprobt wurden[37] und insofern hinreichend belegt sind, bleibt ihre Anwendbarkeit für die historische Forschung freilich problematisch. Abgesehen von den empirischen Problemen, mit denen Historiker dabei konfrontiert sind (auf die noch zurückzukommen sein wird), ergibt sich zunächst eine ganz andere und vielleicht noch gravierendere Schwierigkeit, die an den Einwand anschließt, den Michel Foucault in seiner Auseinandersetzung mit Noam Chomsky vorgebracht hat: In Foucaults Perspektive ist es unzulässig und anachronistisch, Konzepte wie ›Kreativität‹ als universale Merkmale der Funktionsweise des menschlichen Geistes zu betrachten (wie hier hinsichtlich des Wissenserwerbs und -gebrauchs), insofern diese Konzepte, wenn sie von einer modernen Wissenschaft formuliert werden, Produkte der modernen Zivilisation und Kultur und keine anthropologischen Konstanten sind. Dies ist kein trivialer Einwand, sondern ein fundamentales erkenntnistheoretisches Problem, das hier nicht in seiner ganzen Komplexität diskutiert werden kann.[38] An dieser Stelle seien nur zwei Aspekte angesprochen, die in diesem Zusammenhang von einiger Relevanz sind: Zunächst ist es wichtig zu betonen, dass die hier beschriebene (relativ idiosynkratische) Konzeption von Kreativität streng zu unterscheiden ist von jener Auffassung von Kreativität, die im ästhetischen Diskurs des späten 18. Jahrhunderts aufkam und in deren Folge das Konzept eines künstlerischen oder wissenschaftlichen ›(Original-)Genies‹ entstand.[39] Der innovative Wissens- und Sprachgebrauch, von dem die Kognitionspsychologie spricht, hat allenfalls indirekt mit den ›schöpferischen‹ Leistungen moderner Künstler

---

37 Wie etwa von Sylvia Scribner, die in Tests mit Lagerarbeitern ein immenses kreatives Repertoire von Lösungsstrategien im Hinblick auf neue Herausforderungen im Bereich der Logistik und Verladung von Produkten zeigen konnte: Scribner, Sylvia: Studying Working Intelligence, in: Lave, Jean / Rogoff, Barbara (Hg.): Everyday Cognition. Development in Social Context, Cambridge, MA 1984, S. 9–40.

38 Zunächst macht es freilich einen grundlegenden Unterschied, ob analytische Kategorien vor dem Hintergrund eines ›Wissenschaftsrealismus‹ verwendet werden oder nicht, also ob derjenige, der sie gebraucht, gleichzeitig davon ausgeht, dass die Entitäten der Ontologien wissenschaftlicher Theorien die Elemente der extramentalen Realität adäquat repräsentieren, oder ob er annimmt, dass sie unhintergehbar hypothetisch bleiben. Zum Wissenschaftsrealismus: Di Caro, Mario: Zwei Spielarten des Realismus, in: Gabriel (Hg.), Der Neue Realismus (wie Anm. 12), S. 19–32; eine philosophische Begründung liefert Putnam, Hillary: What is Mathematical Truth?, in: Ders. (Hg.): Mathematics, Matter and Method. Philosophical Papers, Bd. 1, Cambridge 1975, S. 60–78. Von dieser Unterscheidung ausgehend, kann man auf den Anachronismusvorwurf in sehr verschiedener Weise antworten.

39 Dazu Schmidt, Jochen: Die Geschichte des Genie-Gedankens in der deutschen Literatur, Philosophie und Politik 1750–1945, 2 Bde., Heidelberg 2004.

und Wissenschaftler zu tun.[40] Zum anderen, was hier entscheidender ist, wird das wissensgeschichtlich fundierte Anachronismusargument dadurch abgeschwächt, dass sich in der mittelalterlichen Reflexion über Expertise konzeptionell weitgehend analoge Vorstellungen einer derartigen kreativen Wissensapplikation finden lassen.

In seinem berühmten Traktat »Von der Kunst, mit Vögeln zu jagen« (»De arte venandi cum avibus«) hat Kaiser Friedrich II. (1194–1250) die basalen Prinzipien und praktischen Regeln der Beizjagd dargelegt, einer Kunst, in der er selbst als erfahrener Experte galt.[41] Geschrieben in den 1240er Jahren, war der Traktat als Handbuch der Falknerei gedacht, das praktische Instruktionen für andere Jäger enthält. Konsequenterweise organisierte Friedrich sein Werk systematisch nach den Bedürfnissen der Jagdpraxis, wobei er seine Ausführungen immer wieder auf seine eigenen Beobachtungen und direkten Erfahrungen stützt: »cuius rei veritatem experientia didicimus«. Aber so passend und für die Herausforderungen der Jagd ›maßgeschneidert‹ das präsentierte Wissen auch sein mag, so wusste Friedrich sehr wohl, dass es dennoch unmöglich war, alle möglichen Situationen zu antizipieren, in die ein Jäger geraten könnte. Die Kontingenz und das regelmäßige Aufkommen unerwarteter Situationen hebt der Kaiser mehrfach hervor: »In den Tätigkeiten dieser speziellen Kunst entstehen unablässig neue Umstände und Schwierigkeiten«.[42] Aus diesem Grund ist es für ein bereichsspezifisches Wissenshandbuch unangebracht, fixierte Relationen zwischen bestimmten Jagd-Situationen und darauf passenden Reaktionen im Sinne eines Reiz-Reaktion-Schemas etablieren zu wollen. Friedrich hält nachdrücklich fest: »Es wäre nicht möglich, alle Einzelheiten und neu aufkommenden Umstände hinsichtlich der guten und schädlichen Verhaltensweisen von Raubvögeln zu beschreiben«.[43] Die Expertise des Jägers, die durch Erfahrung erworben wird, besteht dementsprechend nicht nur aus bestimmten Wissensinhalten, aus Fakten, die gelehrt werden könnten, sondern muss auch ein generatives kognitives Prinzip enthalten, das den Jäger in die Lage versetzt, sein

---

40 Weisberg, Robert: Creativity. Beyond the Myth of Genius, New York 1993, diskutiert die Problematik ›bewerteter‹ Kreativität; ebenfalls kritisch zu normativen Urteilen über ›Innovationen‹ in der Vormoderne vom Standpunkt der Moderne: Hesse, Christian / Oschema, Klaus (Hg.): Aufbruch im Mittelalter – Innovationen in Gesellschaften der Vormoderne, Ostfildern 2010.

41 Menzel, Michael: Das ›Falkenbuch‹ und die Natur, in: Fansa, Mamoun / Ermete, Karen (Hg.): Kaiser Friedrich II. (1194–1250). Welt und Kultur des Mittelmeerraums, Mainz 2008, S. 258–267; Ders.: Die Jagd als Naturkunst: Zum Falkenbuch Kaiser Friedrichs II., in: Dilg, Peter (Hg.): Natur im Mittelalter. Konzepte – Erfahrungen – Wirkungen, Berlin 2003, S. 342–359.

42 »[…] assidue siquidem nova et difficilia emergunt circa negotia huius artis« (Friedrich II.: De arte venandi cum avibus, hg. v. Carl Arnold Willemsen: Über die Kunst mit Vögeln zu jagen, Bd. 1., Frankfurt a. M. 1964, S. 2).

43 »Non enim esset possibile scribere singula et noviter emergentia in operationibus bonis et malis avium rapacium« (ebd., S. 162).

Wissen spontan anzupassen: »Er [der Jäger] sollte fähig sein, zu entdecken und
herauszufinden, welche Aktionen situativ (*incidenter*) notwendig werden«.[44]

Es ist aufschlussreich, dass diese spezielle Auffassung von Expertise, die
einer mechanischen Reproduktion von Wissensdaten in Form von *stimulus
and response* entgegengesetzt ist, auch in anderen mittelalterlichen Texten begegnet, die als praktische Wissenshandbücher konzipiert wurden. Ebenso einschlägig wie das Falkenbuch Friedrichs II. ist der Traktat des französischen
Inquisitors Bernard Gui über die praktischen Anforderungen seiner Profession.
Die »Practica officii inquisitionis«, die im ersten Viertel des 14. Jahrhunderts
entstand, sollte als Kompendium und Nachschlagewerk für den Inquisitor fungieren, indem sie Instruktionen für das Verhören von Häretikern liefert.[45] Wie
der Staufer Friedrich bezieht sich Bernard Gui immer wieder auf seine persönliche Erfahrung: »Ich habe gesehen« (*vidi ego*) und »ich habe erfahren« (*expertus
sum*) sind wiederholt gebrauchte Ausdrücke. Nichtsdestoweniger ist sich Bernard der inhärenten Kontingenz jeder einzelnen Befragungssituation vollauf
bewusst. Da diese Kontingenz in jedem einzelnen Fall bedacht werden muss,
kann sich der Inquisitor nicht vollständig auf vorgefertigte Regeln und Instruktionen verlassen. Stattdessen ist er gefordert, die Fähigkeit auszubilden, situativ
ein passendes Vorgehen zu entwickeln. Zusätzlich zu den allgemeinen Fragen,
die Bernard in seinem Handbuch im Hinblick auf bestimmte Häretikergruppen
formuliert, muss der Inquisitor daher im Einzelfall viele weitere Fragen stellen,
»entsprechend der Verschiedenheit der Personen und Sachlagen«, um mit den
unerwarteten Täuschungen und Tricks der Häretiker umzugehen.[46]

Vor dem Hintergrund des prinzipiellen Bewusstseins mittelalterlicher Autoren von einem Konzept von Sonderwissen, das eine bestimmte Vorstellung
von domänenspezifischer Kreativität beinhaltet, die einige Ähnlichkeit zu den
Theorien der modernen Kognitionspsychologie aufweist, wird der heuristische
Gebrauch eines solchen Konzepts zumindest weniger problematisch. Doch obwohl es zweifellos interessant ist zu sehen, wie mittelalterliche Experten über
den generellen kreativen Charakter von Expertise reflektierten, so ist die Frage,
inwiefern sich diese spezifische Form der Wissensapplikation in der Praxis
historischer Akteure beobachten lässt, bei weitem schwieriger. In vielen Fällen
ist es schlicht unmöglich, adäquat zu beurteilen, ob ein Individuum, dem sein
Publikum den Status eines Experten attribuiert, auch über entsprechend hoch
entwickelte mentale Kapazitäten in einem psychologischen Sinne verfügt. Im

---

44 »[...] sciat invenire et excogitare, que necessaria fuerint incidenter« (ebd.).
45 Pales-Gobilliard, Annette: Bernard Gui, inquisiteur et auteur de la Practica, in: Biget,
    Jean-Louis (Hg.): Inquisition et société en pays d'Oc, Toulouse 2014, S. 125–132; Paul,
    Jacques: La mentalité de l'inquisiteur chez Bernard Gui, in: Ebd., S. 133–154.
46 »Hec sunt interrogatoria generalia dicte secte ex quibus sepius specialia fienda oriuntur
    per bonam industriam et sollertiam inquirentis. [...] licet fiant tot interrogationes et
    quandoque alie secundum diversitatem personarum et factorum ad eruendum et extor-
    quendum plenius veritatem« (Bernard Gui: Practica officii inquisitionis, hg. v. Guillaume
    Mollat: Manuel de l'inquisiteur, Paris 2007, S. 30 f.).

Gegensatz zum Psychologen hat der Historiker keine Möglichkeit, Erhebungen im Rahmen willkürlich arrangierter Tests durchzuführen, sondern ist auf die (in dieser Hinsicht) ›passive‹ Beobachtung von überlieferter Expertenpraxis verwiesen. Dennoch muss dies nicht bedeuten, dass es überhaupt kein empirisches Material gäbe, das sich unter psychologischen Vorzeichen sichten ließe. Denn tatsächlich sind durchaus einige Fälle überliefert, in denen mittelalterliche Träger von Sonderwissen in Situationen gerieten, die man guten Gewissens als *contrived tasks* bezeichnen kann: als Herausforderungen, die ihre spezifischen Wissensfelder betrafen, sie aber vor ungewohnte, über ihre alltägliche Praxis hinausgehende Schwierigkeiten stellten. Die Art und Weise, wie die Experten auf diese neuartigen Situationen reagierten, lässt nicht selten ein Verhalten erkennen, das große Ähnlichkeiten zu dem aufweist, was die psychologische Forschung zu *contrived tasks* beschreibt.

Derartig außergewöhnliche, aber domänenspezifische Herausforderungen boten sich im 13. Jahrhundert etwa den Juristen Kaiser Friedrichs II., als sich dessen Konflikt mit dem Papsttum zuspitzte. Auf dem Höhepunkt des Streits zwischen Friedrich und Papst Innozenz IV., im Kontext der Absetzung des Staufers auf dem Konzil von Lyon im Jahre 1245,[47] konsultierten beide Seiten ihre Juristen hinsichtlich ihres jeweiligen Vorgehens. Auf diese explosive Situation reagierte ein Advokat Friedrichs, Thaddeus von Suessa, mit einem bezeichnenden Vorgehen: Sein Appell an ein *zukünftiges* Generalkonzil, um das Urteil des Papstes anzuzweifeln, war in der Tat eine unerhörte Neuerung.[48] Zum Zweck der Legitimierung dieser höchst ungewöhnlichen Maßnahme adaptierte Thaddeus in eigenwilliger und aktiver Weise konventionelle juristische Formeln, um sie im Interesse seines Klienten so zu kombinieren, dass sie seiner neuartigen Strategie den Anschein juristischer Rechtmäßigkeit verliehen. Dass der Experte der Kanonistik hier keine antrainierte, in der Vergangenheit bewährte Reaktion auf konventionelle Probleme im Sinne einer operanten Konditionierung zur Schau stellt, sondern die Bestandteile seiner Expertise in neuer Weise organisiert und kombiniert, also neue intrinsische Verbindungen herstellt, um eine situativ maßgeschneiderte Lösung zu generieren, zeugt in der Tat von einer dynamischen Wissensrepräsentation, die eine kreative kognitive Anpassung an ungewohnte Aufgaben erst ermöglicht. Thomas Wetzstein, der gezeigt hat, wie kühn Thaddeus die dem päpstlichen Urteil angelasteten Verfahrensfehler juristisch konstruiert, indem er sich die bestehenden Formeln und Konventionen

---

47 Herde, Peter: Friedrich II. und das Papsttum. Politik und Rhetorik, in: Fansa / Ermete (Hg.), Kaiser Friedrich II. (wie Anm. 41), S. 52–65; Baaken, Gerhard: Die Verhandlungen von Cluny (1245) und der Kampf Innocenz' IV. gegen Friedrich II., in: Ders. u. a. (Hg.): Imperium und Papsttum. Zur Geschichte des 12. und 13. Jahrhunderts, Köln 1997, S. 247–288; Stürner, Wolfgang: Friedrich II., Bd. 2: Der Kaiser 1220–1250, Darmstadt 2003.
48 Wetzstein, Thomas: Die Autorität des *ordo iuris*. Die Absetzung Friedrichs II. und das zeitgenössische Verfahrensrecht, in: Seibert, Hubertus u. a. (Hg.): Autorität und Akzeptanz. Das Reich im Europa des 13. Jahrhunderts, Ostfildern 2013, S. 149–182.

eigensinnig zu Nutze macht, hat wohl diese mentale Kapazität im Sinn, wenn er bekräftigt, der Kirchenrechtler offenbare sich hier tatsächlich als »begabter Jurist«.[49] Dass Thaddeus von Suessa insofern zweifellos über reale Expertise im psychologischen Sinn verfügte (also über kognitive Fähigkeiten, die auch dann existieren würden, wenn sich kein Zeitgenosse beobachtend darauf bezogen hätte), ändert freilich überhaupt nichts daran, dass hier gleichzeitig, auf anderer Ebene, Expertise als sozial konstruiertes Zuschreibungsphänomen begegnet, insofern der Advokat von seinem die Komplementärrolle erfüllenden Klienten *konsultiert* wird und im Sinne eines erzwungenen Systemvertrauens ein hohes Maß an Handlungs- und Entscheidungsbefugnis erhält. Die beiden Perspektiven sind hier nicht widersprüchlich, sondern wechselseitig unterstützend.

Die besondere Form eines kreativen Expertisegebrauchs, um die es hier geht, also die situativ maßgeschneiderte, prinzipienbasierte Neukonfiguration von Bereichswissen zur Lösung unvorhergesehener Domänenprobleme, lässt sich in vielen anderen Kontexten mittelalterlicher Expertenkulturen beobachten. Als der Dominikaner Johannes Quidort im Frühjahr 1302 vom französischen Königshof, der sich in einen spektakulären Machtkampf mit Papst Bonifaz VIII. (gest. 1303) verstrickt hatte, um ein Gutachten zum Verhältnis von geistlicher und weltlicher Gewalt gebeten wurde,[50] lieferte der studierte Philosoph und Theologe alles andere als eine konventionelle, auf schulmäßig gelernten Antworten beruhende politische Theorie. Als früherer Artes-Magister ein Experte der aristotelischen Philosophie, als Theologe mit Fragen der gottgewollten Weltordnung befasst, fiel das zur Debatte stehende Problem durchaus in seine epistemische Zuständigkeit, überstieg aber angesichts der brisanten Konfliktsituation, die sich zwischen Bonifaz und König Philipp dem Schönen (1285–1314) entwickelt hatte,[51] alle wissenschaftlichen Herausforderungen, mit denen der Gelehrte bis dahin konfrontiert gewesen war. Das Gutachten, das Johannes schrieb, »De regia potestate et papali«,[52] kann ohne weiteres als maßgeschneiderte, im Interesse des Klienten verfasste und an das ungewohnte Problem in spezifischer Weise angepasste Stellungnahme bezeichnet werden. Die Art und Weise aber, in der Johannes diese Aufgabe anging, stellt eine wissensbasierte Kreativität zur Schau, die mit den philosophischen und theologischen Referenztexten in einer derartig freien und eigensinnigen Form verfuhr, dass vom originalen Bedeutungskontext der angeführten Argumente und Zitate mitunter nichts mehr übrig blieb. Virtuos kombiniert der Gelehrte die unterschiedlichsten Aussagen und Theoreme der »Nikomachischen Ethik« und der »Politik« des

49 Ebd., S. 171, Anm. 80.
50 Zu Johannes Quidort: Jones, Chris: John of Paris. Beyond Royal and Papal Power, Turnhout 2015; Ubl, Karl: Johannes Quidorts Weg zur Sozialphilosophie, in: Francia 30/1 (2003), S. 43–72.
51 Ubl, Karl: Zur Genese der Bulle *Unam sanctam*: Anlass, Vorlagen, Intention, in: Kaufhold, Martin (Hg.): Politische Reflexionen in der Welt des späten Mittelalters, Leiden 2004, S. 129–149; Favier, Jean: Philippe le Bel, Paris 1978, S. 343–393.
52 Johannes Quidort: De regia potestate et papali, hg. v. Fritz Bleienstein, Stuttgart 1969.

Aristoteles sowie anderer Referenzen (darunter auch Thomas von Aquin), um auf Grundlage dieser im eigenen Sinne neu arrangierten Argumentationsstruktur die Unabhängigkeit der weltlichen von der geistlichen Macht theoretisch zu begründen. Diese produktive Adaptation und Transformation von Elementen der aristotelischen Philosophie basiert hier nicht auf *konkreten*, oberflächlichen Ähnlichkeiten zwischen einzelnen Propositionen, sondern auf *prinzipiell-abstrakten* Homologien, die ihre Neukonfiguration und Kanalisierung nach der Logik des eigenen Modells ermöglichen. Von Aristoteles' Feststellung, dass sich in einem Haushalt nicht eine Person um verschiedene Aufgaben kümmern sollte,[53] über das Theorem, dass die Natur nur eine Potenz verleiht, wenn auch Aktualisierung möglich ist,[54] bis hin zur Verpflichtung des Herrschers auf das Gemeinwohl und Gedanken über das Vorgehen gegen Staatsfeinde[55] wird alles in einen neuen Kontext eingelesen und in völlig neuartiger Weise aufeinander bezogen und vernetzt. Dies sind ›dynamische Verbindungen‹, die auf einer abstrakten und ›offenen‹ mentalen Wissensrepräsentation beruhen, die den Experten Johannes Quidort zu einer dermaßen kreativen Aktualisierung und Anpassung befähigt.

Das generative Prinzip, von begrenztem Material nahezu unbegrenzten Gebrauch zu machen, indem Wissensbestände im Bedarfsfall neu arrangiert werden, begegnet in der überlieferten Wissenspraxis historischer Experten offenbar besonders dann, wenn diese, wie die Versuchskaninchen der modernen Kognitionspsychologie, mit *contrived tasks* konfrontiert werden – Herausforderungen, die in beiden hier besprochenen Fällen mit Anfragen von Seiten ihrer ›Klienten‹ verbunden waren. Sowohl bei Thaddeus von Suessa als auch bei Johannes Quidort findet also gleichzeitig die Zuschreibung und soziale Konstruktion von Expertise statt, und zwar auf der Grundlage eines Systemvertrauens, das primär auf ihrer *institutionell* fundierten Autorität, also auf einem Wissen um die epistemischen Relevanzstrukturen der Gesellschaft, nicht in erster Linie (oder nur mittelbar) auf einem Wissen um die ›mentale Realität‹ ihrer Expertise beruht. Insofern finden hier beide Perspektiven jeweils ihre Berechtigung.

Doch im Gegensatz zur sozialkonstruktivistischen Herangehensweise, die ihrem Ansatz entsprechend nur solche Akteure in den Blick nimmt, die im Kontext einer laikalen Anrufung in die soziale *Rolle* des Experten schlüpfen, würde die psychologische Sicht auch die Wissensträger erfassen, die nicht in Interaktion mit Laien treten, sondern aus intrinsischer Motivation heraus mit der Lösung von Problemen befasst sind, die in ihrer speziellen Domäne entstehen und außerhalb der eigenen *community* niemanden interessieren. Dieses weite Feld kann hier nicht vertieft werden, wenngleich es freilich nicht an theoretischen Innovationen in den mittelalterlichen Wissenskulturen fehlt, die unabhängig von Experten-Laien-Interaktionen im engeren Sinne erzielt wurden

---

53 Ebd., S. 107 f.
54 Ebd., S. 115.
55 Ebd., S. 75 f., 196.

und in psychologischer Hinsicht mit expertisebasierter Kreativität verbunden sind. Im Bereich der Naturphilosophie etwa hat Johannes Buridan (gest. nach 1358), der jahrzehntelang als Philosophieprofessor in Paris lehrte, eine zweifellos höchst kreative Lösung für ein seit langem bestehendes Problem formuliert, die nicht im Auftrag eines Klienten, sondern aus philosophischer *curiositas* erfolgte. Ich möchte auf diese Lösung kurz eingehen, weil sie eine weitere Frage aufwirft, die zum nächsten Abschnitt überleiten wird.

In seinem Kommentar zur »Physik« des Aristoteles war Buridan mit der Frage beschäftigt, warum ein Wurfprojektil eigentlich weiterfliegt, nachdem es die Hand des Werfers verlassen hat.[56] Aristoteles hatte unter anderem behauptet, dass die Luft, die hinter dem bewegten Objekt zusammenströme, um die Entstehung eines Vakuums zu verhindern, es auf diese Weise gleichsam anschiebe. Eine ganze Reihe von Kommentaren hatte diese Erklärung des Aristoteles seit dem 13. Jahrhundert bereits diskutiert, wobei durchaus wiederholt Anomalien konstatiert wurden, die sich damit schwer vereinbaren ließen. Keiner aber hatte bislang die aristotelische Theorie verworfen und eine neue Lösung des Problems gefunden.[57] Vor diese Herausforderung gestellt, lässt Buridan eine grundsätzlich andere Herangehensweise und eine andere Haltung gegenüber Aristoteles erkennen: »Ich halte diese Frage für sehr schwierig, denn Aristoteles hat sie offensichtlich nicht gut gelöst«.[58] Für Buridan ist die aristotelische Theorie wertlos, weil sie durch empirische Befunde widerlegt wird: »Dieser Ansatz scheint mir wahrhaft nutzlos zu sein, wegen zahlreicher Erfahrungstatsachen«.[59] Auf Grundlage dieses kritischen Urteils konzipiert Buridan nun konsequenterweise eine völlig andere Lösung, die mit der empirischen Evidenz vereinbar ist und eine differenziertere Erklärung des Phänomens bietet: Das Objekt werde nicht von der Luft bewegt, sondern von einer immanenten Kraft, dem Impetus, den der Werfer ihm durch seinen Wurf verleihe. Die Luft hingegen, so zeige die Erfahrung, bremse vielmehr die Bewegung.[60]

Buridans Impetus-Theorie, die sich bald (unter bestimmten sozialen Bedingungen) durchsetzte und einiges von dem antizipiert, was man später »Trägheit« der Masse nennen sollte, stellt ohne jeden Zweifel eine kreative Lösung dar. Nun

---

56 Sarnowsky, Jürgen: Concepts of Impetus and the History of Mechanics, in: Laird, Walter / Roux, Sophie (Hg.): Mechanics and Natural Philosophy before the Scientific Revolution, Dordrecht 2008, S. 121–145; Maier, Anneliese: Die Vorläufer Galileis im 14. Jahrhundert, Rom ²1966, S. 132–154; Clagett, Marshall: The Science of Mechanics in the Middle Ages, Madison 1959, S. 532–540.

57 Wood, Rega: Roger Bacon: Richard Rufus' Successor as a Parisian Physics Professor, in: Vivarium 35 (1997), S. 222–250.

58 »Ista questio iudicio meo est valde difficilis quia Aristoteles prout michi videtur non determinauit eam«. Johannes Buridan: Questiones super octo Phisicorum libros Aristotelis, Paris 1509 [unveränd. Nachdruck Frankfurt a. M. 1964], fol. 120rb.

59 »[…] videtur michi quod ille ponendi modus nichil valebat propter multas experientias«; ebd.

60 Ebd., fol. 120va.

könnte man sich noch einmal ganz naiv fragen, worauf diese innovative Leistung des naturphilosophischen Experten genau beruht. Die Kognitionspsychologie hätte darauf eine klare Antwort: Buridan hatte durch seine jahrelange Erfahrung im Bereich der Philosophie nicht nur eine große Menge an Wissensinhalten erworben, sondern auch ein an ein spezifisches Problemfeld hochgradig angepasstes kognitives Muster ausgebildet, das seine Wahrnehmung der bereichsspezifischen Phänomene und seine mentale Organisation des philosophischen Wissens so optimierte, dass es ihn in die Lage versetzte, kreative Leistungen im Rahmen der Herausforderungen seiner Wissensdomäne zu erbringen.

Gerade der Fall Buridans ist aber geeignet, die Grenzen solcher Erklärungen aufzuzeigen. Bliebe man beim rein psychologischen Blick, müsste man annehmen, dass Buridan primär deshalb eine innovative Lösung fand, die seinen früheren Kollegen verborgen blieb, weil er über höheres Maß an Expertise verfügte, weil er auf der »*Road to Excellence*« weiter fortgeschritten war. Aus dem Blick geraten würde damit, welche sozialen Faktoren das Vorgehen Buridans, das auf einer unverhohlenen Kritik an der Autorität des Aristoteles beruht, überhaupt erst ermöglichten. Vorangegangen war im 13. Jahrhundert eine Entwicklung, in deren Zuge immer deutlicher Kritik an der Vorstellung einer autoritätshörigen Universitätsphilosophie und eines unerfahrenen, für die Praxis untauglichen und weltfremden Philosophen geübt wurde. Es sollte nicht lange dauern, bis diese Kritik auch im Inneren der Universität aufgegriffen und in die Forderung nach einer stärker erfahrungsbezogenen Naturphilosophie umgemünzt wurde. Auch wenn damit keine ›Experimentalwissenschaft‹ entstand, so führte dies bis zum 14. Jahrhundert zu einer deutlichen Aufwertung des Erfahrungswissens gegenüber den Autoritäten.[61] Dass Johannes Buridan die aristotelische Theorie kurzerhand verwirft, weil sie der Erfahrung widerspricht, und sie durch eine eigene Konzeption ersetzt, wäre ohne die soziale Dynamik, die diese epistemische Verschiebung stimulierte und konditionierte, undenkbar gewesen. Was sich daran zeigt ist allerdings, dass die »Natur der Expertise«,[62] die Inhalte und Strukturen des mental repräsentierten Expertenwissens, offenbar in hohem Maße mit den sozialen Bedingungen einer spezifischen Expertenkultur zusammenhängen. Und unter den sozialen Faktoren, die diese mentale Realität der Expertise indirekt prägen, scheinen die *Ambivalenzen*, denen Experten ausgesetzt sind und auf die sie gezwungen sind zu reagieren, wenn sie mit ihrer Umwelt erfolgreich interagieren wollen, eine wichtige Rolle zu spielen.

---

61 Dazu: Bubert, Marcel: Kreative Gegensätze. Der Streit um den Nutzen der Philosophie an der mittelalterlichen Pariser Universität, Leiden 2019.
62 So der Titel von Chi u. a. (Hg.), Nature of Expertise (wie Anm. 5).

IV. Wissenssoziologie und vergleichende Expertenforschung

Die Vermutung, dass die latente oder offensive Kritik, die den Experten ent-
gegengebracht wird, nicht nur die symbolischen Formen ihrer Inszenierungen
bedingt, mit denen sie die Geltung ihrer Rolle gegen solche Ambivalenzen stabilisieren, sondern auch die mentale Konstitution ihrer Expertise betrifft, liefert
bereits einen Hinweis darauf, wie sozialkonstruktivistische und kognitionspsychologische Ansätze produktiv aufeinander zu beziehen sind.[63] Wenngleich
die beschreibbaren kognitiven Fähigkeiten von Experten als eine nicht zugeschriebene, mentale Realität betrachtet werden können, so scheinen der spezifischen Beschaffenheit und Funktionsweise dieser Expertise im Einzelfall dennoch kaum universale, sozial unberührte und überzeitliche Charakteristika,
sondern allenfalls generelle metastrukturelle Merkmale zuzukommen, die möglicherweise, wie der Spracherwerb, mit angeborenen Prinzipien des menschlichen Geistes verbunden sind. Diese Prinzipien des Geistes haben, so könnte
man nun sagen, in verschiedenen historischen Kontexten sehr unterschiedliche Manifestationen von Expertise ermöglicht, so dass die Berücksichtigung
der soziokulturellen Einbettung von Expertenwissen unbedingt notwendig ist,
um eine umfassende Erklärung für die besonderen kognitiven Leistungen von
Experten zu finden. Philosophisch formuliert, mag es universale ›tiefenstrukturelle‹ Prinzipien einer »*Language of Thought*«[64] geben, die im Medium eines
mentalen Repräsentationssystems operiert, das die Voraussetzung zur kreativen
Anpassung an neue Problemfelder bereitstellt, wie der amerikanische Philosoph
Jerry Fodor in Weiterführung der Behaviorismus-Kritik Noam Chomskys mit
seiner *Language of Thought*-Theorie postuliert.[65] Doch die konkrete Semantik
und Syntax einzelner ›Grammatiken‹ des Denkens sind offensichtlich als kul-
turspezifisch aufzufassen, worauf auch die Ergebnisse der jüngeren interkul-
turellen Psychologie hinweisen.[66] Was die Erforschung von Expertenkulturen
betrifft, hilft es vielleicht weniger, von verallgemeinerten Denkmustern in Groß-
kulturen – etwa von einem »Denken auf Asiatisch«[67] – auszugehen. Aber die

---

63 Siehe ebenso, mit anderem Ansatz: Mieg, Social Psychology of Expertise (wie Anm. 4).

64 Fodor, Jerry: The Language of Thought, Cambridge, MA 1975.

65 Siehe die programmatische Feststellung: »The essential point is the organism's ability
    to deal with novel stimulations. Thus, we infer the productivity of natural languages
    from the speaker's/hearer's ability to produce/understand sentences on which he was not
    specifically trained. Precisely the same argument infers the productivity of the internal
    representational system from the agent's ability to calculate the behavioral options ap-
    propriate to a kind of situation he has never before encountered«. Fodor, Language of
    Thought (wie Anm. 64), S. 31 f.

66 Boehnke, Klaus u. a.: Crossing Borders – (Cross-)Cultural Psychology as an Interdiscipli-
    nary, Multi-Method Endeavor, in: Cross-Cultural Psychology Bulletin 43 (2009), S. 30–37.

67 Kühnen, Ulrich: Denken auf Asiatisch, in: Gehirn und Geist 3 (2003), S. 10–15, der ent-
    schieden betont, dass »selbst grundlegende Denkvorgänge kulturell geprägt sind«, dabei

besonderen sozialen Bedingungen einer Expertenkultur, die mit den spezifischen Institutionen, Ambivalenzen, Inszenierungen und ›Märkten‹ zusammenhängen, wie sie das Graduiertenkolleg »Expertenkulturen« konzeptionell erschlossen hat, müssen sehr wohl als prägende Faktoren der Inhalte und Strukturen, der Syntax und Semantik von Expertenwissen betrachtet werden, die interkulturell verglichen werden können. Mit anderen Worten: Kulturell unterschiedliche Formen von Institutionen, Ambivalenzen und Inszenierungen sind auch in dialektischer Weise mit kulturell verschiedenen Formen von Expertise verknüpft.

V. Expertise zwischen Realismus und Radikalem Konstruktivismus

Doch auch wenn diese Feststellung zunächst einleuchtend klingen mag, bleibt auf theoretischer Ebene noch Klärungsbedarf. Denn die Annahme, dass es sozial und historisch bedingte *Formen* von realer mentaler Expertise gibt, löst noch nicht ohne weiteres das eingangs angesprochene erkenntnistheoretische oder ontologische Problem: nämlich die Frage, ob die Behauptung, dass der ›mentalen Realität‹ von Expertise, die unter dem Einfluss äußerer Irritationen eine spezifische Form angenommen hat, als solcher eine Existenz zukommt, die auch dann bestünde, wenn sich niemand beobachtend darauf bezogen hätte, mit einem streng konstruktivistischen Ansatz theoretisch vereinbar ist. Dieses Problem soll daher zum Abschluss dieses Beitrags noch einmal aufgegriffen und auf differenziertere Weise besprochen werden. Dabei muss es nicht zuletzt um den Begriff des Konstruktivismus gehen.

Diese Grundfrage berührt auf den ersten Blick zentrale Aspekte dessen, was in der Gegenwartsphilosophie seit einigen Jahren unter dem Stichwort »Neuer Realismus« diskutiert wird. Einer der offensivsten Vertreter dieser Richtung, Markus Gabriel, ist mit dem Konzept eines »neuen ontologischen Realismus« auf den Plan getreten, das basale Annahmen der Postmoderne, des Konstruktivismus sowie sämtlicher anderer Spielarten des ›Antirealismus‹ auf neue Weise in Frage stellt.[68] Zur Debatte steht die in Auseinandersetzung mit Kants Transzendentalphilosophie verschiedentlich artikulierte Ablehnung beobachterunabhängiger Existenz. Gabriel gesteht dem Konstruktivismus das Verdienst zu, erkannt zu haben, dass es Wirklichkeitsbereiche gibt, die tatsächlich niemals zu Existenz gelangt wären, wenn sich keine epistemischen Subjekte eines bestimmten Typs verstehend darauf bezogen hätten, und die im Paradigma des ›alten Realismus‹ keinen Platz fanden. Der Fehler des Antirealismus bestehe

---

aber eine in ihrer Pauschalität fragwürdige Ost-West-Dichotomie voraussetzt; einschlägig in dieser Richtung ferner: Nisbett, Richard: The Geography of Thought. How Asians and Westerners Think Differently … and Why, New York 2003.

68 Gabriel, Markus: Sinn und Existenz. Eine realistische Ontologie, Frankfurt a. M. 2016; Ders.: Existenz, realistisch gedacht, in: Ders. (Hg.), Der Neue Realismus (wie Anm. 12), S. 171–199.

nun darin, diese Einsicht durch »haltlose Übergeneralisierung« auf *alle* Realitätssphären übertragen zu haben.[69] Dem hält Gabriel die Auffassung entgegen, dass es sehr wohl einen Bereich gebe, »der auch dann bestanden hätte, wenn es niemals Wesen mit einer Registratur gegeben hätte«.[70] Dass es derartige, von ihm als »maximal modal robust« bezeichnete Tatsachen gibt, wird für Gabriel unter anderem deutlich, wenn man sich vor Augen führt, worauf die Argumentation des Konstruktivismus hinauslaufe: »Dann zeigt sich, dass man behauptet, die Alpen wären nicht da gewesen, wenn wir sie nicht als die Alpen konstruiert (benannt, beschrieben, beobachtet…) hätten«.[71] Dieser, ironisch als »Alpenkonstruktivismus« vorgeführten Perspektive hält Gabriel daher programmatisch entgegen: »Zu existieren kann nicht im Allgemeinen bedeuten, durch diskursive Praktiken hervorgebracht worden zu sein oder in epistemischen Systemen zur Erscheinung zu kommen und nicht einmal, in epistemischen Systemen zur Erscheinung kommen zu können«.[72]

Auf den ersten Blick scheint diese Argumentation nun durchaus geeignet, dem im vorliegenden Beitrag thematisierten Verhältnis zwischen ›sozialer Konstruktion‹ und (beobachterunabhängiger) ›mentaler Realität‹ von Expertise zur Klärung zu verhelfen. Man könnte dann in freier Anlehnung an den Neuen Realismus festhalten, dass in Expertenkulturen nicht *alle* Wirklichkeitsbereiche konstruiert sind, dass sich die gesellschaftliche Konstruktion auf das ›soziale Sein‹, nicht aber auf die modal robusten kognitiven Fähigkeiten von Experten bezieht. Demnach müsste man zwar etwas über das Verstehen der Zeitgenossen verstehen, um die zeitgenössischen Wahrnehmungen und Zuschreibungen von Expertise zu erforschen, man müsste jedoch prinzipiell nichts über dieses Verstehen verstehen, um die faktische Existenz der kognitiven Kapazitäten von Experten anzuerkennen.

So heruntergebrochen, hat diese Sichtweise insofern etwas für sich, als sie die scheinbar bestehende Feindschaft von expertisebezogenem Realismus und Konstruktivismus in eine relativ friedliche Koexistenz umsortiert. Gewonnen ist damit allerdings ziemlich wenig. Das konzeptionelle Anliegen dieses Abschnitts bestand ja nicht darin, noch einmal (wie weiter oben schon mehrfach) zu betonen, dass sich die beiden ›gegensätzlichen‹ Ansätze nicht zwangsläufig *widersprechen* müssen; sondern es geht viel grundsätzlicher darum, ob zwischen diesen Perspektiven überhaupt ein strenger *Gegensatz* besteht, oder ob sie auf einer höheren Theorieebene integrierbar sind. Um dies zu klären, muss der bis

---

69 Ders., Existenz, realistisch gedacht (wie Anm. 68), S. 187.
70 Ebd., S. 177.
71 Ebd., S. 192.
72 Ebd., S. 198. Der Vollständigkeit halber sei erwähnt, dass Gabriels »realistische Ontologie« zwar die Existenz vieler maximal modal robuster Dinge und Tatsachen behauptet, aber keinen Begriff der »Welt« als ontologischen Gesamtzusammenhang vorsieht; dazu ausführlich: Gabriel, Sinn und Existenz (wie Anm. 68), S. 224–275 (Kap. 6: »Die Keine-Welt-Anschauung«); sowie: Ders.: Warum es die Welt nicht gibt, Berlin ⁵2013.

hierin von mir (aber auch von Markus Gabriel) haltlos übergeneralisierte Begriff des Konstruktivismus präziser differenziert werden.

Während Gabriel davon spricht, dass »der Konstruktivismus« davon ausgehe, dass alle Bereiche der Wirklichkeit – von den Alpen über demokratische Wahlen bis zum Einhorn im Film »Das letzte Einhorn« – konstruiert und damit nicht beobachtungsunabhängig ›real‹ seien, macht es im Hinblick auf die Erforschung von Expertenkulturen zunächst einen wichtigen Unterschied, ob man diese aus der Perspektive des Sozialkonstruktivismus im Sinne Peter Bergers und Thomas Luckmanns,[73] oder aus Sicht des erkenntnistheoretischen (Radikalen) Konstruktivismus im Sinne Humberto Maturanas oder Heinz von Foersters beschreibt.[74] Wer auf der Grundlage des Sozialkonstruktivismus argumentiert, wird sich weniger dafür interessieren, wie die ›Alpen‹ in der Wahrnehmung epistemischer Subjekte erscheinen, sondern vor allem dafür, wie gesellschaftliche und lebensweltliche Strukturen etwa über Prozesse der Institutionalisierung intersubjektiv objektiviert werden und wie dadurch institutionale Subsinnwelten entstehen, die dem Einzelnen als faktische ›Realität‹ entgegentreten. Das kann beispielsweise die institutionalisierte Rolle eines Trägers von Sonderwissen sein, die von seinem Gegenüber als Element der Wirklichkeit akzeptiert wird.

Die Erkenntnistheorie des philosophischen Konstruktivismus ist demgegenüber, was das Verhältnis des Geistes zur äußeren Realität betrifft, grundsätzlicher: Im kybernetischen Modell der Wahrnehmung beruht die Konstruktion der gesamten erfahrenen Wirklichkeit auf der Selbstreferentialität der kognitiven Welt, die der Organismus wegen seiner funktionalen und physiologischen Konstitution selbst erzeugt. Die dem erkennenden Subjekt zugängliche Welt ist deshalb grundsätzlich »eine kognitive Welt, nicht eine Welt, ›so, wie sie ist‹«.[75] Als autopoietisches System bleibt das prozessual beschaffene Bewusstsein auf seinen selbst hervorgebrachten Kognitionsbereich beschränkt. Der Vorwurf Gabriels, dass aus Sicht des Konstruktivismus ›die Alpen‹ nicht da wären, wenn sie niemand als solche erkennen würde, ist daher genauso zutreffend wie argumentativ irrelevant: Denn gesagt ist damit nur, dass die *mentale Repräsentation* der

73 Berger, Peter / Luckmann, Thomas: Die gesellschaftliche Konstruktion der Wirklichkeit. Eine Theorie der Wissenssoziologie, Frankfurt a. M. [24]2012; siehe auch die diskurstheoretische Weiterführung: Keller, Reiner u. a. (Hg.): Die diskursive Konstruktion von Wirklichkeit. Zum Verhältnis von Wissenssoziologie und Diskursforschung, Konstanz 2005.

74 Maturana, Humberto: Kognition, in: Schmidt, Siegfried J. (Hg.): Der Diskurs des Radikalen Konstruktivismus, Frankfurt a. M. 1987, S. 89–118; Foerster, Heinz von: Erkenntnistheorien und Selbstorganisation, in: Ebd., S. 133–158; Ders.: Das Konstruieren einer Wirklichkeit, in: Watzlawick, Paul (Hg.): Die erfundene Wirklichkeit. Beiträge zum Konstruktivismus, München [16]2003, S. 39–60.

75 Schmidt, Siegfried J.: Der Radikale Konstruktivismus. Ein neues Paradigma im interdisziplinären Diskurs, in: Ders. (Hg.), Diskurs des Radikalen Konstruktivismus (wie Anm. 74), S. 11–88, hier S. 26; siehe auch: Luhmann, Niklas: Erkenntnis als Konstruktion, in: Ders.: Aufsätze und Reden, Stuttgart 2001, S. 218–242.

Alpen, also das, was in der kognitiven Welt als Alpen erscheint, außerhalb des
Bewusstseins nicht existieren kann.

Wenn man mit dem Radikalen Konstruktivismus und der neueren Bewusst-
seinsphilosophie[76] davon ausgeht, dass sämtliche Entitäten der Wirklichkeit,
unabhängig davon, was in der extramentalen Realität auf welche Weise existiert,
dem Bewusstsein als vom Organismus selbst erzeugte mentale Repräsentatio-
nen, in Form eines *phänomenalen* Erlebens, zugänglich sind, dann hat das auch
Konsequenzen dafür, in welchem Verhältnis die mentale Wirklichkeit und die
sozial konstruierte Realität von Expertise zueinander stehen. Zumindest hat
man es hier nicht mit ontologisch gegensätzlichen und in diesem Sinne unver-
einbaren Positionen zu tun, wenn man in Rechnung stellt, dass die Strukturen
und Elemente der gesellschaftlich konstruierten Wirklichkeit, wie Institutionen,
Rollen, symbolische Praktiken und Sinnwelten, ebenfalls nur als mentale Reprä-
sentationen im Bewusstsein vieler einzelner kognitiver Subjekte existieren, dass
also die scheinbar ›objektivierte‹ soziale Wirklichkeit ausschließlich in indivi-
duierter, subjektiv angeeigneter, phänomenal erlebter Form real ist. Die sozial
konstruierte Rolle des Experten, die attribuierte Expertise, liegt ontologisch
auf der gleichen Ebene, existiert in der gleichen kognitiven Wirklichkeit wie die
diversen Entitäten des mental repräsentierten Expertenwissens. Ein differen-
ziertes Wissen um die epistemischen Relevanzstrukturen einer Gesellschaft
(also darum, zu welchem Experten ich mit welchem Problem gehen muss) und
ein spezialisiertes Wissen im Feld der Naturphilosophie, das mich zur Bewältigung bereichsspezifischer Probleme befähigt, sind gleichermaßen Bestandteile
mentaler Realität, wenngleich sie, was die Erforschung von Expertenkulturen
betrifft, zu verschiedenen analytischen Kategorien gehören. In beiden Fällen
hat man es mit (unter bestimmten physiologischen Bedingungen) konstruier-
tem Wissen zu tun, das sich vom theoretischen Standpunkt des »Konstruktivismus« beschreiben lässt. Und in beiden Fällen geht es für den Historiker um
Phänomene, auf deren mentale Existenz die Quellen verweisen, deren kritische
Sichtung vorläufige und approximative Aussagen über die Entitäten dieser kognitiven Realität erlaubt.

Unabhängig davon, ob man als Philosoph einen Substanzdualismus, einen
physikalischen Reduktionismus oder einen nicht-reduktionistischen Natura-
lismus vertritt – also unabhängig davon, wie man das Verhältnis von Geist
und Materie im Einzelnen betrachtet[77] –, ist man hier grundsätzlich nicht mit
einem metaphysischen Problem konfrontiert, wenn man voraussetzt, dass die
zur Debatte stehenden Phänomene zum Bereich der kognitiv konstruierten,

---

76 Hier vor allem: Metzinger, Thomas: Subjekt und Selbstmodell. Die Perspektivität phä-
    nomenalen Bewusstseins vor dem Hintergrund einer naturalistischen Theorie mentaler
    Repräsentation, Paderborn ²1999; Ders.: Der Ego-Tunnel. Eine neue Philosophie des
    Selbst: Von der Hirnforschung zur Bewusstseinsethik, München ⁶2017.
77 Searle, Intentionalität (wie Anm. 18), S. 325–337; Strawson, Mental Reality (wie Anm. 11);
    Metzinger, Thomas (Hg.): Grundkurs Philosophie des Geistes, Bd. 2: Das Leib-Seele-Pro-
    blem, Paderborn 2007.

mental repräsentierten Realität gehören. Es ist vor diesem Hintergrund schließlich auch umso naheliegender, dass die verschiedenen mental repräsentierten Wissensformen miteinander *interagieren*, dass also die im Laufe der Sozialisation internalisierten, milieuspezifischen und kulturell bedingten Strukturen der Lebenswelt und das elaborierte, bereichsspezifische Wissen von ›Experten‹ sich wechselseitig beeinflussen. Die soziokulturelle Prägung der Expertise ist aus konstruktivistischer Sicht völlig konsequent – allerdings freilich nur dann, wenn man, wie im Radikalen Konstruktivismus grundsätzlich der Fall, davon ausgeht, dass das autopoietische Subjekt zwar auf seinen selbst erzeugten Kognitionsbereich beschränkt bleibt, aber durch seine Interaktion mit anderen Beobachtern dennoch eine »konsensuelle Realität« hervorbringt, welche die »Grundlage aller weiterführenden Konsensbildungen höherer Ordnung [ist], wie sie durch sprachliche Kommunikation erreicht werden«.[78] Der Weg von der individuellen kognitiven zur intersubjektiven kulturellen Konstruktion der Wirklichkeit ist damit gewiesen; und wie man vom ›Geist‹ und seinen ›Intentionen‹ zum sinnhaften Aufbau der sozialen Welt kommt – nämlich durch »Sprechakte« – hat John Searle, wenn auch unter anderen philosophischen Vorzeichen, eindrücklich gezeigt.[79] Eine ›radikal‹ konstruktivistische Expertenforschung darf sich aus diesem Grund weder auf die gesellschaftliche Zuschreibung von Expertise, noch auf die inhaltliche und strukturale Beschaffenheit von Bereichswissen beschränken, sondern muss, auch in vergleichender Perspektive, zeigen können, wie die kulturspezifischen Strukturen der ›konsensuellen Realität‹ einer Gesellschaft, in der Sonderwissen an Experten delegiert wird, und die historisch besondere Qualität dieses Sonderwissens dialektisch miteinander verknüpft sind.

---

78 Schmidt, Der Radikale Konstruktivismus (wie Anm. 75), S. 48.
79 Searle, John: Geist, Sprache und Gesellschaft. Philosophie in der Wirklichen Welt, Frankfurt a. M. ³2015; Ders.: Die Konstruktion der gesellschaftlichen Wirklichkeit. Zur Ontologie sozialer Tatsachen, Frankfurt a. M. 2005.

Ekaterini Mitsiou

Die Dominikaner als Experten in der Romania (13.–14. Jahrhundert)[1]

I. Einleitung

Der Vierte Kreuzzug im Jahr 1204 führte zu tiefgreifenden und nachhaltigen Transformationen in der Romania, dem vormals vom Byzantinischen Reich beherrschten Raum im östlichen Mittelmeer. Konstantinopel wurde Zentrum eines Lateinischen Reiches mit Balduin von Flandern als Kaiser. In den früheren byzantinischen Gebieten wurden verschiedene lateinische Staaten gegründet, was zu einer starken politischen Fragmentierung der Region beitrug. Darüber hinaus erwarben die Venezianer strategisch wichtige Inseln und Hafenplätze.[2]

Andererseits gründeten Mitglieder der byzantinischen Aristokratie drei Staaten in Bithynien, Epirus und Trapezunt, welche Widerstand gegen die Lateiner leisteten. Das Kaiserreich von Nikaia in Westkleinasien eroberte 1261 Konstantinopel zurück und etablierte die byzantinische Macht wieder in ihrem alten Zentrum.[3]

Eine weitere Konsequenz der Eroberungen nach 1204 war die Koexistenz von lateinischen und orthodoxen Gemeinden in den Gebieten unter lateinischer Herrschaft; beide standen unter der Autorität des Papstes. Um die Bedürfnisse der katholischen liturgischen Praxis abzudecken, wurden orthodoxe Klöster und Kirchen von den Repräsentanten der westlichen Orden und dem Klerus übernommen und räumlich modifiziert. Am stärksten präsent waren die in

---

1 Dieser Beitrag entstand im Rahmen des durch den Wittgenstein-Preis finanzierten Projekts »Microstructures, Mobility and Personal Agency« an der Universität Wien, das unter der Leitung von Prof. Claudia Rapp steht. Der Text stellt eine modifizierte Version des in Göttingen gehaltenen Vortrags dar.

2 Zum Vierten Kreuzzug siehe Lilie, Johannes-Ralph: Byzanz und die Kreuzzüge, Stuttgart 2004, S. 157–180; Angold, Michael: The Fourth Crusade: Event and Context, Harlow 2003; Queller, Donald E. / Madden, Thomas F.: The Fourth Crusade. The Conquest of Constantinople, Philadelphia ²1997; Madden, Thomas F. (Hg.): The Fourth Crusade: Event, Aftermath, and Perceptions, Aldershot 2008; Lock, Peter: The Franks in the Aegean 1204–1500, London 1995; Tricht, Filip van: The Latin *Renovatio* of Byzantium. The Empire of Constantinople (1204–1228), Leiden 2011.

3 Vgl. dazu Angold, Michael: A Byzantine Government in Exile. Government and Society under the Lascarids of Nicaea (1204–1261), Oxford 1975.

dieser Zeit entstandenen Bettelorden.[4] Die Ordensbrüder wurden vor allem als Missionare in den griechischen Ländern eingesetzt. Ihre Aufgabe war es auch, in religiösen Konflikten zwischen Rom und der Orthodoxie in einem kirchlichen Kontext zu vermitteln.

Die Anwesenheit der westlichen Orden in der Romania wurde aus verschiedenen Perspektiven untersucht, was auf die Faszination der Präsenz einer katholischen »*Otherness*« in einer orthodoxen Umgebung hinweist.[5] In dem vorliegenden Beitrag werden die Dominikaner im theoretischen Rahmen der »Expertenkulturen« betrachtet. Auf Grundlage der vorhandenen Quellen werden ihre Expertise sowie die von ihnen genutzten Kommunikationsinstrumente dargestellt. Zudem wird untersucht, inwieweit ihre Verbindungen zu byzantinischen Intellektuellen zur Konstruktion ihrer Expertise in der Romania beitrugen.

II. Expertenkultur und die Expertise der Dominikaner

Der Begriff »Experte« bezeichnet einen »sozialen Rollentypus, der sich durch die Verheißung passgenauen Wissens in einer bestimmten Kommunikationssituation auszeichnet«.[6] »Expertentum« wird also in gewissen Kontexten sozialer Interaktion sichtbar, die die Anerkennung als Experte definieren. Gleichzeitig bieten solche Kontexte die Möglichkeit, den eigenen Expertenstatus zu inszenieren.[7] Expertenwissen kann in verschiedenen, einander ähnlichen Kontexten Anwendung finden. Auf diese Weise können Experten als »dauerhafte Repräsentanten einer sozialen Institution« gelten,[8] wobei »Laien« sie als »kommunikatives Außen des Institutionellen« wahrnehmen.[9]

---

4 Vgl. Coureas, Nicholas: The Latin and Greek Churches in former Byzantine Lands under Latin Rule, in: Tsougarakis, Nickiphoros I. / Lock, Peter (Hg.): Companion to Latin Greece, Leiden 2015, S. 145–184; Loenertz, Raymond J.: La Société des Frères Pérégrinants, 2 Bde., Rom 1937, Bd. 1, S. 57–76.

5 Vgl. Lock, The Franks (wie Anm. 2), S. 232 f.; Loenertz, La Société (wie Anm. 4); Violante, Tomasso M.: La Provincia Domenicana di Grecia, Rom 2000; Kitsiki-Panagopoulos, Beata: Cistercian and mendicant monasteries in medieval Greece, Chicago 1979; Tsougarakis, Nickiphoros I.: The Latin religious orders in medieval Greece, 1204–1500, Turnhout 2012.

6 Rexroth, Frank: Systemvertrauen und Expertenskepsis. Die Utopie vom maßgeschneiderten Wissen in den Kulturen des 12. bis 16. Jahrhunderts, in: Reich, Björn u. a. (Hg.): Wissen, maßgeschneidert. Experten und Expertenkulturen im Europa der Vormoderne, München 2012, S. 12–44, hier S. 22.

7 Vgl. Knäble, Philip: Wucher, Seelenheil, Gemeinwohl. Der Scholastiker als Wirtschaftsexperte?, in: Füssel, Marian u. a. (Hg.): Wissen und Wirtschaft. Expertenkulturen und Märkte vom 13. bis 18. Jahrhundert, Göttingen 2017, S. 115–140, hier S. 123.

8 Rexroth, Systemvertrauen (wie Anm. 6), S. 24.

9 Dümling, Sebastian: Träume der Einfachheit. Gesellschaftsbeobachtungen in den Reformschriften des 15. Jahrhunderts, Husum 2017, S. 41; vgl. auch Knäble, Philip: Einleitung, in: Füssel u. a. (Hg.), Wissen (wie Anm. 7), S. 9–30.

Seit ihrer Gründung (1215) waren die Dominikaner als »*Ordo (fratrum) Praedicatorum*« und somit als eine Expertengruppe konzipiert, welche die katholische Kirche gegen jegliche Häresien verteidigen sollte. In der Romania traten sie relativ früh in die Diskussionen zwischen der lateinischen und der orthodoxen Kirche ein. Diese Gespräche erlaubten die öffentliche Inszenierung ihrer Expertise in konfrontativen Situationen, welche auf Elementen der Predigt basierten, d. h. »*auctoritates*«, »*rationes*« (nach den Lehrmethoden der Scholastiker) und »*disputatio*«. Riccoldo da Monte Croce sprach in seinem »Libellus ad nationes orientales« über »predicare vel disputare«.[10] Um ihre Gegner zu überzeugen und zum ›richtigen‹ Glauben zu konvertieren, verwendeten die Dominikaner die »*disputatio*«, was im übertragenen Sinn auch das öffentliche Debattieren bedeutete. Wenn der Gegner (*respondens*) nicht in der Lage war, die Argumentation der Dominikaner zu widerlegen, galt dies als ein Beweis für die Falschheit seines Glaubens.[11]

Eine solche »*disputatio*« (öffentliche Debatte) fand etwa dreißig Jahre nach der Eroberung Konstantinopels statt. Die Gespräche der byzantinischen Kirche mit Rom wurden von vier »Freures Mineures«[12] initiiert, die 1232 aus dem Heiligen Land zurückkehrten.[13] Patriarch Germanos II., 1223 bis 1240 der Patriarch von Konstantinopel im Exil in Nikaia (heute İznik), empfing sie und bat den Papst, weitere Nuntien zu senden, um die Gespräche fortzuführen. Vier Gesandte, zwei Franziskaner und zwei Dominikaner, trafen im Januar 1234 in Nikaia ein. Die Debatten zwischen den Nuntien und den griechischen Prälaten dauerten mehrere Monate und zeigten alle Merkmale, welche auch künftige Treffen auszeichnen sollten: die Auswahl der theologischen Themen, das Streben nach einem Kompromiss, die Spannungen, die Irritationen und die letztlich unflexiblen Positionen beider Parteien.

Die Quellen identifizieren zwei Phasen der Debatte an zwei verschiedenen Orten: die erste in Nikaia, Hauptstadt des byzantinischen Reiches im Exil, und die zweite in Nymphaion, der kaiserlichen Sommerresidenz. Bis Mitte März 1234 war die Frage nach dem Ausgang des Heiligen Geistes (*Filioque*) das am heftigsten diskutierte Thema. In Nymphaion zogen es die Nuntien jedoch vor, statt des *Filioque* die Frage der ungesäuerten Brote (*Azyma*) zu diskutieren. Als die Debatte zu Ende ging und die Nuntien abreisen wollten, versuchte Kaiser

---

10 Riccoldo da Monte Croce: Libellus ad nationes orientales, hg. v. Antoine Dondaine: Ricoldiana. Notes sur les oeuvres de Ricoldo de Montecroce, in: Archivum Fratrum Praedicatorum 37 (1967), S. 119–176, hier S. 169.

11 Rouxpetel, Camille: Dominicans and East Christians: Missionary Method and Specific Skills (13th–14th centuries), in: Piazza, Emanuele (Hg.): *Quis est qui ligno pugnat?* Missionaries and Evangelization in Late Antique and Medieval Europe (4th–13th centuries), Verona 2016, S. 367–376, hier S. 373 f.

12 Lawrence, Clifford Hugh: Medieval Monasticism. Forms of religious life in Western Europe in the Middle Ages, Harlow ³2001, S. 238–275.

13 Vgl. Golubovich, Hieronymus (Hg.): Disputatio Latinorum et Graecorum seu relatio apocrisiorum Gregorii IX de gestis Nicaeae in Bithynia et Nymphaeae in Lydia (1234), in: Archivum Franciscanum Historicum 12 (1919), S. 418–470.

Johannes III. Dukas Vatatzes ohne Erfolg zu einer Einigung zu kommen. Er schlug vor, die Position Roms bezüglich des ungesäuerten Brots und die Position der Griechen bezüglich des Ausgangs des Heiligen Geistes anzunehmen. Beide Parteien weigerten sich jedoch, nachzugeben.[14]

Während dieser Verhandlungen kam die griechische Seite auch zu der bitteren Erkenntnis, dass sie aufgrund der von den Dominikanern verwendeten Syllogistik argumentativ in eine schwierige Lage geraten waren. Dem bevollmächtigten »*hypatos*« (Konsul) der Philosophen Karykes gelang es nicht, auf die Argumente der Lateiner über das *Filioque* zu antworten, und blieb stumm. Nach diesem Vorfall erschien er nicht mehr bei den Diskussionen. Nur der Einsatz des Nikephoros Blemmydes bewahrte das Prestige der griechischen Gelehrten.[15] Das Schweigen und der Rückzug des Karykes bekräftigten jedoch die Inszenierung der Expertise der Dominikaner, indem sie die Überlegenheit ihrer Argumentation und Beweisführung vor dem byzantinischen Kaiser bewiesen.

III. Wege und Orte der Expertise

Die Expertise der Dominikaner wurde durch ein rigoroses Studium und ihre Verbindung zu den europäischen Universitäten wie Paris ermöglicht.[16] Es war ihnen bewusst, dass sie außer der Scholastik weitere ›Waffen‹ einsetzen mussten, um einen sieghaften Ausgang der Konfrontation mit den Häretikern und die erfolgreiche Verkündigung des Glaubens abzusichern. Humbert von Romans insistierte auf der Bedeutung von Sprachkenntnissen, besonders des Griechischen für den byzantinischen Raum.[17] Der Erwerb solcher Kenntnisse fand entweder vor Ort oder ab dem 14. Jahrhundert auch an europäischen Universitäten statt, wo Lehrstühle des Griechischen, Hebräischen und Arabischen gegründet wurden.[18] Studienzentren existierten allerdings auch im Orient, unter anderem in Pera (Galata, gegenüber von Konstantinopel am Goldenen Horn) und in Kaffa (auf der Krim).[19] Franco von Perugia war in der Lage, nach einem Jahr in Kaffa auf Griechisch zu predigen, Beichten zu hören und Schriften aus dem

---

14 Vgl. ebd., S. 428–445 (Gespräche in Nikaia) und 445–465 (Gespräche in Nymphaion).
15 Vgl. Munitiz, Joseph A.: Nicephori Blemmydae Autobiographia sive Curriculum Vitae necnon Epistula Universalior, Turnhout 1984, Buch II 25–28, S. 57 f.; Ders.: Nikephoros Blemmydes. A Partial Account, Leiden 1988, S. 106–108.
16 Vgl. Tugwell, Simon: Early Dominicans. Selected Writings, New York 1982, S. 24–27.
17 Vgl. Humbert von Romans: Opusculum tripartitum, hg. v. Edward Brown, in: Appendix ad fasciculum rerum expetendarum et fugiendarum, Bd. 2, London 1690, S. 185–229, hier S. 219; Hinnebusch, William A.: The History of the Dominican Order, Bd. 2, New York 1973, S. 288–294; Tugwell, Early Dominicans (wie Anm. 16), S. 31–35; Brett, Edward Tracy: Humbert of Romans. His life and views of thirteenth-century society, Toronto 1984; Rouxpetel, Dominicans and East Christians (wie Anm. 11).
18 Vgl. Delacroix-Besnier, Claudine: Les dominicains et la chrétienté grecque aux XIVe et XVe siècles, Rom 1997, S. 203 f.
19 Vgl. ebd., S. 201 f.

Lateinischen zu übersetzen.[20] Das genaue Curriculum der Schulen im Orient ist nicht bekannt, aber Theologie und Philosophie standen natürlich im Zentrum des Unterrichts.

Die Inszenierung der Expertise setzte bestimmte Räume (wie die Paläste des Kaisers von Nikaia) oder die Bewegung zwischen verschiedenen Orten voraus. Allerdings verfügten die Dominikaner auch über fixe Stützpunkte im urbanen Umfeld in Gestalt ihrer Klöster. Dominikanische Konvente sind in Modon, Negroponte, Theben, Andravida, Kreta (Candia und Chania), Chios und Lesbos belegt.[21] In Konstantinopel ist die erste Klostergemeinschaft der Dominikaner für 1233 dokumentiert.[22] Die Namen zweier seiner Prioren sind bekannt; ein Mitglied dieser Kongregation verfasste 1252 eine Abhandlung über die Fehler der Griechen (»Contra Graecos«).[23] Nach der byzantinischen Eroberung Konstantinopels 1261 flüchteten die Ordensbrüder nach Negroponte, gründeten dort einen Konvent[24] und nahmen die Klosterbibliothek mit. Einige der Handschriften wurden später nach Konstantinopel zurückgebracht, als Guillaume Bernardo von Gaillac um 1299 eine Niederlassung im pisanischen Stadtviertel gründete. 1307 musste der Konvent jedoch nach Pera verlegt werden.[25] Das Kloster des Hl. Dominikus oder Paulus von Pera (heute Arap Camii) entwickelte sich zu einem der wichtigsten Zentren der lateinischen Kultur in der Romania.[26] Die

20 Vgl. Hinnebusch, The History (wie Anm. 17), S. 33.
21 Vgl. Tsougarakis, Latin religious orders (wie Anm. 5), S. 174–185 und 190–200; Kitsiki-Panagopoulos, Cistercian (wie Anm. 5), S. 65–77, 85–94 und 98–102.
22 Vgl. Loenertz, Raymond J.: Les établissements dominicains de Pera-Constantinople, in: Echos d'Orient 34 (1935), S. 332–349, hier S. 334; Fisher, Elizabeth A.: *Homo Byzantinus* and *Homo Italicus* in Late Thirteenth-Century, in: Ziolkowski, Jan M. (Hg.): Dante and the Greeks, Washington, D.C. 2014, S. 63–81.
23 Vgl. Violante, La Provincia (wie Anm. 5), S. 327 f.; Loenertz, Les établissements dominicains (wie Anm. 22), S. 334 f. Laut Delacroix-Besnier war der anonyme Autor wahrscheinlich jener Dominikaner aus Konstantinopel, welcher bei den Gesprächen in Nikaia und Nymphaion (1234) als Dolmetscher anwesend war, siehe Delacroix-Besnier, Claudine: Les dominicains à Constantinople de 1228 à nos jours. Une présence qui défie l'histoire, in: Malamut, Élisabeth / Ouerfelli, Mohamed (Hg.): Villes méditerranéennes au moyen âge, Aix-en-Provence 2014, S. 309–324, hier S. 310.
24 Vgl. Tsougarakis, Latin religious orders (wie Anm. 5), S. 175 f.
25 Vgl. ebd., S. 186.
26 Vgl. Palazzo, Benedetto: L'Arap-Djami ou Église Saint-Paul à Galata, Istanbul 1946; Violante, La Provincia (wie Anm. 5), S. 151. Zu den Wandmalereien der Kirche siehe Jolivet-Lévy, Catherine: La peinture à Constantinople au XIIIe siècle. Contacts et échanges avec l'Occident, in: Caillet, Jean-Pierre / Joupert, Fabienne (Hg.): Orient et occident méditerranéens au XIIIe siècle. Les programmes picturaux, Paris 2012, S. 21–40, hier S. 26–28; Westfahlen, Stephan: Pittori greci nella chiesa domenicana dei Genovesi a Pera (Arap Camii). Per la genesi di una cultura figurativa levantina nel Trecento, in: Calderoni Masetti, Anna Rosa u. a. (Hg.): Intorno al Sacro Volto. Genova, Bisanzio e il Mediterraneo (secoli XI–XIV), Venedig 2007, S. 51–62; Melvani, Nicholas: Dominicans in Byzantium and Byzantine Dominicans: Religious Dialog and Cultural Interaction, in: Monge, Claudio / Pedone, Silvia (Hg.): Domenicani a Costantinopoli prima e dopo l'impero ottoman, Florenz 2017, S. 33–50.

Bibliothek des Klosters bestand aus lateinischen und griechischen Handschriften, wie zum Beispiel der heute auf dem Athos aufbewahrte Codex Vatopediou Gr. 27 (14. Jahrhundert) mit den Augustinus-Übersetzungen des Maximos Planudes;[27] einen Teil dieser Handschriften machte auch die literarische Produktion der Ordensbrüder aus.

IV. Expertise und Wissensübertragung

Humbert von Romans war der Erste, der den Erwerb von Sprachkompetenzen ins Zentrum der Bemühungen der Missionare setzte. In seinem »Opusculum tripartitum« (1274) sprach er auch die Notwendigkeit an, jene Texte zu besitzen, auf welchen die Argumentationen der Griechen basierten.[28] Somit sollten griechische Bücher als geistige Waffen im Kampf gegen Ungläubige und Ketzer verwendet werden.[29] Ein Problem stellte der Mangel an solchen griechischen Handschriften in den westlichen Bibliotheken dar. Dies änderte sich allerdings mit der langjährigen Präsenz in der Romania, als die Dominikaner Zugang zu diesem Material erhielten. Bereits im Werk »Contra Graecos« ist es klar, dass der anonyme Autor die Bibliotheken Konstantinopels durchsuchte und in der Lage war, die griechischen Texte des Johannes Chrysostomos und des Theophylaktos von Ohrid zu finden und zu benutzen.

Die Dominikaner bemühten sich, den Mangel sowohl an Personen mit guten Kenntnissen des Griechischen[30] als auch an qualitativen Übersetzungen zu beheben.[31] Mehrere Ordensbrüder widmeten sich bereits im 13. Jahrhundert der Übersetzungstätigkeit, um die griechischen theologischen Werken zu verstehen und im Gegenzug die lateinische Theologie im griechischen Raum zu

---

27 Vgl. Rigo, Antonio: I libri greci di Teodoro Chrysobergese i suoi passaggia Constantinopoli (Aprile 1415) e a Corfu (luglio 1419), in: Byzantion 84 (2014), S. 285–296, hier S. 293–296.

28 Humbert von Romans, Opusculum tripartitum (wie Anm. 17), S. 220: »Aliud est copia librorum Graecorum, ut videlicet haberent Latini omnia scripta Graecorum tam theologicorum, quam expositorum theologiae, sive in tractatibus, sive in expositionibus librorum, necnon et conciliorum eorum, et statutorum eorum, et officii Ecclesiastici, et historiarum, et gestorum eorum maxime a tempore Christianitatis«.

29 Ebd., S. 221: »Et Latini nostri muniunt se assidue armis carnalibus contra se invicem et contra Graecos, et de istis armis spiritualibus non curant, neque contra Sarracenos, neque contra Judaeos, neque contra Graecos, et alias nationes extollentes se adversus scientiam Christi.«

30 Ebd., S. 220: »Nunc autem proh dolor! ita pauci sunt inter Latinos, qui sciant hujusmodi linguam […] Sed heu! curatum est multum de libris philosophicis et legibus habendis ab eis: de his autem, quae ad salutem et ad bonum commune pertinent animarum, non est ita curatum.«

31 Ebd., S. 221: »Etsi enim aliqua de his translata sunt, habemus tam pauca, et ipsa originalia in Graeco non habemus, ex quorum inspectione veritas magis clareret, et fortius possent Graeci impugnari.«

verbreiten.[32] Ein weiterer Schwerpunkt ihrer Tätigkeit wurde die Verfassung polemischer Schriften, vor allem in der Periode von 1290 bis 1359.[33]

Ihr Expertenkreis bestand aus Persönlichkeiten wie Guillaume Bernard de Gaillac,[34] der perfekt Griechisch konnte und Werke des Thomas von Aquin ins Griechische übersetzte.[35] Seine Arbeit beeinflusste auch Simon von Konstantinopel (gest. um 1325), einen der wichtigsten Repräsentanten des Predigerordens in der Romania.[36] Simon war in Kontakt mit Bernardus Guidonis (ca. 1261–1331) und gehörte dem Kreis um Guillaume Bernard de Gaillac an. Er schrieb verschiedene Traktate über das *Filioque* und korrespondierte mit Sophonias, einem Sekretär des byzantinischen Kaisers und Gesandten am Königshof von Anjou in Sizilien (1292–1294).[37] Sophonias konvertierte zur lateinischen Kirche und lebte im Dominikanerkloster in Pera.[38] Darüber hinaus fertigte Bernardus Guidonis nach 1305 weitere Übersetzungen von Werken des Aquinaten an.[39]

Auch Philip de Bindo Incontri (oder Philip von Pera, gest. nach 1362)[40] war an den Werken des Bernardus Guidoni sehr interessiert, da er sich in der Polemik gegen die Griechen engagierte. Um 1350 verfasste Johannes de Fontibus

---

32 Siehe die Liste in Delacroix-Besnier, Les dominicains à Constantinople (wie Anm. 23), S. 323.

33 Vgl. Violante, La Provincia (wie Anm. 5), S. 253–272; Delacroix-Besnier, Les dominicains (wie Anm. 18), S. 201–271.

34 Vgl. Congourdeau, Marie-Hélène: Note sur les Dominicains de Constantinople au début du 14e siècle, in: Revue des Études Byzantines 45 (1987), S. 175–181; Delacroix-Besnier, Les dominicains (wie Anm. 18), S. 9 f. und 187; Loenertz, La Société (wie Anm. 4), Bd. 1, S. 77 f.

35 Vgl. Bernardus Guidonis: Compilatio historica Ordinis Praedicatorum, hg. v. Raymond J. Loenertz: Les missions dominicaines en Orient au XIVe siècle et la Société des Frères Pérégrinants pour le Christ, in: Archivum Fratrum Praedicatorum 2 (1932), S. 1–83, besonders S. 66 (Appendix I); Kaeppeli, Thomas: Scriptores Ordinis Praedicatorum Medii Aevi, Bd. 2, Rom 1975, S. 91.

36 Zu Simon von Konstantinopel siehe Congourdeau, Marie-Hélène: Frère Simon le Constantinopolitain, O. P. (1235?–1325?), in: Revue des Études Byzantines 45 (1987), S. 167–174; Delacroix-Besnier, Les dominicains (wie Anm. 18), S. 189; Loenertz, La Société (wie Anm. 4), Bd. 1, S. 78 f.

37 Vgl. Manaphes, Konstantinos A.: Ὁ παραφραστὴς τοῦ Ἀριστοτέλους ἱερομόναχος Σοφονίας (δεύτερον ἥμισυ ιγ΄/ἀρχαί ιδ΄ αι.). Παραλήπτης τῆς ἐπιστολῆς ριγ΄ τοῦ Κωνσταντίνου Ἀκροπολίτου, in: Ἐπιστημονικὴ Ἐπετηρὶς τῆς Φιλοσοφικῆς Σχολῆς τοῦ Πανεπιστημίου Ἀθηνῶν 26 (1977/1978), S. 295–305, hier S. 297.

38 Vgl. Dondaine, Antoine: »Contra Graecos«. Premiers écrits polémiques des Dominicains d'Orient, in: Archivum Fratrum Praedicatorum 21 (1951), S. 320–446, besonders S. 405 f.; Delacroix-Besnier, Les dominicains (wie Anm. 18), S. 212.

39 Vgl. Bernardus Guidonis, Compilatio historica (wie Anm. 35), S. 77 f.; Cioffari, Gerardo: Domenicani nella storia. Breve storia dell'Ordine attraverso i suoi protagonisti, Bd. I: Il Medioevo, Bari 2005, S. 194–196.

40 Vgl. Loenertz, Raymond J.: Fr. Philippe de Bindo Incontri O. P. du couvent de Pera, Inquisiteur en Orient, in: Archivum Fratrum Praedicatorum 18 (1948), S. 265–280; Ders., La Société (wie Anm. 4), Bd. 1, S. 81 f.

schließlich einen Text über die Union der Kirchen, den er an ein unbekanntes griechisches Kloster richtete, sowie eine heute verlorene Polemik.[41]

Wie bereits erwähnt, zeigte die moderne Forschung ein großes Interesse an der Rolle der Dominikaner bei der Übertragung der westlichen Philosophie und Theologie im byzantinischen Gebiet. Im Mittelpunkt standen dabei ihre Organisation und Ziele, ihre literarischen Werke und ihre Strategien. Die Vermittlung der westlichen Philosophie in den byzantinischen Raum war eng mit der gegenseitigen Polemik über die »Fehler« der anderen verbunden.[42] Zugleich stand die Wissensübertragung unter dem Einfluss der scholastischen Syllogismen des Thomas von Aquin.

Nach 1261 und besonders um die Zeit der Union von Lyon (1274) ist wiederum ein größeres Interesse der Byzantiner an der lateinischen Sprache belegbar. Hinter dieser Tendenz versteckte sich vermutlich ein politisches Motiv: Durch Übersetzungen ins Griechische hoffte der byzantinische Kaiser Michael VIII. auf eine breitere Unterstützung seiner Unionspolitik.[43]

Der byzantinische Expertenkreis bestand aus prominenten Intellektuellen der sogenannten Palaiologischen Renaissance. Maximos Planudes (ca. 1260–1330) übersetzte Werke des Augustinus und Boethius.[44] Boethius stand auch im Zentrum der Anstrengungen des Manuel Holobolos (ca. 1245–1310/1314)[45] und des Georgios Pachymeres (1242–ca. 1307).[46] Unklar bleibt, auf welche Art und Weise diese Gelehrten ihre Lateinkenntnisse erwarben und wie sie an die lateinischen

---

41 Vgl. Delacroix-Besnier, Les dominicains (wie Anm. 18), S. 437; Loenertz, La Société (wie Anm. 4), Bd. 1, S. 82 f.; Kaeppeli, Scriptores (wie Anm. 35), S. 423.

42 Kolbaba, Tia M.: The Byzantine lists: errors of the Latins, Urbana 2000.

43 Vgl. Podskalsky, Gerhard: Theologie und Philosophie in Byzanz, München 1977, S. 176; Roberg, Burkhard: Die Union zwischen der griechischen und der lateinischen Kirche auf dem II. Konzil von Lyon (1274), Bonn 1964; Bianconi, Daniele: Le traduzioni in greco di testi Latini, in: Cavallo, Guglielmo (Hg.): Lo spazio letterario del Medioevo, Bd. 3: Le culture Circostanti, 1: La cultura Bizantina, Rom 2004, S. 519–568.

44 Vgl. Papathomopulos, Manoles u. a.: Αὐγουστίνου Περί Τριάδος: Βιβλία Πεντεκαίδεκα ἅπερ ἐκ τῆς Λατίνων διαλέκτου εἰς τὴν Ἑλλάδα μετήνεγκε Μάξιμος ὁ Πλανούδης, 2 Bde., Athen 1995; Papathomopulos, Manoles: Βοηθίου, Βίβλος Περί παραμυθίας τῆς φιλοσοφίας, ἣν μετήνεγκεν εἰς τὴν ἑλλάδα διάλεκτον Μάξιμος ὁ Πλανούδης, Athen 1999; Maltese, Enrico V.: Massimo Planude interprete del De Trinitate di Agostino, in: Cortesi, Mariarosa (Hg): Padri graeci e latini a confronto (secoli XIII–XV), Florenz 2004, S. 207–219. Für Planoudes siehe Constantinides, Costas N.: Higher Education in Byzantium in the Thirteenth and Early Fourteenth Centuries (1204–ca. 1310), Nicosia 1982, S. 42–45, 66–89.

45 Niketas, Demetrios Z.: Boethius, De Topicis differentiis και οι βυζαντινές μεταφράσεις των Μανουήλ Ολοβώλου και Προχόρου Κυδώνη. Anhang: Eine Pachymeres-Weiterbearbeitung der Holobolos-Übersetzung = Boethius' De topicis differentiis und die byzantinische Rezeption dieses Werkes, Athen 1990.

46 Vgl. Bydén, Borje: »Strangle Them with Theses Meshes of Syllogisms!«, in: Rosenqvist, Jan Olof (Hg.): Interaction and Isolation in Late Byzantine Culture. Papers Read at a Colloquium Held at the Swedish Research Institute in Istanbul, 1–5 December, 1999, Stockholm 2004, S. 133–157, hier S. 155–157.

Texte gelangten.[47] Elizabeth A. Fisher stellte die These auf, dass Holobolos, der im kaiserlichen Übersetzungsbüro tätig war, mit Lateinern in Konstantinopel zusammenarbeitete und ihre wissenschaftliche Tätigkeit sehr schätzte.[48]

Im 14. Jahrhundert eigneten sich noch mehr Byzantiner Lateinkenntnisse an; viele (Gelehrte und Mitglieder der Elite) konvertierten sogar, was als der größte Erfolg der Ordensbrüder betrachtet wird.[49] Demetrios Kydones ist der bekannteste unter diesen Experten.[50] Er studierte Latein und übersetzte Thomas von Aquin sowie andere lateinische Autoren.[51] Kydones fühlte sich gezwungen, die Beschäftigung mit der lateinischen Sprache und seine Übersetzungen zu rechtfertigen. Auch er identifizierte den Mangel an Sprachkenntnissen als wichtigsten Grund für die byzantinischen Vorurteile gegen die Lateiner.[52] Durch seine Aktivität versuchte Kydones, die kulturellen Trennlinien zu überbrücken.

Um Kydones entwickelte sich ein Kreis von intellektuellen Konvertiten, welche Verbindungen zum Konvent der Dominikaner in Pera hatten. Die Konversion zur lateinischen Kirche erlaubte manchen von ihnen eine Ausbildung im Westen zu erhalten sowie Karriere innerhalb der katholischen Kirche zu

---

47 Laut Perez-Martin, Inmaculada: Le conflit de l'Union des Eglises (1274) et son reflet dans l'enseignement superieur de Constantinople, in: Byzantinoslavica 56/2 (1995), S. 411–422, hier S. 415, 421 und Anm. 66 erlernte Holobolos während seiner Gefangenschaft im Petra-Kloster Latein, während Planudes die Sprache in seiner Jugend bei lateinischen Mönchen in Pera erwarb.

48 Vgl. Fisher, *Homo Byzantinus* (wie Anm. 22), S. 74 f.

49 Vgl. Delacroix-Besnier, Claudine: Conversions constantinopolitaines au XIVe siècle, in: Mélanges de l'Ecole française de Rome 105/2 (1993), S. 715–761; Dies., Les dominicains (wie Anm. 18), S. 186–197; Kolbaba, Tia M.: Conversion from Greek Orthodoxy to Roman Catholicism in the Fourteenth Century, in: Byzantine and Modern Greek Studies 19 (1995), S. 120–134; Tsougarakis, Latin religious orders (wie Anm. 5), S. 203–210.

50 Vgl. zu diesem Ryder, Judith R.: The Career and Writings of Demetrius Kydones: a Study of Fourteenth-Century Byzantine Politics, Religion and Society, Leiden 2010; Tinnefeld, Franz: Die Briefe des Demetrios Kydones, Wiesbaden 2010.

51 Vgl. Leontsinis, Georgios u. a.: Δημητρίου Κυδώνη, Θωμᾶ Ἀκυινάτου: Σούμα Θεολογικὴ Ἐξελληνισθεῖσα, Athen 1976; Rackl, Michael: Die griechischen Augustinusübersetzungen. Miscellanea Francesco Ehrle. Scritti di storia e paleografia, Bd. 1, Vatikanstadt 1924, S. 1–38; Fyrigos, Antonis: Tomismo e anti-Tomismo a Bisanzio (con una nota sulla »Defensio S. Thomae adversus Nilum Cabasilam« di Demetrio Cidone), in: Molle, Angelo (Hg.): Tommaso d'Aquino e il mondo bizantino, Venafro 2004, S. 27–72; Plested, Marcus: Orthodox Readings of Aquinas. Changing Paradigms in Historical and Systematic Theology, Oxford 2012. Zu den griechischen Handschriften mit Übersetzungen der thomischen Werke siehe Papadopulos, Stylianos G.: Ἑλληνικαὶ μεταφράσεις θωμιστικῶν ἔργων. Θωμισταὶ καὶ ἀντιθωμισταὶ ἐν Βυζαντίῳ. Συμβολὴ εἰς τὴν ἱστορίαν τῆς βυζαντινῆς θεολογίας, Athen 1967.

52 Vgl. Demetrios Kydones: Apologie della propria fede, 1: Ai Greci Ortodossi, hg. v. Giovanni Mercati: Notizie di Procoro e Demetrio Cidone, Manuele Caleca e Teodoro Meliteniota: ed altri appunti per la storia della teologia e della letteratura bizantina del secolo XIV, Vatikanstadt 1973, S. 359–403, 403–425, 425–435, hier S. 366; deutsche Übersetzung: Beck, Hans-Georg: Die »Apologia pro vita sua« des Demetrios Kydones, in: Ostkirchliche Studien 1 (1952), S. 208–225 und 264–282.

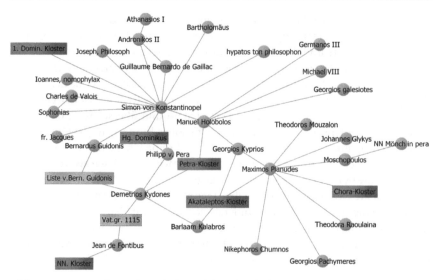

Abb. 1: Byzantinische und westliche Gelehrte (Ende des 13.–Anfang 14. Jahrhunderts) als Netzwerk. Bild erstellt von der Autorin; Abbildung mit der Software Ora 3.0.0.2.

machen. Diese Gruppe umfasste die Brüder Chrysoberges (Maximus, Theodoros und Andreas), Manuel Kalekas (gest. 1410) und besonders Manuel Chrysoloras (1353–1415).[53] In einigen Fällen debattierten diese Konvertiten auch mit Orthodoxen, wie zum Beispiel Maximos Chrysoberges auf Kreta mit Joseph Bryennios (gest. um 1435). Andere nahmen intensiv an den Unionsverhandlungen im 15. Jahrhundert teil.[54] Die Dominikaner boten also gleichsam ein alternatives Bildungs- und Karrieremodell für byzantinische Gelehrte an, das auch von mehreren dann als Experten auftretenden Personen genutzt wurde.

Wichtige Erfolgsfaktoren für die Inszenierung der Expertise der Dominikaner in der Romania waren ihre Sprachkenntnisse und ihre literarische Tätigkeit. Die oben angesprochenen sozialen Kontexte dieser Inszenierung wurden allerdings unter anderem durch ihre Kontakte zu den Byzantinern (Intellektuelle

53 Vgl. Loenertz, Raymond: Les Dominicains byzantins Théodore et André Chrysobergès et les negotiations pour l'union des église grecque et latine de 1415 à 1430, in: Archivum Fratrum praedicatorum 9 (1939), S. 5–61; Delacroix-Besnier, Claudine: Manuel Calécas et les Frères Chrysobergès, grecs et prêcheurs, in: Actes des congrès de la Société des historiens médiévistes de l'enseignement supérieur public, 32e congrès, Dunkerque 2001: Les échanges culturels au Moyen Âge, S. 151–164; Tsougarakis, Latin religious orders (wie Anm. 5), S. 204–206 (mit weiterer Bibliographie).

54 Vgl. Delacroix-Besnier, Claudine: Les Prêcheurs de Péra et la réduction du schisme (1252–1439), in: Blanchet, Marie-Hélène / Gabriel, Frédéric (Hg.): Réduire le schisme? Ecclésiologies et politiques de l'Union entre Orient et Occident (XIIIe–XVIIIe siècle), Paris 2013, S. 57–74.

und andere Personen) hergestellt. In einer früheren Studie habe ich einige dieser Verbindungen mithilfe der Sozialen Netzwerkanalyse (SNA) visualisiert und analysiert (Abbildung 1).[55]

Die SNA stellt die Akteure und ihre Beziehungen in den Mittelpunkt der Erforschung gesellschaftlicher Phänomene. In meiner Untersuchung wurde deutlich, dass einige Mitglieder des Netzwerks eine größere Rolle bei der Verbreitung von Ideen spielten als andere, da sie eine zentralere Position innerhalb des Geflechts der Beziehungen einnahmen. Auch diese Positionierung der Dominikaner im Geflecht der byzantinischen Intellektuellen und Aristokraten ermöglichte eine effektivere Inszenierung und Präsentation ihrer Fähigkeiten.

Diese Verbindungen nahmen verschiedene Formen an: Sprachunterricht, Austausch von Werken und Übersetzungen, aber auch Zugang zu Räumen (Paläste, Bibliotheken und orthodoxe Klöster) sowie zu Handschriften. Demetrios Kydones arbeitete mit Philipp von Pera bei der Suche nach patristischen und kanonischen Texten zusammen. So fand Kydones im Petra-Kloster sogar eine Epitome der Akten des IV. Ökumenischen Konzils und übersetzte sie. Der Lehrer von Kydones besuchte ihn im Gegenzug im kaiserlichen Palast, wo er hohe Stellungen einnahm. Darüber hinaus gelang es Philipp von Pera nach eigenen Angaben auch durch alltägliche Kommunikation mit den Einheimischen, ein gewisses Einverständnis mit den Orthodoxen zu erreichen. Dies war allerdings ein langwieriger Prozess, welcher mehrere Jahre dauerte.[56]

V. Schlussfolgerungen

Die Dominikaner in der Romania entsprachen ohne Zweifel dem sozialen Rollentypus des Experten. Sie wurden als die Experten schlechthin in Verbindung mit sprachlichen und theologischen Kenntnisse wahrgenommen. Als Kydones einen Lateinlehrer benötigte, suchte und fand er ihn unter den Dominikanern. Als er und seine Schüler Zugang zu den Werken des Thomas von Aquin wünschten, fanden sie diese im Konvent des Hl. Dominikus. Die Etablierung dieser Kommunikationskanäle mit der intellektuellen Elite der Byzantiner setzte aber auch einen Wissenstransfer und einen regelrechten »Brain-Drain« von Byzanz nach Italien in Gang. Auf diese Weise wurden ebenso wichtige Grundlagen für das Aufblühen des Humanismus geschaffen.

---

55 Mitsiou, Ekaterini: Die Netzwerke einer kulturellen Begegnung: byzantinische und lateinische Klöster in Konstantinopel im 13. und 14. Jh., in: Lieb, Ludger u. a. (Hg.): Abrahams Erbe: Konkurrenz, Konflikt und Koexistenz der Religionen im europäischen Mittelalter, Berlin 2015, S. 359–374.

56 Vgl. Philipp Incontri: De oboedientia Ecclesiae Romanae debita, hg. v. Thomas Kaeppeli: Deux nouveaux ouvrages de Fr. Philippe Incontri de Pera, O. P., in: Archivum Fratrum Praedicatorum 23 (1953), S. 163–183, hier S. 179.

Masaki Taguchi

Rechtsexperten im vormodernen Japan?

Betrachtungen im Vergleich mit Europa

Nach der Meiji-Restauration im Jahre 1868 bemühte sich Japan, westliche Institutionen und Systeme einzuführen.[1] Vor dem Hintergrund dieser Modernisierung wuchs auch das Interesse daran, in der japanischen Geschichte *vor* der Meiji-Restauration nach Phänomenen zu suchen, die solchen aus okzidentalen Kulturen ähneln.[2] Was Rechtsexperten betrifft, haben die japanischen Historiker und Rechtshistoriker tatsächlich einige Kandidaten gefunden, von denen ich hier im Vergleich mit westlichen Juristen drei Typen vorstellen möchte: die *Myōbō-ka*, die *Shikimoku-chūshaku-ka* und das *Kuji-yado*.[3] Gemäß dem Schwerpunkt der Göttinger Tagung beginne ich mit dem neuesten Typus, dem *Kuji-yado*.

I. Kuji-yado

Nachdem Japan seit der zweiten Hälfte des 15. Jahrhunderts über einhundert Jahre lang von Bürgerkriegen geprägt gewesen war, entstand am Anfang des 17. Jahrhunderts eine einheitliche Regierung mit Sitz in Edo, dem heutigen Tokyo. An der Spitze dieser Regierung (*Bakufu*) standen Tokugawa Ieyasu und seine Nachkommen, die Tokugawa-Familie, eine kriegerische Dynastie, die aus den langen Bürgerkriegen als Sieger hervorgegangen war. Dem Herrscher der Tokugawas wurde von dem traditionellen Kaiser in Kyoto ein Amt, *Seii-tai-shōgun*, kurz *Shōgun*, verliehen.[4] Der Kaiser verlor damit die faktische Macht,

1 Der vorliegende Beitrag entstand mit der finanziellen Unterstützung der JSPS [Japan Society for the Promotion of Science; Themen-Nr. 16H03535]. Der Verfasser ist dafür dankbar. Die Literaturhinweise in den Fußnoten beschränken sich im Wesentlichen auf neuere Titel. Zur japanischen Rechtsgeschichte nach der Meiji-Restauration siehe Mizubayashi, Takeshi u. a. (Hg.): Hō-shakaishi [Sozialgeschichte des japanischen Rechts], Tokyo 2001, S. 347–521; Asako, Hiroshi u. a. (Hg.): Nihon-hōseishi [Japanische Rechtsgeschichte], Tokyo 2010, S. 249–429.
2 Als Rechtshistoriker, der dieses Interesse verfolgte, ist vor allem Kaoru Nakata zu nennen. Vgl. Nakata, Kaoru: Hōseishi-ronshū [Studien zur Rechtsgeschichte], 4 Bde., Tokyo 1926–64.
3 Für einen ähnlichen Versuch siehe Murakami, Kazuhiro u. a.: Shiryō de Yomu Nihon-hōshi [Japanische Rechtsgeschichte aus Quellen betrachtet], Kyoto 2009, S. 123–135.
4 Zum Tokugawa-Regime im Allgemeinen siehe Mizubayashi u. a. (Hg.), Hō-shakaishi (wie Anm. 1), S. 268–296; Asako u. a. (Hg.), Nihon-hōseishi (wie Anm. 1), S. 161–175.

und der *Shōgun* schrieb ihm und dem Hofadel in Kyoto, der traditionellen japanischen Hauptstadt, vor, wie sie sich im Alltag benehmen sollten. Nachdem Tokugawa Ieyasu andere Kriegerdynastien und religiöse Kräfte mit Waffengewalt unterworfen hatte, etablierte die Tokugawa-Regierung eine Standesordnung, von oben nach unten: Krieger (*Bushi* oder *Samurai*), Bauern, Handwerker und Kaufleute.

Die Tokugawa-Regierung stellte eine Form militärischer Herrschaft dar. Japan genoss aber paradoxerweise unter ihrer Herrschaft einen langen Frieden, der über zweihundert Jahre dauerte. Das Tokugawa-*Bakufu* herrschte direkt über erhebliche Teile Japans, darunter wichtige große Städte wie Edo, Kyoto und Osaka, und ließ andere Teile von Fürstendynastien regieren. Diese Fürstenherrschaften (*Han*) teilten sich in drei Gruppen, die *Shinpan*, die Verwandten Tokugawas, die *Fudai*, die lange der Tokugawa-Familie gedient hatten, und die *Tozama*, die sich relativ spät der Tokugawadynastie unterworfen hatten. Die *Fudai*-Fürsten wurden, wie die Beamten, oft von dem *Bakufu* von einem zum anderen Ort versetzt, und auch die *Shinpan* und die *Tozama* wurden streng kontrolliert. Alle Fürsten mussten regelmäßig die Residenzstadt Edo besuchen, daher kostspielige Reisen von ihren eigenen Territorien dorthin unternehmen und ihre Familien als Geiseln in Edo wohnen lassen. Während die Tokugawa-Regierung Verordnungen für ihren unmittelbaren Herrschaftsbereich, aber auch für das ganze Land erließ, entwickelten sich unter den fürstlichen Herrschaften eigene Rechte. Da diese Rechte der Territorien (*Han-hō*) jedoch meistens von dem Recht der Tokugawa-Regierung beeinflusst wurden, war die regionale Eigenständigkeit im Rechtsbereich nicht sehr groß.[5]

In diesem Tokugawa-Regime gab es das *Kuji-yado*, ein Gasthaus, in dem die Betroffenen und Beteiligten von Prozessen ihr Quartier nahmen und dessen Inhaber ihnen Informationen und Techniken zur Prozessführung anbot. Die Forschung hat bis jetzt *Kuji-yados* nicht nur in Kyoto und Osaka,[6] sondern auch in mehreren fürstlichen Residenzstädten[7] gefunden, aber wir konzentrieren uns hier auf Edo als Sitz des *Shōgun*.[8]

5　Zu den Rechtsquellen aus der Tokugawa-Zeit siehe Asako u. a. (Hg.), Nihon-hōseishi (wie Anm. 1), S. 175–182.

6　Besonders zu Nijō-jinya, einem großen *Kuji-yado* in Kyoto, siehe die ausführliche Darstellung in: Takigawa, Masajiro: Kuji-shi Kuji-yado no Kenkyū [Studien zu Kuji-shi und Kuji-yado], Tokyo 1984, S. 177–460. Nijō-jinya lag südlich vom Nijō-Schloss und sehr nahe den beiden *Machi-bugyōshos*, die für die Verwaltung und Justiz in Kyoto zuständig waren. Dieses *Kuji-yado* stand wie die in Edo mit den Behörden des Tokugawa-*Bakufu* in engem Kontakt.

7　Zu den Beispielen in Sendai siehe Yoshida, Masashi: Sendai jōka no Goyō-yado [Goyō-yado in der Residenzstadt Sendai], in: Fujita, Satoru (Hg.): Kinseihō no Saikentō. Rekishigaku to Hōshigaku no Taiwa [Revidierungen zum Recht in der Frühen Neuzeit. Dialog zwischen allgemeiner Geschichte und Rechtsgeschichte], Tokyo 2005, S. 89–115.

8　Zum *Kuji-yado* in Edo siehe Minami, Kazuo: Edo no Kuji-yado [Kuji-yado in Edo], in: Kokugakuin-Zasshi [The Journal of Kokugakuin University] 68/1 (1967), S. 68–79, 68/2 (1967), S. 69–83 (auch in: Ders.: Bakumatsu-toshi-shakai no Kenkyū [Studien zur Stadtge-

Die Reisenden durften in Edo nicht beliebig Quartier nehmen, sondern nur in den dafür vorgesehenen Gasthäusern wohnen. Die anerkannten Gasthäuser gliederten sich in die *Ryojin-yado* und die *Hyakushō-yado*. In den Stadtteilen Bakuro-cho und Kodenma-cho (nah des Edo-Schlosses und eines Gefängnisses) standen rund hundert der *Ryojin-yado*, von denen etwa die Hälfte, also um die fünfzig Gasthäuser, nicht nur gewöhnliche Reisende, sondern auch Prozessbeteiligte beherbergten. Unter den *Hyakushō-yado* existierten drei Gruppen, das *Hachijū-niken-gumi* (82 Gasthäuser), das *Sanjū-ken-gumi* (dreißig Gasthäuser) und das *Jū-sanken-gumi* (13 Gasthäuser), also insgesamt etwa 120 Gasthäuser, die ausschließlich Prozessbeteiligte als ihre Gäste hatten.

Diese vier Gruppierungen wurden von der Obrigkeit als privilegierte Gilden, als *Kabu-nakama*, anerkannt. Jedes Gasthaus wurde als erblicher Familienbetrieb geführt und die Einführung eines neuen Betriebs war nur dann möglich, wenn ein bestehendes Gasthaus auf seine Fortsetzung verzichtete. Einzelne Gilden pflegten jeweils enge Beziehungen mit einer bestimmten zentralen Abteilung des *Bakufu*, die ihr auch topographisch relativ nah lag: das *Ryojin-yado* mit dem *Edo-machi-bugyōsho*, zuständig für die Stadt Edo, das *Sanjū-ken-gumi* mit dem *Kantō-gundai*, verantwortlich für die Regionen um Edo, und das *Hachijū-niken-gumi* mit dem *Hyōjōsho*, der Versammlung der höheren Beamten des *Bakufu*, sowie mit dem *Kanjō-bugyōsho*, zuständig für Steuereinnahmen aus der unmittelbaren Herrschaft des *Bakufu*. Solche Behörden des *Bakufu* übten weitreichende Regierungstätigkeiten aus, und dabei auch diejenigen, die aus der heutigen Sicht als Justiz zu betrachten wären.

Bei Strafprozessen wurden die Angeklagten und die anderen Betroffenen von den Behörden nach Edo vorgeladen. Obwohl die Tokugawa-Regierung nur zögernd zivilrechtliche Klagen annahm, kamen die Parteien von Zivilprozessen ebenfalls dorthin. Diese Edo-Besucher nahmen Quartier in den *Kuji-yados*, wo durch Kontakte mit den obrigkeitlichen Behörden Informationen und Erfahrungen über Prozesse kumuliert wurden. Die Unternehmer und Diener der *Kuji-yados* lehrten ihre Gäste, wie sie sich vor dem Richter verhalten, wie sie nötige Dokumente sammeln und wie sie die dem Gericht vorzulegenden Schriftstücke schreiben sollten.[9] Das Personal der *Kuji-yados* schrieb statt der Prozessparteien auch selbst solche Schriften und begleitete die Betroffenen vor Gericht. Zwar fasste die Tokugawa-Regierung 1742 die meisten strafrechtlichen Regeln zu einem Kodex, dem *Kujigata Osadamegaki*, zusammen, aber dieser wurde nicht veröffentlicht, sondern offiziell nur den zuständigen Beamten bekannt

---

sellschaft am Ende der Tokugawa-Zeit], Tokyo 1999, S. 169–207); Kukita, Kazuko: Naisai to Kuji-yado [Private Versöhnung und das Kuji-yado], in: Asao, Naohiro u. a. (Hg.): Nihon no Shakaishi 5 Saiban to Kihan [Japanische Sozialgeschichte, Bd. 5: Justiz und Norm], Tokyo 1987, S. 317–349.

9   Zu den Formeln, die ein *Kuji-yado* in Osaka für die Kunden zusammenfasste, vgl. Takigawa, Kuji-shi Kuji-yado (wie Anm. 6), S. 463–564.

und zugänglich gemacht.[10] Durch die Kontakte mit den Behörden bekamen die *Kuji-yados* jedoch inoffiziell Kopien des *Kujigata Osadamegaki* in die Hand. Die Ratschläge, die die Prozessbeteiligten im *Kuji-yado* erhielten, waren daher kostbar und halfen ihnen nicht unerheblich. War das *Kuji-yado* also eine Art Anwaltskanzlei im Tokugawa-Japan?

Wenn man aber die Tätigkeiten des *Kuji-yado* näher betrachtet, handelt es sich eher um eine Erweiterung der obrigkeitlichen Behörden. Auf Befehl einzelner Behörden, mit denen die Gruppen des *Kuji-yado* jeweils eng verbunden waren, leistete es verschiedene Dienste und ergänzte damit die obrigkeitliche Justiz. So hatte sein Personal Ladungsbriefe zu liefern, die Prozessbeteiligten festzuhalten, um das unerlaubte vorzeitige Verlassen des Gerichts zu verhindern, Gesuchte und Verdächtige zu verfolgen und heimlich zu untersuchen oder sogar bei Feuerausbruch zu der verbundenen Behörde zu eilen, um das Gebäude gegen Feuer zu schützen.[11] Da die Tokugawa-Regierung bei zivilrechtlichen Streitigkeiten, besonders denen um Geldschulden, die Parteien immer bedrängte, sich außerhalb des Gerichtshofes zu versöhnen, das *Naisai* zu erreichen,[12] war es ebenfalls ein wichtiger Dienst des *Kuji-yado*, zwischen den Streitenden zu vermitteln. Die Vermittlung fand dabei nicht im *Kuji-yado* selbst, sondern im *Chaya* statt, buchstäblich übersetzt im »Teehaus«, wo aber nicht nur Tee, sondern auch Essen und Alkohol angeboten wurden. Diese Leistungen des *Kuji-yado* sind im Rahmen des *Goyō*, der Dienstleistung für die Obrigkeit, zu verstehen.[13] Als *Goyō* lieferten verschiedene Kaufleute, Handwerker und Künstler zum Beispiel dem *Bakufu* oder einer bestimmten Fürstenfamilie nach Bedarf und Wunsch

---

10 Vgl. Mizubayashi u. a. (Hg.), Hō-shakaishi (wie Anm. 1), S. 330–332; Asako u. a. (Hg.), Nihon-hōseishi (wie Anm. 1), S. 178 f.

11 Eine Art Professionalisierung ist bei den unteren Beamten zu konstatieren, die in diesen Behörden statt des Vorstands die Aufgabe übernahmen, Gerichtsverfahren, meistens Strafprozesse, durchzuführen. Diese Praktiker hinterließen Notizen zu ihrer richterlichen Tätigkeit und diskutierten gelegentlich eingehend über das Strafmaß mit Berücksichtigung von Präzedenzfällen. Wie beim *Kuji-yado* handelte es sich um praktische Erfahrungen, die sich im Zusammenhang mit den behördlichen Tätigkeiten kumulierten. Vgl. Jinbo, Fumio: Bakufu-hōso to Hō no Sōzō. Edo-jidai no Hō-jitsumu to Jitsumuhōgaku [Juristen des Bakufu und Rechtsschöpfung. Rechtspraxis und praxisorientierte Rechtswissenschaft in der Edo-Zeit], in: Kokugakuin-Daigaku-Nihon-Bunka-Kenkyūsho [Institut für japanische Kultur an der Kokugakuin Universität] (Hg.): Hō-bunka no Naka no Sōzōsei. Edo-jidai ni Saguru [Kreativität in der Rechtskultur. Untersuchungen zur Edo-Zeit], Tokyo 2005, S. 103–141; Asako u. a. (Hg.), Nihon-hōseishi (wie Anm. 1), S. 224–234; Umeda, Yasuo: Zenkindai-nihon no Hōsō. Myōbō wo Chūshin ni [Juristen im vormodernen Japan mit besonderer Berücksichtigung des Myōbō], in: Kanazawa-Hōgaku [Kanazawa Law Review] 49/2 (2007), S. 341–385, hier S. 350–355, 370–372.

12 Vgl. Mizubayashi u. a. (Hg.), Hō-shakaishi (wie Anm. 1), S. 297 f.; Asako u. a. (Hg.), Nihon-hōseishi (wie Anm. 1), S. 238 f.; Kukita, Naisai (wie Anm. 8), S. 318.

13 Zum *Goyō* des *Kuji-yado* in Sendai siehe Yoshida, Sendai jōka (wie Anm. 7), S. 95–104. Zu den Diensten, die das Nijō-jinya in Kyoto für die Fürsten im Westen Japans geleistet hat, siehe Takigawa, Kuji-shi Kuji-yado (wie Anm. 6), S. 381–437.

ihre Waren, Produkte und Kunstwerke. In diesem Kontext des *Goyō* entfaltete sich ebenfalls die Tätigkeit des *Kuji-yado*.[14]

Außerhalb des beschriebenen Systems des *Kuji-yado* fanden sich nicht nur in Edo, sondern auch in anderen Städten und Regionen noch diejenigen, die mit Prozesstechniken vertraut waren und *Kuji-shi* hießen.[15] Die Tokugawa-Regierung hat diese *Kuji-shi* allerdings konsequent verboten.[16] Die wiederholten Verbote bezeugen einerseits den immer bestehenden Bedarf der Prozessbeteiligten für einen solchen Fachmann, aber andererseits ein fundamental anderes Verhalten des *Bakufu* als das der Obrigkeiten in Europa. Zwar wurden die Anwälte im frühneuzeitlichen Deutschland ziemlich streng kontrolliert:[17] Ihr Fachwissen wurde von Gerichten geprüft, ihr Benehmen innerhalb und außerhalb des Gerichts teilweise minutiös geregelt. Aber den Rechtsanwalt als freien Beruf abzuschaffen und ihn durch öffentliche Amtsinhaber zu ersetzen, wie es im 18. Jahrhundert in Preußen geschah, war eher die Ausnahme. Die Tokugawa-Regierung hat ihre Ablehnung der *Kuji-shi* paternalistisch mit der Notwendigkeit begründet, die Untertanen vor deren Tricks und Betrügereien zu schützen. Der *Kuji-shi* verführe gütige Menschen zur unnützen Klageerhebung und beute sie aus, indem er sie gegen eine hohe Gebühr betrügerische Techniken lehre. Der obrigkeitlichen Fürsorge lag aber die grundsätzliche Haltung des *Bakufu* zugrunde, zivilrechtliche Auseinandersetzungen möglichst ohne Gerichtsverhandlung zu lösen und dazu die Parteien zur Versöhnung zu drängen. In diesem Sinne wurde die Existenz des *Kuji-shi* von der Obrigkeit kontinuierlich abgelehnt.

Die japanischen Rechtshistoriker diskutieren seit einigen Jahren über die Kontinuität zwischen *Kuji-yado* und *Kuji-shi* einerseits und dem Rechtsanwalt nach der Meiji-Restauration andererseits.[18] Die unter der Tokugawa-Herrschaft festgestellte Polarisierung zwischen dem *Kuji-yado* als erweiterter Behörde und dem durchweg verbotenen *Kuji-shi* dürfte bis heute nachwirken. Man sieht zwischen Richtern sowie Staatsanwälten als Beamten und Rechtsanwälten eine nicht unerhebliche Kluft, die manchmal die Einheit der Rechtsexperten untergräbt. Wir gehen aber hier in die umgekehrte Richtung und springen zeitlich weit zurück.

14 Beim *Kuji-yado* denkt man vielleicht an die *Inns of Court* in England. Das *Kuji-yado* war jedoch kein Ort der Ausbildung und zeigte wenige Aspekte einer intellektuellen Gesellschaft.

15 Etwa 120 Prozessformeln, die ein *Kuji-shi* in Osaka aus dem Ende der Tokugawa-Zeit überlieferte, sind ediert in: Takigawa, Kuji-shi Kuji-yado (wie Anm. 6), S. 577–698.

16 Vgl. Harafuji, Hiroshi: Kinsei-minjisaiban to »Kuji-shi« [Zivilprozess in der Frühen Neuzeit und der »Kuji-shi«], in: Ders. / Otake, Hideo (Hg.): Bakuhan-kokka no Hō to Shihai [Recht und Herrschaft im Tokugawa-Staat], Tokyo 1984, S. 331–407. Vgl. auch Takigawa, Kuji-shi Kuji-yado (wie Anm. 6), S. 109–119.

17 Vgl. den Überblick bei Buchda, Gerhard / Cordes, Albrecht: Art. Anwalt, in: Handwörterbuch zur deutschen Rechtsgeschichte, Bd. 1, Berlin ²2008, Sp. 255–263.

18 Vgl. Kukita, Kazuko: Kuji-shi kara Daigennin e [Vom Kuji-shi zum Rechtsanwalt], in: Nihon-Rekishi [The Nippon-Rekishi] 491 (1989), S. 1–18; Hashimoto, Seiichi: Zaiya-»hōsō« to Chiiki-shakai [Außerbehördliche »Juristen« und regionale Gesellschaft], Kyoto 2005, S. 172–190; Murakami u. a., Shiryō (wie Anm. 3), S. 57–67.

II. Shikimoku-chūshaku-ka

Der Aufstieg der Krieger, aus dem die Tokugawas schließlich ihre Hegemonie ableiteten, geht auf das 11. Jahrhundert zurück. Die Krieger (*Bushi*), die dem Kaiser (*Tennō*) und Hofadel (*Kuge*) als Experten für Waffenkunst und Kriegsführung dienten, erlangten seit der zweiten Hälfte des 11. Jahrhunderts immer mehr Macht und bildeten am Ende des 12. Jahrhunderts im Osten Japans, in der Stadt Kamakura, ein eigenes Regierungsorgan, das Kamakura-*Bakufu*, das erste kriegerische *Bakufu* in der japanischen Geschichte. Der Anführer der östlichen Krieger, Minamoto-no-Yoritomo, wurde von dem Kaiser in Kyoto in das Amt des *Shōgun* eingesetzt,[19] was für die späteren führenden Personen der Krieger als Vorbild diente, wie wir schon bei Tokugawa Ieyasu gesehen haben. Das Kamakura-*Bakufu* organisierte die Krieger im gesamten Japan als Gefolgsleute des *Shōgun* und erließ 1232 das *Goseibai Shikimoku* als sein Grundgesetz.[20] Bei dem Entwurf des Gesetzes wurde auch ein Werk der *Myōbō-ka* berücksichtigt; davon werden wir später noch reden. Das *Goseibai Shikimoku* enthielt 51 Artikel. Die Vorschriften zu Strafen, Ämtern des *Bakufu*, kriegerischer Herrschaft über Grund und Boden und Erbschaft standen im Text in nicht immer systematisierter Reihenfolge. Das *Goseibai Shikimoku* war ein viel kleineres Gesetzbuch als der *Ritsuryō*-Kodex, der seit dem 7. Jahrhundert aus China ›importiert‹ worden war und die rechtliche Basis der Herrschaft des Kaisers und Hofadels ausgemacht hatte. Auf den *Ritsuryō* gehen wir später noch ein. Nach dem Erlass des *Goseibai Shikimoku* hat das Kamakura-*Bakufu* relativ viele einzelne Verordnungen festgesetzt, um das Gesetzbuch zu ergänzen.[21]

Am Ende des 13. Jahrhunderts, also nach geraumer Zeit seit der Entstehung des *Goseibai Shikimoku*, traten dann die *Shikimoku-chūshaku-ka* auf, die das *Goseibai Shikimoku* glossierten.[22] Der Hintergrund dieser Tätigkeit ist im Kontaktbereich zwischen der kaiserlichen Regierung und dem *Bakufu* zu suchen, in dem

---

19 Zum Aufstieg des Kriegerstandes und zur Entstehung des Kamakura-*Bakufu* siehe Mizubayashi u. a. (Hg.), Hō-shakaishi (wie Anm. 1), S. 126–142; Asako u. a. (Hg.), Nihonhōseishi (wie Anm. 1), S. 94–107.

20 Vgl. Mizubayashi u. a. (Hg.), Hō-shakaishi (wie Anm. 1), S. 136–138. Der Text des *Goseibai Shikimoku* ist ediert in: Sato, Shinichi / Ikeuchi, Yoshisuke (Hg.): Chūsei-hōsei-shiryōshū, 1, Kamakura-Bakufu-hō [Mittelalterliche Rechtsquellen, Bd. 1: Recht des Kamakura-Bakufu], Tokyo 1955, S. 3–60.

21 Texte dieser Verordnungen, der sogenannten *Tsuika* (Ergänzungen), sind ediert in: Sato / Ikeuchi (Hg.), Chūsei-hōsei-shiryōshū (wie Anm. 20), S. 61–322.

22 Vgl. Mizubayashi u. a. (Hg.), Hō-shakaishi (wie Anm. 1), S. 173–177; Nitta, Ichiro: Nihonchūsei no Shakai to Hō. Kokuseishiteki-henyō [Gesellschaft und Recht im japanischen Mittelalter. Ein verfassungsgeschichtlicher Wandel], Tokyo 1995, S. 189–248. Einige Werke der *Shikimoku-chūshaku-ka* sind ediert in: Ikeuchi, Yoshisuke (Hg.): Chusei-hōsei-shiryōshū, Bekkan, Goseibai Shikimoku Chūushaku-sho Shuuyō [Mittelalterliche Rechtsquellen, Sonderbd.: Sammlung der ausgewählten Glossen zum Goseibai Shikimoku], Tokyo 1978.

sich die mittleren Beamten der beiden Seiten als auch für die Justiz zuständige Praktiker miteinander austauschten. Als einer der frühesten Autoren war Saitō Motoshige in Rokuhara, dem kriegerischen Stützpunkt in Kyoto, tätig, während Nakahara Akikata aus einer Familie der *Myobō-ka*, also von der kaiserlichen Seite, stammte. Bei Glossen zum Rechtstext könnte man sich aus der europäischen Geschichte an die Arbeiten der Legisten und Kanonisten im Mittelalter erinnert fühlen.[23] Oder man könnte als Beispiel für die Erläuterung einer neu entstandenen Rechtsquelle Johann von Buch anführen, der im 14. Jahrhundert den Sachsenspiegel glossierte, der gegen 1230 in Norddeutschland verfasst worden war.[24]

In den Werken der *Shikimoku-chūshaku-ka* wurde häufig auf Unterschiede zwischen dem *Shikimoku* und dem *Ritsuryō* hingewiesen. Oft wurde das *Hōi*, also die Bedeutung des *Ritsuryō*, angeführt. Wenn man aber dabei einen Versuch erwartet, die Rechtsquellen unterschiedlichen Inhalts mit logischen Methoden zu harmonisieren, wie es die europäischen Legisten und Kanonisten anstrebten,[25] wird man enttäuscht. Der Schwerpunkt der Glossen des *Shikimoku-chūshaku* lag vielmehr darin, die prinzipielle Gemeinsamkeit von *Shikimoku* und *Ritsuryō* zu betonen. Nach einem *Shikimoku-chūshaku-ka*, der sein Werk wahrscheinlich am Ende des 13. Jahrhunderts schrieb, waren den beiden Gesetzen trotz der andersartigen Regelungen die Fürsorge für die Untertanen und die moralische Regierung des Herrschers gemeinsam. Die Glossen erwähnten dabei die Zeit der alten chinesischen Kaiser, die der japanischen Kaiser im 9. Jahrhundert und die des ersten *Shōgun* Yoritomo als ideale Regierungszeiten.[26] Inhaltlich gesehen gaben die meisten Glossen in den Werken der *Shikimoku-chūshaku-ka* Erklärungen einzelner Wörter des *Shikimoku*, besonders ihrer Quellen in den älteren chinesischen und japanischen Texten. Obwohl die ersten *Shikimoku-chūshaku-ka* wie gesagt aus dem praktischen Milieu gekommen waren, stellte das *Shikimoku-chūshaku* keine Literaturgattung dar, die in Rechts- und Gerichtspraxis benutzt wurde. Die antiquarische Tendenz wurde seit dem Ende des 14. Jahrhunderts immer stärker, so dass das *Shikimoku* von den *Shikimoku-chūshaku-ka* im

---

23 Zu den Legisten im europäischen Mittelalter siehe Lange, Hermann: Römisches Recht im Mittelalter, Bd. 1: Die Glossatoren, München 1997; Ders. / Kriechbaum, Maximiliane: Römisches Recht im Mittelalter, Bd. 2: Die Kommentatoren, München 2007. Zu Kanonisten in der sogenannten klassischen Periode siehe Hartmann, Wilfried / Pennington, Kenneth (Hg.): The History of Medieval Canon Law in the Classical Period, 1140–1234. From Gratian to the Decretals of Pope Gregory IX, Washington, D. C. 2008.

24 Zu Johann von Buch und seiner Sachsenspiegel-Glosse siehe Kannowski, Bernd: Die Umgestaltung des Sachsenspiegelrechts durch die Buch'sche Glosse, Hannover 2007.

25 Zu den Techniken der europäischen Juristen im Mittelalter siehe etwa Lange, Römisches Recht Bd. 1 (wie Anm. 23), S. 111–150; Ders. / Kriechbaum, Römisches Recht Bd. 2 (wie Anm. 23), S. 264–354; Meyer, Christoph H. F.: Die Distinktionstechnik in der Kanonistik des 12. Jahrhunderts. Ein Beitrag zur Wissenschaftsgeschichte des Hochmittelalters, Leuven 2000.

26 Vgl. Nitta, Nihon-chūsei (wie Anm. 22), S. 194–199.

Rahmen des *Kōshaku* erläutert wurde.[27] Beim *Kōshaku* wurden die hochge-
schätzten älteren Werke von Experten aus unterschiedlichen Bereichen vor Zu-
hörern vorgelesen und erklärt. Es hieß daher *Shosho-kōshaku*, also Erläuterung
verschiedener Bücher. Die berühmte Geschichte der Genji, die im 10. Jahrhundert von einer Hofdame als Roman geschrieben worden war, wurde zum Beispiel
als klassisches Basiswissen zum adligen Hofleben kommentiert. Das *Kōshaku*
fand nicht nur am Kaiserhof, sondern auch in Häusern des Hofadels und höherer
Krieger statt. Der Kreis der Zuhörer erstreckte sich vom Kaiser über den Hofadel,
buddhistische Priester und Krieger höheren Rangs bis hin zu mittleren Kriegern
und Beamten. In diesem Kontext des *Kōshaku* wurde das *Shikimoku* also als
allgemeine Bildung in die adelige Kulturwelt in Kyoto eingebürgert und integriert. Soweit zur Glossierung des *Shikimoku*. Wie behandelten aber die Experten den *Ritsuryō*, die Kodifikation der alten kaiserlichen Regierung? Um diese
Frage zu beantworten, gehen wir weiter in die ältere Geschichte zurück.

III. Myōbō-ka

Die *Myōbō-ka* verfügten über Fachkenntnisse zum *Ritsuryō*. Sie glossierten seinen Text und boten für konkrete Fragen ihre Meinungen an.[28] Ihre Tätigkeiten
erinnern Historiker daher auch an die Juristen im europäischen Mittelalter, die
Glossen zu den römischen und kanonischen Rechtstexten hinzugefügt und Gutachten (*consilia*) für einzelne Prozesse geschrieben haben.

Im alten China wurde spätestens seit dem 3. Jahrhundert v. Chr. unter der
kaiserlichen Herrschaft der *Ritsuryō* kodifiziert. Das *Ritsu* enthielt dabei Vorschriften zu Strafrecht und Strafprozess, während das *Ryō* in erster Linie Regelungen zur Verwaltungsorganisation darstellte. Das Hauptinteresse lag dabei
in der kaiserlichen Kontrolle über die Beamten. Es ging darum, enorme Zahlen
von Beamten aus der herrscherlichen Sicht korrekt dienen zu lassen und ihren
Verfehlungen vorzubeugen bzw. sie zu bestrafen. Japan begann in der zweiten
Hälfte des 7. Jahrhunderts, die chinesische *Ritsuryō*-Kodifikation nachzuah-
men und einzuführen.[29] Im Jahre 701 entstand das *Daihō Ritsuryō* als das erste
vollständige japanische *Ritsuryō*-Gesetzbuch.[30] Die chinesische Hauptstadt der
damaligen Tang-Dynastie als Vorbild nehmend, wurde 710 eine neue Hauptstadt
mit planmäßiger Straßenanlage in Nara gegründet. In dem nördlichen Teil der
so entstandenen Stadt Heijō-kyō sammelten sich die Gebäude der zentralen

27 Vgl. ebd., S. 214–218.
28 Aus der älteren Forschung ist hier zu nennen: Fuse, Yaheiji: Myōbō-dō no Kenkyū [Stu-
    dien zur Tätigkeit von Myōbō-ka], Tokyo 1966. Als neue Beschreibung vgl. Murakami
    u. a., Shiryō (wie Anm. 3), S. 10–18.
29 Zum *Ritsuryō*-Regime im alten Japan siehe Mizubayashi u. a. (Hg.), Hō-shakaishi (wie
    Anm. 1), S. 5–68; Asako u. a. (Hg.), Nihon-hōseishi (wie Anm. 1), S. 28–69.
30 Der Text von dem ersten vollständig überlieferten *Ritsuryō*, Yoro Ritsuryō von 718, ist
    ediert in: Inoue, Mitsusada u. a.: Ritsuryō, Tokyo 1976.

kaiserlichen Regierung. Unter den Behörden des *Ritsuryō*-Systems befand sich das *Daigaku*, eine Ausbildungsstätte für die Beamtenanwärter. Dort wurden die Texte des Konfuzianismus, chinesische Literatur und Geschichtswerke, Mathematik und die Kenntnisse über den *Ritsuryō* vermittelt. Aus dem Kreis der Dozenten und Absolventen des *Daigaku*, die meistens zum mittleren Hofadel gehörten, vor allem aus dem höchsten Lehreramt (*Myōbō-hakushi*), stammten die *Myōbō-ka*, die Experten für den *Ritsuryō*. Sie glossierten schon im 8. Jahrhundert dessen Text und begannen seit der Mitte des 10. Jahrhunderts, der Regierung ihre fachmännische Meinung zu liefern. Diese Begutachtung betrachten wir jetzt näher.

Nachdem 794 eine neue Hauptstadt in Kyoto (Heian-kyō) gegründet worden war, veränderte sich das japanische *Ritsuryō*-System langsam.[31] Im *Ritsuryō*-System gab es kein Gericht als gesonderte Einrichtung. Die Behörden auf verschiedenen Ebenen in der Hauptstadt und den regionalen Bezirken erledigten vielmehr weitreichende Regierungs- und Verwaltungsgeschäfte einschließlich der Angelegenheiten, die aus heutiger Sicht als Strafjustiz anzusehen wären. Um die schwersten Strafen, Todesstrafe und Vertreibung, zu verhängen, musste der Fall von dem höchsten Regierungsorgan, dem *Dajōkan*, entschieden werden und seine Entscheidung musste vom Kaiser bestätigt werden. Für die Beratung im *Dajōkan* wurde ein Entwurf von einer zuständigen Behörde, dem *Gyōbushō*, vorbereitet. Im Laufe des 10. Jahrhunderts ist deren Tätigkeit aber untergegangen und wurde durch die der *Myōbō-ka* ersetzt. Fortan wurde die Entscheidung selber nicht mehr im *Dajōkan*, sondern in einer inoffizielleren Sitzung, dem *Jin-no-sadame*, getroffen, die jetzt oft im eigentlichen Warteraum des Palastes stattfand. Auf Aufforderung der dort versammelten ranghöheren Hofadligen hin gaben die *Myōbō-ka* ihre Meinungen schriftlich ab.[32]

Die Tätigkeit der *Myōbō-ka* entfaltete sich also unter dem Wandel des *Ritsuryō*-Systems, aber sie blieb als Ersatz einer Abteilung der Behörden immer noch im Rahmen der Regierung. In der offiziellen Rangskala war die Position der *Myōbō-ka* eher bescheiden und deutlich niedriger als die der Mitglieder des *Jin-no-sadame*. Diese hatten einen großen Spielraum für die Erfragung der Ansichten der *Myōbō-ka*, denen es andererseits nicht erlaubt war, ohne Befragung eine eigene Meinung abzugeben. Die Kenntnisse der *Myōbō-ka* waren aber insofern unentbehrlich, als die Verurteilung mit den einschlägigen Artikeln des *Ritsuryō* begründet werden musste.

---

31 Vgl. Mizubayashi u. a. (Hg.), Hō-shakaishi (wie Anm. 1), S. 69–102; Asako u. a. (Hg.), Nihon-hōseishi (wie Anm. 1), S. 69–84.

32 Zu diesen Veränderungen vgl. Uesugi, Kazuhiko: Nihon-chūsei Hō-taikei Seiritsu-shiron [Studien zur Entstehung des japanischen mittelalterlichen Rechtssystems], Tokyo 1996, S. 48–53; Maeda, Yoshihiko: Sekkanki Saibanseido no Keiseikatei. Gyōbushō, Kebiishi, Hō-ka [Prozess der Ausbildung des Justizwesens in der Fujiwara-Zeit. Gyōbushō, Kebiishi, Hō-ka], in: Nihonshi-Kenkyu [Journal of Japanese History] 339 (1990), S. 121–153; Mizubayashi u. a. (Hg.), Hō-shakaishi (wie Anm. 1), S. 87–98.

Die von den *Myōbō-ka* abgegebenen schriftlichen Gutachten, die *Myōbō-kanmon*, betrafen verschiedene Bereiche.[33] Die Justizsachen behandelnden *Myōbō-kanmon* kann man weiter in zwei Gruppen teilen. Das *Zaimei-kanmon* befasste sich mit Sachen der Strafjustiz und erörterte charakteristischerweise eher das Problem, wie schwer der Angeklagte bestraft und welche Strafe verhängt werden solle, als die Frage, ob der Angeklagte überhaupt schuldig oder unschuldig war.[34] Das *Kuji-kanmon* beschäftigte sich dagegen mit Streitigkeiten um Güter, Erbe und Vertrag. Solche zivilrechtlichen Konflikte wurden seit dem 11. Jahrhundert auch vor das *Jin-no-sadame* gebracht. Viele *Kuji-kanmon* erörterten die Sachverhalte der Streitigkeiten lange und ausführlich, während die zitierten *Ritsuryō*-Vorschriften keine große Rolle spielten. Oft schrieben dabei mehrere *Myōbō-ka* ihre Meinungsschriften, sie standen dabei aber nicht hinter der jeweiligen streitenden Partei und vertraten deren Position, sondern sie legten auf die Befragung des Vorsitzenden des *Jin-no-sadame* hin, einzeln und ohne miteinander zu beraten, der Sitzung ihre Schriftstücke vor. Es handelte sich um die Leistung eines amtlich verpflichteten niedrigeren Beamten für eine höhere Ministersitzung. Die Meinung der *Myōbō-ka* hatte daher keine bindende Kraft für die Mitglieder des *Jin-no-sadame*. Sie war nur Stoff für die Beratung und Entscheidung von dessen Mitgliedern. Wenn das *Jin-no-sadame* dann eine von der Meinung des *Myōbō-ka* abweichende Entscheidung traf, wurde der *Myōbō-ka* sogar bestraft und im schlimmsten Fall seines Amtes enthoben, weil er vom Ergebnis her gesehen einen Fehler gemacht hatte.[35]

Bei zivilen Streitigkeiten wurden nicht nur die *Myōbō-ka*, sondern auch andere Experten aufgefordert, ihre Meinung zu äußern, zum Beispiel die Beamten des Hofarchivs über die älteren öffentlichen Dokumente oder die Leiter der Hofkanzlei über Präzedenzfälle. Andererseits wurde der *Myōbō-ka* in anderen Angelegenheiten als Justizsachen zu Rate gezogen, beispielsweise in der Frage, wie der Kaiser sich bei einer Sonnenfinsternis verhalten oder wie die kaiserliche Regierung auf eine verheerende Epidemie reagieren solle. Bei solchen Problemen

---

33 Zum *Myōbō-kanmon* siehe Fuse, Myōbō-dō (wie Anm. 28), S. 94–130; Asako u. a. (Hg.), Nihon-hōseishi (wie Anm. 1), S. 79 f.; Murakami u. a., Shiryō (wie Anm. 3), S. 15–18.

34 Diese Tendenz ist ebenfalls bei den niedrigeren Beamten der zuständigen Behörden im Tokugawa-Regime festzustellen. Vgl. oben Anm. 11.

35 Außer den Gutachten für das *Jin-no-sadame* wurde der *Myōbō-ka* von den anderen Zentralbehörden, den regionalen Beamten und auch von privaten Personen um Meinungen gebeten. Die Antworten, die im Dialogstil aufgeschrieben wurden, sind in der Quellengattung *Hōka-mondō* überliefert. Die Befragungen von den zentralen Behörden und Beamten waren schon seit dem 9. Jahrhundert bekannt, die von den regionalen Beamten kamen im 10. Jahrhundert hinzu. Die Fragen und Antworten bezogen sich auf die zivile Verwaltung, die Strafjustiz und die öffentlichen Zeremonien, also meistens auf die Tätigkeiten der Behörden. Die Befragungen von privaten Personen fanden sich nur in acht Fällen. Das *Hōka-mondō* zeigt also in erster Linie ebenfalls einen amtlichen Charakter. Zum *Hōka-mondō* vgl. Umeda, Yasuo: Heianki no Hōka-mondō ni tsuite [Zum Hōka-mondō in der Heian-Zeit], in: Kanazawa-Hogaku [Kanazawa Law Review] 33/1,2 (1991), S. 37–73.

waren auch weitere Experten anwesend, also die Experten für Literatur und Geschichte, die für Konfuzianismus, die für Kalender und Mathematik. Sie alle gaben als amtliche Pflicht ihre Meinungen schriftlich ab und ihr Verhältnis zu der Sitzung *Jin-no-sadame* war ähnlich gestaltet wie das der *Myōbō-ka*.

Ämter und Funktionen dieser Experten wurden dann seit dem 12. Jahrhundert von bestimmten Familien des mittleren Hofadels geerbt.[36] Damit entstanden verschiedene *Dō* (*Michi*), buchstäblich »Weg«, und dafür zuständige Familien. Einzelne Fachbereiche wurden als getrennte ›Wege‹ betrachtet und von bestimmten Adelshäusern isoliert gepflegt. Bei den *Myōbō-ka* waren es die Familie Sakaue und die Familie Nakahara, die kontinuierlich das Amt des *Myōbō-hakase* besetzten und Fachkenntnisse über den *Ritsuryō* innerhalb der Familie kumuliert und weitergegeben haben. Im frühneuzeitlichen Europa entstanden zwar mehrere Professorendynastien, aber die Erbschaft spezieller Bereiche stellt eine charakteristische Erscheinung im vormodernen Japan dar. Der Fortbestand einzelner Familien mit geerbten Fachgebieten und -tätigkeiten galt sogar gelegentlich als wichtiger als die Vorschriften des *Ritsuryō*. Einige Mitglieder der Sakaues fassten um 1200 die in ihrer Familie überlieferten Stoffe zu einem Werk, dem *Hossō-shiyōshō*, zusammen, das bei der Konzipierung des *Goseibai Shikimoku* berücksichtigt wurde.[37]

Zuletzt betrachten wir kurz die Arbeitsweise des *Myōbō-ka*. Der *Myōbō-ka* zitierte in seinen Schriften regelmäßig die Artikel des *Ritsuryō*, aber die logische Verbindung zwischen den angeführten Vorschriften und dem endgültigen Schluss war locker. Häufig benutzte er das *Junyō* und das *Secchū* als Methode, um zu einem anderen Schluss als die Bestimmungen des *Ritsuryō* zu gelangen.[38] Beim *Junyō* handelt es sich um eine sehr freie Analogie. Zum Beispiel verbot der *Ritsuryō* die Eheschließung von buddhistischen Priestern und Nonnen. Es gab aber schon im 9. Jahrhundert eine Meinung von einem *Myōbō-ka*, der zufolge nach dem Tod eines Priesters seine Frau und Kinder den Nachlass erben durften. Die priesterliche Ehe wurde also insoweit anerkannt. In Analogie zu dieser älteren Ansicht behauptete dann das *Hossō-shiyōshō*, dass die priesterliche Ehe ebenfalls gültig sei, wenn der Priester aus dem Priesterstand ausgeschieden und zum Laienstand zurückgekehrt sei. Sterben und Ausscheiden aus dem Priesterstand wurden also gleich gewichtet, aber man findet dazu keine weitere Erklärung im *Hossō-shiyōshō*.

---

36 Vgl. Sato, Shinichi: Nihon no Chūsei-kokka [Der Staat im japanischen Mittelalter], Tokyo 1983, S. 24–62.

37 Zum *Hossō-shiyōshō* siehe Nagamata, Takao: Nihon-chūsei Hōsho no Kenkyū [Studien zum Rechtsbuch im japanischen Mittelalter], Tokyo 2000; Mizubayashi u. a. (Hg.), Hōshakaishi (wie Anm. 1), S. 118–120. In einzelnen Titeln des *Hossō-shiyōshō* werden am Anfang die Artikel des *Ritsuryō* zitiert. Die Interpretationen der *Myōbō-ka* folgen. Die logische Verbindung zwischen den Artikeln und Interpretationen sieht aber unklar und locker aus.

38 Zu den folgenden Beispielen siehe Sato, Nihon (wie Anm. 36), S. 50–58.

Beim *Secchū* wählte man eine in der Mitte stehende Lösung und hielt damit die Balance. Wenn zum Beispiel ein Pfand bei dem Pfandgläubiger ohne seinen Vorsatz durch Feuer verloren ging, hatte der Pfandgläubiger keine Pflicht, den Schuldner für seinen Verlust zu entschädigen. So stand es im *Ritsuryō*. Das *Hossō-shiyōshō* zitierte einerseits diese Vorschrift, befreite aber andererseits den Schuldner von seinen eigentlichen Schulden und balancierte damit beide Positionen aus, obwohl für eine solche Befreiung keine Bestimmung im *Ritsuryō* zu finden war. Es erscheint mir daher fraglich, in den Tätigkeiten der *Myōbō-ka* eine Art Juristenrecht zu sehen. Der *Myōbō-ka* dürfte sich eher nach dem gewünschten Ergebnis orientiert haben als nach der Auslegung der Artikel des *Ritsuryō*.[39]

IV. Fazit

Nach diesem flüchtigen Überblick über drei Typen von Rechtsexperten aus dem vormodernen Japan versteht man jetzt vielleicht, warum ich den Titel meines Beitrags mit Fragezeichen gesetzt habe. Die hier vorgestellten historischen Erscheinungen zeigen zwar zum Teil Ähnlichkeiten mit den europäischen Rechtsexperten, aber Unterschiede und japanische Charakteristika sind auffällig und unübersehbar. Es gab meistens kein gesondertes Gericht, das ausschließlich oder in erster Linie für Justizsachen zuständig war. Japanische Fachleute im rechtlichen Bereich waren vielmehr im Rahmen der allgemeinen Regierungs- und Verwaltungsorgane tätig. In der Justiz spielten Strafprozesse durchweg eine größere Rolle als Zivilprozesse. Unter diesem Umstand zeigten die Tätigkeiten der japanischen Rechtsexperten hauptsächlich eine amtliche Natur. Tradiert wurde ihr Fachwissen durch mit dem Amt verbundene Familien. Die Bedeutung der japanischen Rechtsexperten beruhte eher auf ihrer Position im staatlichen Ämtersystem als auf ihren Fachkenntnissen, die oft für die Lösung der justiziellen Probleme keine entscheidende Funktion hatten. Im Vergleich mit Europa ist es bemerkenswert, dass man im vormodernen Japan kaum denjenigen Zivilprozess finden kann, bei dem formelle prozessuale Kriterien für das Ergebnis ausschlaggebend sind. Die Kenntnisse über diese Kriterien und ihre immer weiter fortschreitenden Entwicklungen scheinen mir den Kern des Expertenwissens der europäischen Juristen gebildet zu haben.

---

39 Da sich nur wenig logischer Gedankengang bei den *Myōbō-ka* feststellen ließ, war es einigen hochadligen Mitgliedern des *Jin-no-sadame* möglich, selber Erfahrungen zu sammeln und Gutachten der *Myōbō-ka* zu kritisieren. Zu einem interessanten Beispiel aus der Mitte des 13. Jahrhunderts siehe Hayakawa, Shohachi: Chūsei ni Ikiru Ritsuryō. Kotoba to Jiken wo Megutte [Nachleben des Ritsuryō im Mittelalter. Studien zu Wörtern und Ereignissen], Tokyo 1986, S. 45–218. Heftig umstritten war bei diesem Fall wieder das Problem des Strafmaßes.

II. Praktisches Wissen

Eric H. Ash

What is an Early Modern Expert?

And why does it matter?

A specter is haunting historians—the specter of anachronism. It threatens to cloud our view of the past, so that we can have no true grasp of where we are, how we got here, or where we are going. The perils of anachronism exist for all historians, but they have long been a particular preoccupation for historians of science and technology, as both science and technology are generally premised on the notion of progress—ever pushing back the boundaries of our knowledge of nature, ever inventing new and better machines to aid us in manipulating it. The paradox is all but inescapable: As A. Rupert Hall pronounced in 1983, there is no more natural question for historians (and everyone else) to ask than: "How did we arrive at the condition we are now in?"[1] That question must have a satisfying answer if the study of history is to have any meaning or purpose. But in seeking to answer it, we inevitably bring our present beliefs, concerns, controversies, and anxieties with us on our journey. When we seek ourselves in the past, we usually manage to find just what we are looking for.

This paradox is certainly not a new one, and it was famously addressed nearly a century ago by Herbert Butterfield, a foundational figure in the early history of science, in his "Whig Interpretation of History". In that seminal work, Butterfield critiqued historians' tendencies "to emphasize certain principles of progress in the past and to produce a story which is the ratification if not the glorification of the present."[2] Especially since the 1980s, historians of science and technology have taken these warnings of "whiggish" history very seriously. They have strived to understand the past "in its own terms", generally resisting any assumptions of, or references to, notions of "progress", and emphasizing the importance of using the language, categories, and worldviews of the historical actors themselves, so far as possible. This has yielded some masterful historical studies, but it has also created some problems and tensions, as many have noted. To take just one often-cited example, conscientious historians of science who specialize in studying any period before the mid-19th century are supposed to avoid calling their object of study "science", or their historical actors "scientists", since those words did not exist or come to acquire their modern meanings before 1850.

---

1 Hall, A. Rupert: On Whiggism, in: History of Science 21 (1983), S. 45–59, hier S. 54.
2 Butterfield, Herbert: Preface, in: Ders.: The Whig Interpretation of History, London 1931, S. 2.

But excising any and all historical references to early modern "science" has not been easy, nor has it truly solved the underlying problem of anachronism. In his 2014 essay entitled "Butterfield's Nightmare", the historian Andre Wakefield decried a growing trend in recent historiography of science and technology, to bring other thoroughly modern terms to bear in our investigations of early modern history to replace the banished "science".[3] He considered two such terms in particular, "economics" and "expertise", and he made a compelling case that our incorporation of these and similar notions in our construction and interpretation of the early modern past has worked to distort our understanding of that past. "Economics" presents one set of problems, because the word (or rather, a distant ancestor of it, "œconomics") was in use in early modern Europe, but it meant something very different from what it means today. "Expertise" presents another set of problems, because the word's origins only go back to the mid-19th century, and so it can have no concrete meaning in an early modern context. Both terms, Wakefield argues, tend to give historians a false sense of familiarity and security as they explore the past, making them think they have a good understanding of what they believe they see there, when in fact they are only bringing their present-day worldviews back in time with them. It is this historiographical state of affairs that Wakefield has characterized as nothing less than Herbert Butterfield's "nightmare".

As someone who considers himself a historian of early modern expertise, I have quite a lot at stake in this question. Over the years I have enjoyed and benefitted from many spirited conversations with Wakefield and others about early modern expertise, if so it may be called. And indeed, I have called it that throughout my own career as a historian, going all the way back to my doctoral thesis.[4] I have attempted to do so thoughtfully, critically, and systematically because I am aware of the pitfalls of anachronism, and I appreciate that Wakefield acknowledged as much in his essay. He also admitted more than once that it would be neither possible nor desirable "to completely abandon the use of anachronistic terms", and that "in certain contexts, anachronisms can have value as analytical tools."[5]

Yet in our conversations, Wakefield has also suggested to me that even a careful and critical use of anachronisms such as "expertise" can do real mischief. In assigning the title of "expert" to some historical actors and not to others, when the actors themselves never explicitly did so, we indulge in our own prejudices and agendas, and are less sensitive to theirs. We risk taking sides in a bitter conflict of the past, or creating false dichotomies where no real conflict existed; "we valorize certain narratives… and neglect others." We also open the door for

---

3 Wakefield, Andre: Butterfield's Nightmare. The History of Science as Disney History, in: History and Technology 30/3 (2014), S. 232–251.

4 Ash, Eric H.: 'The skylfullest men': Patronage, Authority, and the Negotiation of Expertise in Elizabethan England, Ph.D. diss., Princeton University 2000.

5 Wakefield, Butterfield's Nightmare (wie Anm. 3), S. 243.

others to use anachronistic terms less carefully and less critically.[6] Until finally, our collective view of the past is obscured in the fog of the present – a whiggish trend Wakefield sees in the growing historiographical attention to early modern European "expertise".

"Nightmare" is rather a strong word. What is it about early modern "expertise" and other anachronisms that has Wakefield so concerned, or would cause Herbert Butterfield to toss in his sleep? What is really at stake here? Certainly, our comprehension of early modern history is one answer. Anachronisms can sometimes aid the study of history by allowing us to name and to analyze certain perceptible phenomena for which there was not yet a contemporary term; but they always come at a price, and can obscure as well as enlighten. When historians use as historical explanations ideas that still need to be explained themselves, they transform what should be important questions into doubtful answers. This, Wakefield writes, "is not really history at all. It is merely the present masquerading as the past", so that it can sometimes be difficult to remember what century one is really talking about.[7]

But a history warped by presentist concerns is not all that is at stake. Perhaps even more important is what such a history would mean for our understanding of the present, and our vision for the future. Wakefield's real concern is the rebirth of a *particular kind* of warped history, a revival of Cold War-era modernization theory, as once put forth by Walt Rostow, David Landes, and others.[8] Modernization theorists such as Rostow were trying to explain the origins of, and reasons for, the rapid rise of technological innovation and economic growth, starting first in Britain in the mid-18th century and gradually spreading to France, Germany, the United States, and ultimately to much of the modern world. But they undertook this historical project in the service of another, more present-minded mission in the context of the Cold War: demonstrating through history that the proper conditions for industrial "take off" and the economic prosperity that came with it were fundamentally rooted in certain linked aspects of western culture, most clearly and fully expressed in modern Anglo-American civilization.

At the risk of over-simplifying: Classic modernization theory emphasized the power of individual liberty and free expression to unleash the potential for creativity and entrepreneurial innovation in all people, as a necessary ingredient for the sort of technological leaps and bounds that made the world's first Industrial Revolution possible. In this model, anything that promotes personal freedom is good; anything that is deemed to inhibit or restrict it is

---

6 Andre Wakefield, personal communication with the author, 27.09.2017; William Ashworth, personal communication with the author, 29.09.2017.

7 Wakefield, Butterfield's Nightmare (wie Anm. 3), S. 243.

8 Rostow, Walt W.: The Process of Economic Growth, New York 1952; Ders.: The Stages of Economic Growth: A Non-Communist Manifesto, Cambridge 1960; Landes, David: The Unbound Prometheus: Technological Change and Industrial Development in Western Europe from 1750 to the Present, Cambridge 1969; Ders.: The Wealth and Poverty of Nations: Why Some Are Rich and Some So Poor, New York 1998.

bad; and the various political, economic, and cultural characteristics of a given society are all closely intertwined. Thus, we are led to believe that individual freedom of expression, a liberal democratic political regime that promotes it, free market capitalism, a weak and benign state regulatory system, Protestant religion, rational Enlightenment-era philosophy, experimental scientific inquiry, and technological advancement were all intrinsically linked to one another. Not unlike the Aristotelian view of the cosmos that began to unravel in the 16th century, each part of this overarching modernization structure serves to reinforce the others. Only in a weak regulatory state, for example, can the magic of free-market enterprise function properly; only with freedom of expression and inquiry can scientific knowledge follow wherever value-neutral experiments might lead; only with scientific advancement and free-market incentives can sustained technological innovation be expected. Together, these political, economic, and cultural factors mix synergistically together, to foster Progress and give birth to the modern western world—politically free and democratic, economically prosperous, scientifically and technologically advanced, philosophically enlightened, and serving as the ultimate bulwark against the twin threats posed by totalitarianism and communism.

It is a beguiling and attractive theory, not least because it paints its western protagonists (especially its British and American protagonists) in such a powerfully positive light. Progress gave rise to the modern world and all of its wonders; freedom, capitalism, and science brought us Progress; and this could only have transpired in the freest, most capitalist, most scientifically curious and advanced society on earth for its time, 18th-century Britain, from which it soon spread to the rest of right-thinking western civilization. And while the Cold War may be over (we very much hope), modernization theory lives on in a new generation of economic and cultural history, best exemplified in the work of Joel Mokyr. Over the course of numerous books and articles, Mokyr has articulated an elaborate theory regarding the early modern origins of sustained economic growth and industrialization. Sketched broadly, his theory posits that certain "cultural entrepreneurs" including Francis Bacon and Isaac Newton expanded the realm of thinkable thoughts, and created a new appreciation for an operative or instrumental focus in the study of nature, greatly increasing both the status and availability of "useful knowledge". This, combined with a well-functioning free market economy and a weak regulatory state—what Mokyr has characterized as "economic reasonableness"—gave birth to an "Industrial Enlightenment" marked by rapid, sustained technological advances and economic growth.[9]

9 Mokyr has published very widely, but for a chief overview of his theories see: Mokyr, Joel: The Gifts of Athena: Historical Origins of the Knowledge Economy, Princeton, NJ 2002; Ders.: The Intellectual Origins of Modern Economic Growth, in: Journal of Economic History 65 (2005), S. 285–351; Ders.: The Enlightened Economy: An Economic History of Britain, 1700–1850, New Haven, CT 2009; and Ders.: Cultural Entrepreneurs and the Origins of Modern Economic Growth, in: Scandinavian Economic History Review 61 (2013), S. 1–33.

But this narrative has some blind spots and shortcomings, beyond the usual problems with any sweeping, *longue-durée* theory that paints in such broad strokes. In concentrating so strongly on progress, it tends to ignore (or to actively silence) all those deemed to be failures, losers, or victims. In emphasizing the role of "useful knowledge" and "free enterprise" in promoting Europe's historical economic growth, little or nothing is said of chattel slavery, for example, or the brutal exploitation inherent in Europe's colonization of so much of the globe. The enormous value created, and the miserable living conditions endured, by the legions of Europe's working classes are rarely addressed, in the quest to valorize the clever and entrepreneurial inventor. The British state's omnipresent efforts to promote and protect nascent British manufacturing interests, in a time of constant and expensive warfare, are ignored or denied, despite much recent historiography that shines a bright light on these issues, particularly that of William Ashworth.[10]

But where does expertise fit into all of this? Looking at the work of Mokyr, together with that of some other historians of science and technology such as Marcus Popplow, Margaret Jacob and Larry Stewart, early modern expertise or something like it has apparently become part of the "missing link" between the 17th-century Scientific Revolution and the early-19th-century Industrial Revolution.[11] It has proven difficult for historians to identify direct links between the intellectual and methodological changes of the Scientific Revolution, and the technological innovations that drove the most foundational early industries. Mokyr, however, has posited something he calls the "Industrial Enlightenment", which is closely mirrored by Marcus Popplow's "Economic Enlightenment".[12] Taken altogether, these historians argue that a scientific culture emphasizing

10 Ashworth, William J.: The Industrial Revolution: The State, Knowledge, and Global Trade, London 2017. See also Ders.: The British Industrial Revolution and the Ideological Revolution: Science, Neoliberalism and History, in: History of Science 52 (2014), S. 178–199; Ders.: Manufacturing Expertise: The Excise and Production in Eighteenth-Century Britain, in: Ash, Eric H. (Hg.): Expertise: Practical Knowledge and the Early Modern State (= Osiris 25), Chicago 2010, S. 231–254; Ders.: The Ghost of Rostow: Science, Culture and the British Industrial Revolution, in: History of Science 46 (2008), S. 249–274; Ders.: The Intersection of Industry and the State in Eighteenth-Century Britain, in: Roberts, Lissa u.a. (Hg.): The Mindful Hand: Inquiry and Invention from the Late Renaissance to Early Industrialisation, Amsterdam 2007, S. 349–377.

11 Jacob, Margaret C.: The First Knowledge Economy: Human Capital and the European Economy, 1750–1850, Cambridge 2014; Dies./Stewart, Larry: Practical Matter: Newton's Science in the Service of Industry and Empire, 1687–1851, Cambridge, MA 2006; Stewart, Larry: The Rise of Public Science: Rhetoric, Technology, and Natural Philosophy in Newtonian Britain, 1660–1750, Cambridge 1992.

12 Popplow, Marcus: Economizing Agricultural Resources in the German Economic Enlightenment, in: Klein, Ursula / Spary, E. C. (Hg.): Materials and Expertise in Early Modern Europe: Between Market and Laboratory, Chicago 2010, S. 261–287; Ders.: Knowledge Management to Exploit Agrarian Resources as Part of Late-Eighteenth-Century Cultures of Innovation: Friedrich Casimir Madicus and Franz von Paula Schrank, in: Annals of Science 69 (2012), S. 413–433.

the importance of purposeful experimentation and the value of instrumental knowledge of nature, gave rise to something called "useful knowledge", a pregnant combination of shop-floor practical know-how and advanced theoretical understanding of how the natural world operates. This growing body of "useful knowledge" combined with Enlightenment-era rationalism to allow Britain to become the world's first "knowledge economy", and ignited a rapid, sustained period of technological advancement and economic growth.[13]

Those individuals who could claim to possess and command such "useful knowledge" are sometimes loosely termed "experts", so that early modern "expertise" or something like it has been deemed a cornerstone of early industrialization, and thus of the modern world. It was the early "experts" who lit the fuse for industrial "take off". "Expertise" thereby shifts subtly, from being something in need of careful historical analysis and explanation in its own right, to become a principal explanation of some much larger, much later events. Although Peter Dear has argued persuasively in favor of a careful and critical use of anachronism by historians, he acknowledged that it can be a tricky business to stay on the right side of the line. "Anachronism", he wrote, "is a form of advocacy, and usually a suspect form."[14] For Wakefield, Ashworth, and others, the anachronistic use of terms like "expert" and "expertise" is not a value-neutral analytical tool, nor is it a harmless historiographical tic. It is actually doing some serious political advocacy—it lends credence to a revived modernization theory, in the service of ratifying and justifying our glorious, free-market civilization in the present. Such a rose-colored, Anglo-centric vision of the past, which Wakefield scathingly refers to as "Disney history", is truly Butterfield's nightmare.

And yet, while these concerns are neither wrong nor misplaced, I nevertheless continue to believe that anachronisms can still be a useful analytical tool for the pre-modern historian. I still see within the primary sources a new concept emerging in early modern Europe, a form of knowledge that was not fully rooted in practical, hands-on experience, nor yet in abstract mathematics or a rarified natural philosophy. It was something of a mix, ever in flux, always being negotiated, nameless because the name we now use for it had yet to come into being. I would not identify this new sort of knowledge too closely with our contemporary ideas of expertise (whatever they may be), nor would I claim that it was uniformly an agent of progress (whatever that might mean), or somehow unique to Britain, or even Western Europe. I have argued elsewhere for a sort of preliminary definition of what early modern expertise might consist of, and what work it might do for us historians.[15] In what follows, without plowing too

13 Vgl. Jacob, First Knowledge Economy (wie Anm. 11).
14 Dear, Peter: Science is Dead; Long Live Science, in: Kohler, Robert E. / Olesko, Kathryn M. (Hg.): Clio Meets Science: The Challenges of History (= Osiris 27), Chicago 2012, S. 37–55, hier S. 52.
15 Ash, Eric H.: Introduction: Expertise and the Early Modern State, in: Ders. (Hg.), Expertise (wie Anm. 10), S. 1–24.

deeply into old ground, I will try once again to give a little flesh and bone to the putative early modern expert, and to articulate what makes the expert a unique and important historical actor. I will also put forward some thoughts regarding a set of "best practices" for employing the concept of expertise in a pre-modern context, and why I believe it matters.

In the introduction to a volume of the journal "Osiris" that was devoted to the exploration of expertise in early modern Europe and its empires, I put forth a preliminary set of criteria for what it might mean to be an early modern "expert": (1) To be "expert" was to control a body of specialized practical or productive knowledge, not readily available to everyone; (2) expertise was usually based at least in part upon empirical experience; (3) expertise often involved the abstraction or distillation of theory or generalized knowledge from practice; (4) experts should be distinguishable from common practitioners or artisans; (5) experts did not exist without a sociopolitical context—expertise required some form of public acknowledgement, affirmation, and legitimation.[16] These criteria were not intended to be definitive or exhaustive; they were really meant to lay the groundwork for a conversation about how this anachronistic term might be applied usefully by historians of early modern science and technology – a term made all the more complicated by the fact that we do not always agree about its meaning or identification even in our contemporary world. I still find these criteria to be fairly sound, and useful. The historical concepts and phenomena I was trying to articulate still appear very real to me, even if they are hard to pin down, and even harder to name—I have come to think that perhaps the slipperiness of expertise may be essential to the concept.

One good example of all of this is the community of 18th-century apothecary-chemists in Prussia and elsewhere that Ursula Klein has researched and written about extensively.[17] Klein has demonstrated persuasively that practicing apothecaries shared a great deal of cognitive and empirical overlap with more academically-trained chemists of the era. This included various experimental techniques and methods, instruments and other technologies, a similar language, and an overall theoretical understanding. They may have been trying to answer different questions, aiming at different outcomes and for different reasons, but they were still doing and learning many of the same things, and they found one another's work compelling and useful. This shared basis in both practice and understanding allowed a number of Klein's apothecaries,

16 Vgl. ebd., S. 4–11.
17 Klein, Ursula: Apothecary's Shops, Laboratories, and Chemical Manufacture in Eighteenth-Century Germany, in: Roberts u.a. (Hg.), The Mindful Hand (wie Anm. 10), S. 247–276; Dies.: Blending Technical Innovation and Learned Natural Knowledge: The Making of Ethers, in: Dies./Spary (Hg.), Materials and Expertise (wie Anm. 12), S. 125–157; Dies.: Chemical Expertise: Chemistry in the Royal Prussian Porcelain Manufactory, in: Eddy, Matthew Daniel u.a. (Hg.): Chemical Knowledge in the Early Modern World (= Osiris 29), Chicago 2014, S. 262–282.

originally trained as apprentices, to move beyond or away from apothecary practice toward a more academic study of chemistry.

Based on the criteria above, if the collected knowledge, methods and skills of Klein's apothecary-chemists cannot be labeled as "expertise", then it is hard to think what else it might be called—it is not one, easily-named thing, but a fascinating and fruitful mix of many things. The knowledge in question was technical, specialized, and rare; it included material/practical as well as theoretical/general components; it was capable of producing tangible, valuable results; and it was in the process of becoming standardized and systematized. What is more, it was deployed in the service of the state, where it was cultivated, valued, and protected. Klein's apothecaries represent a late case study, at the very end of what we tend to think of as the "early modern period", but they are hardly a unique example. Indeed, her case studies remind me of Pamela Smith's early modern artisans' workshops, Deborah Harkness's exploration of communities of natural knowledge in 16th-century London, or Pamela Long's depiction of early modern "trading zones".[18] In all of these cases, those who possessed practical, operative knowledge of nature mixed and mingled with those seeking to acquire such knowledge and to generalize or theorize it, with the intent to improve both understanding and practice.

Practical ability and a more generalized understanding are both constitutive elements of expertise, though the relative emphasis on each is highly variable, and this degree of variation partly explains why the concept is so difficult to pin down. When Queen Elizabeth's Privy Council sought in the 1580s to rebuild the decaying harbor at Dover—so important for England, for both trade and naval defense—they struggled for nearly three years to settle upon a feasible plan for constructing the required sea walls, and to identify an individual they could trust to oversee the project. After considering proposals from a number of English and Flemish consultants, they hired two successive directors for the work, John Trew and Fernando Poyntz, both of whom wasted money and accomplished little. Finally, the frustrated privy councilors settled upon one of their own clients, Thomas Digges, to serve as master surveyor.[19]

Digges was an interesting choice. He was a gentleman and landowner of Kent, the county in which Dover is located; he was also an active parliamentary "man of business" in the service of William Cecil, Lord Burghley, the queen's closest advisor; and he was known and respected as an accomplished mathematician, surveyor, and astronomer by the early 1580s. But despite his experience as a

18 Smith, Pamela H.: The Body of the Artisan: Art and Experience in the Scientific Revolution, Chicago 2004; Harkness, Deborah E.: The Jewel House: Elizabethan London and the Scientific Revolution, New Haven, CT 2007; Long, Pamela O.: Artisan/Practitioners and the Rise of the New Sciences, 1400–1600, Corvallis 2011; Dies.: Trading Zones in Early Modern Europe, in: Isis 106 (2015), S. 840–847.
19 Vgl. Ash, Eric H.: Power, Knowledge, and Expertise in Elizabethan England, Baltimore 2004, S. 55–86.

surveyor he had no known experience in building seawalls, or in directing such a project. What he did claim to have was a strong knowledge of practical mathematics; extensive first-hand observations of seawall construction, both in the Low Countries and in his native Kent; personal connections among the common laborers of the nearby village of Romney, who had ample experience maintaining the durable seawalls that protected their lands from marine floods; and an established relationship as a competent, trusted advisor to the Privy Council. On the strength of all of these claims to authority, Digges was finally tapped to direct the construction project, and he oversaw the successful rebuilding of the harbor.

It is important to stress that it was not Digges's prior experience or track record in managing such projects that gave him credibility as an expert (he had none), nor was it his eventual success at Dover (which obviously came after he was chosen for the job). He was not what the historian of technology Steven Walton refers to in another context as an "expert-by-practice". Nor did he himself have any detailed understanding of hydraulic construction techniques; he was thus not an "expert-by-knowledge". It was a mix of different kinds of experience *and* knowledge, much of it merely observational or second-hand, together with his being a known and trusted quantity for the Privy Council that made him what Walton might call an "expert-in-context" – a term supremely applicable to the ongoing need to negotiate expertise during the early modern period.[20] Moreover, there was little obvious distinction between Digges and his many rivals for the post, two of whom were hired and successively dismissed before he was put in their place. Digges's ultimate success in rebuilding the harbor is certainly interesting and worthy of study, but of equal interest is the Privy Council's ongoing struggle to identify and get control of the expertise they required, in a time before engineering curricula and professional credentialing had been developed. That is to say, the complicated and bewildering *negotiation* of expertise lies at the heart of the story, a negotiation that included the would-be expert, the crown advisors who sought his services, and also the laborers who would actually do the work under his guidance.

A similar argument can be made regarding Pierre-Paul Riquet, the French tax farmer from Languedoc who convinced Jean-Baptiste Colbert that he could construct a canal across southern France, from the Mediterranean Sea to the Atlantic Ocean, in the middle of the 17th century. Like Digges, Riquet had no known experience in hydraulic construction techniques. What he had, as far as Colbert was concerned, was a compelling and plausible sounding proposal and a great deal of confidence in presenting it. Colbert ultimately entrusted Riquet

---

20 Vgl. Walton, Steven A.: State Building through Building for the State: Foreign and Domestic Expertise in Tudor Fortification, in: Ash (Hg.), Expertise (wie Anm. 10), S. 66–84. See also Mieg, Harald A.: The Social Psychology of Expertise: Case Studies in Research, Professional Domains, and Expert Roles, Mahwah, NJ 2001, Kap. 3.

with the canal project, though he was never altogether comfortable trusting him with the vast sums of money needed to build it. He demanded full accounting and progress reports from Riquet, but he had no way to compel Riquet to satisfy him, short of cutting off the money and ending the project. He had no one else qualified to take it on, nor did he ever manage to find a suitable and trusted engineer who could provide satisfactory oversight. In the end, the canal was successfully completed; but the problem of overseeing and controlling Riquet, of verifying that he was actually doing what he promised to do at such massive expense, was a constant source of anxiety for the royal minister who had commissioned him to do the work.[21]

So, was Riquet an expert? It depends on what one means by the term. He had no known prior experience with such a project—though very few, if any, did have such experience in that era, as Colbert discovered for himself in seeking someone to oversee the tax farmer. He also knew relatively little about hydraulic construction techniques. So, he was neither an expert-by-practice nor an expert-by-knowledge. What he did know was where to find the experience and knowledge he would need—as Chandra Mukerji argues in her excellent book on the canal project, the knowledge in question was in the minds and hands of peasant women living in the Pyrenees Mountains, who for generations had maintained the system of aqueducts, originally built by the ancient Romans, that brought water to their mountain villages.[22] Were the mountain women the real experts? Arguably, no; they might perhaps be seen as the master builders, but left to themselves they would not have conceived of building anything like the canal, nor could they ever have convinced Colbert of their ability to do so. Riquet was the expert, because he developed a proposal, convinced the hard-nosed Colbert to fund it, and knew where to locate the knowledge and skill that could make it a reality. He was another expert-in-context, identified and legitimated as such through a process of negotiation between Riquet himself, the royal minister who wanted to build the canal, and the skilled laborers who actually knew how to do it.

A third example of this sort of expertise-in-context is Cornelius Vermuyden, the Dutch drainage projector who was commissioned to undertake some of the largest land drainage projects in early modern Europe, draining the English Fens in the 17th century.[23] Vermuyden designed, lobbied for, and oversaw the construction of a series of English drainage schemes, the two largest being the Hatfield Level drainage in the late 1620s, and the much larger Great Level drainage in the early 1650s, the largest such projects ever undertaken in England

---

21 Vgl. Mahoney, Michael S.: Organizing Expertise: Engineering and Public Works under Jean-Baptiste Colbert, 1662–83, in: Ash (Hg.), Expertise (wie Anm. 10), S. 149–170.

22 Mukerji, Chandra: Impossible Engineering: Technology and Territoriality on the Canal du Midi, Princeton, NJ 2009.

23 Vgl. dazu Ash, Eric H.: The Draining of The Fens: Projectors, Popular Politics, and State Building in Early Modern England, Baltimore, MD 2017, Kap. 5 und 8.

at that time. Vermuyden was a consummate example of negotiated expertise-in-context. His claim to expertise began with his country of origin—by the late-16th century, Dutch drainage engineers were known throughout northern Europe, working on a number of drainage projects in France, northern Germany, Scandinavia, and England. Vermuyden came from a long line of land drainers on both sides of his family, and apparently had some personal experience with such projects by the time he arrived in England in the early 1620s. He also claimed to know enough about land drainage techniques that he could adapt his knowledge to the varying circumstances of England's wetlands, which being above sea level, did not require the same intensive techniques that were employed in the Low Countries. At first glance he was an obvious choice to manage any drainage project, especially in England where the relevant experience was rare, and he soon won the trust and patronage of King James I, and also of his son and successor, King Charles I.

From the start, however, Vermuyden's activities in England were controversial, and of questionable success. His first undertaking in the country, attempting to rebuild an important dike along the River Thames in the county of Essex, resulted in a protracted dispute with local officials, who accused him of gross incompetence and mismanagement. His drainage project at Hatfield Chase appeared to be more successful, but some serious design flaws in his original plan resulted in unprecedented flooding in neighboring communities. The crown eventually ruled that some expensive additional works must be constructed, at the expense of the Dutch investors who were funding the project. The investors lost a great deal of money as a result, and took Vermuyden to court for incompetence, a case that dragged on for years.

When the English directors of the much larger, more complicated, and vastly more expensive Great Level drainage needed a director for their project, they were deeply reluctant to hire Vermuyden. By 1649 he had collected an impressive array of critics and enemies, including the Dutch investors who refused to entrust him with any more of their money, the English drainage overseers who insisted his Dutch methods were inappropriate for the conditions of England's wetlands, and the inhabitants of some of those wetlands who had suffered from his previous undertakings. The negotiations with Vermuyden stretched on for months, and the Great Level investors considered a parade of alternate candidates; but in the end, they hired Vermuyden anyway, not because they wanted to, but because he was still the most credible candidate available for the job. Even with his deeply troubling track record, no one else in England came close to matching Vermuyden's claims to empirical experience and general knowledge. He was something of an "expert-by-default". And having hired him, they soon found they had no way to control him. Just as Colbert could not find anyone to provide adequate oversight of Pierre-Paul Riquet in the same period, the Great Level investors found it impossible to question or gainsay Vermuyden's decisions, even when he ignored their instructions and usurped their authority. If they wanted their Fens drained, this dubious expert-in-context was apparently the only one in England who could do it, and they had little choice but to trust him.

Once again, what makes Vermuyden so compelling is partly his success in draining the Great Level (if only temporarily), but it is also the complex and messy process of negotiating his expertise—the published claims and counter-claims, the vital questions impossible to answer, the blind trust required even from those who were loathe to grant it, the futile efforts of inexpert investors and overseers to control the expert director who was supposed to be working for them. The *terms* of the negotiation are at least as important as its eventual *outcome*, and that would be true whether Vermuyden had succeeded in draining the Great Level or not. While the modern end-point to this broader story involves engineering colleges, professional credentials, peer review, legal definitions, state licensing, and so forth, the negotiation of early modern expertise is so fascinating precisely because all of these modern markers were still far in the future. There were as yet few clear methods for weighing claims or settling disputes, so that the entire process was much more open and ad hoc. Early modern expertise had to be (re)negotiated anew, every time it came up.

So where does all that leave us, as historians of expertise? If it is true that anachronism is beclouding our historiography and warping our understanding of the early modern past, it is equally true that something that looks and sounds and acts very much like an under-developed version of modern expertise was starting to emerge in the early modern world—something that cannot be easily categorized as "experience", or "craft knowledge", or "natural philosophy", or "mixed mathematics", or any other contemporary term. In the spirit of offering another, very preliminary set of guidelines, I would like to suggest a few possible "best practices" for going forward.

(1) *Early modern historians need to be more judicious in our use of the term "expert". If there is another term that is historically contemporary and that captures the sense of what we mean to talk about, then we should probably use it.* The word "expert" is too often deployed with not enough thought or engagement with what that anachronistic word might mean in an early modern context, when the historians in question might easily have substituted a different term that would have been more straightforward and probably more useful. If the historical actor in question can be accurately and satisfactorily identified as a natural philosopher, or an artisan, or an alchemist, or a surgeon, or a surveyor, or an engineer, or an architect, then perhaps that is what they should be called. These terms were contemporary in the early modern period, and so can provide an adequate descriptor without introducing an unnecessary anachronism. Some of them also carry modern baggage and no longer mean exactly what they once did in previous centuries, such as "surgeon" and "engineer", but because they are contemporary terms their early modern meanings are still easier to discern. Perhaps we may find that the term "expert" is most useful for historians as a sort of meta-category, one that encompasses a host of these more specific,

contemporary terms, but whose function is primarily analytical, rather than descriptive of specific historical actors.

Moreover, the word "expert" should not be a default label for "someone who is unusually good at something". The areas in which "expertise" is even an appropriate category of analysis, as opposed to someone having "experience" or "talent" or "skill", is a matter of debate no matter what era we are talking about.[24] But if the term is to have any meaning, it must encompass more than the ability to do something well. Anecdotally, we do not generally think of today's truck drivers or bank tellers as "experts", even if they do their jobs very well, though we are more likely to think of medical doctors, law court judges, and engineers that way. Likewise, as historians of expertise we do not usually think of early modern woodworkers or stonemasons as "experts", though we are more likely to think of architects, engineers, and assayers in such terms—and the distinction is to a large extent contemporary, not rooted solely in our modern prejudices. The reasons for that distinction are at the heart of what makes "expertise" such a challenging and important historical category. It is the nuanced combination(s) of practical ability and a more general, theoretical understanding that makes expertise different from other, related concepts such as "experience". Thus, if the early modern knowledge and skills in question were usually encompassed in a straightforward artisanal apprenticeship, they may better be thought of as "craft knowledge" or "workshop knowledge", but probably not as "expertise" per se.

(2) *If no contemporary term quite captures what it is we are talking about, then we should use the term "expert" with confidence, but we need to define and explain what we mean by it.* I continue to believe that there are many historical instances when something like early modern expertise can be discerned and analyzed, even though the historical actors would not have used the word themselves. Nevertheless, anachronistic terms such as "expertise" should not be used as a first recourse, nor should they be used without some effort to articulate what one means by them, and what analytical work (or advocacy?) they are doing in our research. Put another way, "expert" cannot be an *explicans* for us, a concept we use to explain something else, until we have first engaged with it as an *explicandum*, a concept that needs to be explained in and of itself.

In articulating precisely what we mean when we use a term like "expert" in reference to the early modern period, it would of course be most helpful if we had a clear, solid, and widely agreed upon understanding of what the term means in our own time. Unfortunately, it can be nearly as difficult to come to a universal agreement about what constitutes "expertise" today, and who is to be regarded as an "expert" in a given situation, as it is for historians to puzzle out what the term

---

24 See, for example, Collins, Harry M./Evans, Robert: The Third Wave of Science Studies: Studies of Expertise and Experience, in: Social Studies of Science 32 (2002), S. 235–296; Dies.: Rethinking Expertise, Chicago 2007; Collins, Harry M.: Introduction: A New Programme of Research?, in: Studies in History and Philosophy of Science 38 (2007), S. 615–620.

might mean in the 16th century. Yet there are some historians of science who have long wrestled with how to use anachronistic concepts (such as "science") in a considered and conscientious way when discussing early modern history, and their work provides an excellent basis from which to start.

Nick Jardine, for one, has argued persuasively that "conceptual anachronism is indispensable for the purposes of historical interpretation and explanation", and that "historians [...] can and should seek to understand past agents better than those agents could understand themselves".[25] His basis for such a claim is the belief that the "original historical significances" of some deeds and works "are not confined to the significances that were (or could have been) attached to them at those times and places."[26] Not all uses of anachronism are help-ful or benign, of course, and Jardine distinguishes between analytically useful anachronism and what he calls "vicious anachronism", which he defines as a "historically incoherent interpretation of past deeds and works".[27] The mini-mum criterion for a legitimate use of anachronism, he argues, is that it must not be so much at odds with the historical actors' understanding of events that the two are mutually incomprehensible.[28] That is perhaps a low bar, and it certainly raises the question of who gets to decide when a historical actor might find one's anachronistic analysis "incomprehensible". But it does offer a rough guide for doing what one of my graduate mentors, Michael S. Mahoney, once taught me was the essence of history, "staying true to one's sources" while also "staying true to oneself".

Peter Dear has also argued that: "Not only is it strictly impossible to avoid using our own categories in understanding the past; it is often undesirable."[29] Though he warns that anachronism "is a form of advocacy, and usually a suspect form", he goes on to say that, "advocacy is an integral part of what all histori-ans do, whether deliberately or not."[30] Avoiding anachronism cannot be, and should not be, our primary goal; finding a way to use it without corrupting our understanding of the past is the path forward, and Dear cites Quentin Skinner's approach to studying early modern political theory as a helpful example. Skin-ner rejected the notion that political theory was timeless, with the same issues and understandings in play at all times; but he also rejected the idea that it was

---

25 Jardine, Nick: Whigs and Stories: Herbert Butterfield and the Historiography of Science, in: History of Science 41 (2003), S. 125–140, hier S. 128.
26 Ders.: Uses and Abuses of Anachronism in the History of Science, in: History of Science 38 (2000), S. 251–270, hier S. 252.
27 Ebd. See also Ders.: Etics and Emics (Not to Mention Anemics and Emetics) in the History of the Sciences, in: History of Science 42 (2004), S. 261–278.
28 Vgl. Ders.: Uses and Abuses (wie Anm. 26), S. 264 f.
29 Dear, Science is Dead (wie Anm. 14), S. 52.
30 Ebd. See also Ders.: What Is the History of Science in the History Of? Early Modern Roots of the Ideology of Modern Science, in: Isis 96 (2005), S. 390–406; and Ders.: Towards a Genealogy of Modern Science, in: Roberts u. a. (Hg.), The Mindful Hand (wie Anm. 10), S. 431–441.

impossible to gain an understanding of the political thought of the past. His solution was to focus on certain "recognizable activities" that were conceptually similar to what we now call political theory.[31] Though once again raising the question of who gets to decide what might constitute "recognizable activities", such a principle at least offers a way forward from paralysis; Dear argues that a similar approach can be used in studying early modern "science", and I believe it can be fruitfully applied to "expertise" as well.

(3) *In trying to articulate what "expertise" might mean in an early modern context, we must accept that the concept was evolving, and so any definition will necessarily be fluid, contextual, and contingent, varying across time and space.* In analyzing the modern concept, Harald Mieg has written that expertise is always rooted in an interaction, an exchange of information—indeed, what Mieg calls "the expert" is *essentially constituted in the interaction itself,* rather than in any single person participating in the interaction.[32] While I do not wish to follow him quite so far, I have come to believe that expertise is less an ontological reality, something we can point to and possess, than a *process of negotiation,* one that is always contextual and ongoing. The modern terms of that negotiation are greatly aided by certain institutions created for the purpose, such as engineering curricula, peer review, and professional credentialing, though these institutions still do not always yield clear or satisfying answers.

In the early modern world, before those modern institutions had yet been developed, the negotiation of expertise was much more vague, contingent, and open to differing interpretations and agendas. It certainly did not take place on the same terms, or come to the same resolution, in every time and place; whatever early modern expertise might mean, it was certainly not the same in the 16th century and the 18th, in the Venetian arsenal and *Casa de Contratación* in Seville and the Royal Society of London and the court of Louis XIV at Versailles. Just as there is no single, universal understanding of what "expertise" means in our contemporary world, there can never be a single "expertise" that holds throughout the early modern world. In trying to comprehend what constituted expertise and who may or may not be seen as an expert in all manner of early modern contexts, from mines to shipyards to alchemical laboratories, I take much inspiration from Pamela Smith's work on artists' workshops, Deborah Harkness's detailed examination of 16th-century London's artisanal culture, Pamela Long's work on early modern "trading zones", and Steven Walton's treatment of experts-in-context.[33] All of these studies are useful because they emphasize specific historical context, the exchange of knowledge, and the

---

31 Skinner, Quentin: Meaning and Understanding in the History of Ideas, in: History and Theory 8 (1969), S. 3–52; discussed in Dear, Science is Dead (wie Anm. 14), S. 52–54.
32 Vgl. Mieg, Social Psychology (wie Anm. 20), esp. Kap. 3.
33 Smith, Body (wie Anm. 18); Harkness, Jewel House (wie Anm. 18); Long, Trading Zones (wie Anm. 18); Walton, State Building (wie Anm. 20).

process of negotiation, and they can therefore help us to grapple with the wide range of what expertise might mean throughout early modern Europe.

(4) *We must avoid cascading anachronism.* In his vision of "Butterfield's night-mare", Andre Wakefield pointedly did not condemn the use of anachronisms, which he admitted can sometimes "have value as analytical tools". The most serious problems, he wrote, arise when such terms are "piled on top of each other, leading to a wholesale superposition of our conceptual worlds onto the early modern past."[34] This "cascading anachronism", as he called it, "is not really history at all. It is merely the present masquerading as the past."[35] I can only concur. Anachronistic terms and concepts can potentially help us to transcend the sometimes-limited historical perspectives of those we study. But we need to recognize that the use of anachronism always comes with risks and costs attached. Every time we ignore actors' categories in our historical analysis, even if we do so for the best of reasons, we are doing some measure of violence to our historical understanding. Piling one anachronism on top of another compounds that violence, making it ever harder to define precisely what we mean by each successive term. At best, it is not very helpful. At worst, it imposes our entire expert-laden, technocratic culture on an early modern past that cannot support it, indeed would be utterly incapable of imagining, recognizing, or comprehending it. Cascading anachronism threatens to warp the past beyond all recognition, so that it becomes a distorted fun-house mirror for the present.

(5) *We must acknowledge and take seriously the failures, frauds, and losers of the past.* It is easy to tell a positivist story, sometimes without even meaning to. But if we look only for the origins of our present time in the past, we are liable to overlook all of history's instructive dead ends and paths not taken. The many would-be experts from throughout the early modern period who tried and failed to assert, demonstrate, or legitimate their expertise are nearly as compelling as those who succeeded. How, indeed, can we ever acquire a full sense of the critical negotiation of early modern expertise without studying the many cases in which that negotiation resulted in disappointment and disillusionment? The most fascinating element of Andre Wakefield's extensive study of 18th-century cameralists is not that so few of them succeeded in delivering the miracles they promised to achieve. Rather, it is how and why they were able to convince so many intelligent, powerful patrons to believe in them, again and again—indeed, how it is that their promises continue to sound so compelling today.[36] Similarly, Cornelius Vermuyden's drainage career in England is not interesting because he obviously knew how to drain wetlands effectively, but because his abilities in that regard were not clear at all, and yet he kept convincing powerful but skeptical

34 Wakefield, Butterfield's Nightmare (wie Anm. 3), S. 243.
35 Ebd.
36 Ders.: The Disordered Police State: German Cameralism as Science and Practice, Chicago 2009.

patrons to pay for his dubious services.[37] Such ambiguous cases do much to reveal the terms and conditions of the complicated negotiation of expertise.

The unnecessary preoccupation with history's success stories is apparently strong enough to have enticed some historians to insist on finding "success" even where there is little or no material evidence of it. This may be observed in a strangely positivist trend in some areas of cultural history, as practiced especially by Joel Mokyr and Marcus Popplow, with their abovementioned theories regarding the "Industrial Enlightenment" and the "Economic Enlightenment", respectively.[38] In this interpretation, certain individuals (deemed "cultural entrepreneurs" by Mokyr) may have failed to have any real impact on the technological methods and practices of their own era, but their material failures are unimportant. What matters is that their efforts did eventually work to create a "culture of innovation" that bore fruit in the distant future, leading to the sustained economic and technological growth of the Industrial Revolution, so that what initially seemed a failure is ultimately shown to be a foundational success.

On this basis, for example, Marcus Popplow has argued that cameralist agricultural modernizers in mid-to-late 18th-century Germany may have failed to impact agricultural practices in their own time, but that they were nonetheless cultural pioneers, a cornerstone of the "Economic Enlightenment" that came to fruition only in the 19th century. Popplow has also criticized Andre Wakefield's treatment of the cameralists, on the grounds that Wakefield's criteria for "success" were unrealistic for that era, and that the true value of their methods and practices was realized only in the mid-19th century. Indeed, Popplow argues that "[Wakefield's] general approach is too narrowly conceived", and he wonders "what would positively qualify as 'successful science' for Wakefield".[39] But since Popplow himself concedes that "there is surely nothing wrong with Wakefield's analysis of the dubious character of his protagonists",[40] and bases his argument not on their putative contemporary achievements but only on their alleged long-term cultural legacy, surely one might equally wonder what could possibly qualify as "scientific failure" for Popplow?[41]

Ursula Klein takes a rather similar approach in her introduction and essay in the "Annals of Science" volume devoted to "Artisanal-Scientific Experts". While Klein demonstrates convincingly elsewhere that her apothecary-chemists were well known and respected among their more academically trained chemist

37 Vgl. Ash, Draining (wie Anm. 23), Kap. 8.
38 Mokyr, Cultural Entrepreneurs (wie Anm. 9); Popplow, Economizing (wie Anm. 12); Ders., Knowledge Management (wie Anm. 12).
39 Popplow, Knowledge Management (wie Anm. 12), S. 432.
40 Ebd.
41 Vgl. ebd., esp. S. 431–433. See also Ders.: Nightmares in Disneyland—A Note on Andre Wakefield's Critique of Non-Actors' Terms and Alleged Cold War Rhetoric, in: History and Technology 31 (2015), S. 81 f.

colleagues,[42] in her "Annals of Science" essay on "Savant Officials in the Prussian Mining Administration", she concedes that Carl Abraham Gerhard was all but ignored by practicing miners when he tried to reform their mining practices. But this does not matter, she claims, because Gerhard helped to instill a culture of experiment and practical knowledge that bore fruit a century later.[43] In a positivist quest to locate and describe expertise in Europe before the 19th century, some historians appear to have taken the 19th century back with them into the past rather than looking at what the past itself actually has to tell us. By re-labeling contemporary failures as future triumphs, these historians have allowed the 19th century to refract and obscure what came long before it. Instead, historians need to recognize the value of studying (and labeling) history's "failures" on their own terms.

Regarding the significance of history's "losers", when studying the rise of early modern experts we must never forget that, for nearly every new expert on the scene, someone else lost out. As new techniques and technologies were deployed, new industries promoted and monopolies granted, new claims to authority put forth and legitimated, someone was usually on the losing end, whether it was practicing ship's pilots who were forced to defer to armchair cosmographers, master builders who lost intellectual and social status to architects and engineers, or English fenlanders who saw their common lands seized and awarded to unwelcome foreign drainage projectors.[44] Expertise is fundamentally about authority and power, and it was often a zero-sum game in which one person's gain came at someone else's expense; valuable skills, property, patronage, status, and livelihoods were at stake, and they were hotly contested. This, too, is the story and the legacy of expertise, and we do well to remember it in the past as well as in the present.

What is really at stake in all of this for historians? There are at least two important reasons why early modern historians need to be careful and conscientious in our handling of experts and expertise, beyond our basic desire to get the history right. The first is that we do not need a new or revived modernization theory. For one thing, it is not good history, insofar as careful attention to historical sources and contexts has shown that the "take-off" of the Industrial Revolution was not the inevitable product of a weak regulatory state combined with free market capitalism and a culture of practically-minded scientific experimentation. It is

---

42 Vgl. Klein, Apothecary's Shops (wie Anm. 17); Dies., Blending Technical Innovation (wie Anm. 17); Dies., Chemical Expertise (wie Anm. 17).

43 Vgl. Dies.: Savant Officials in the Prussian Mining Administration, in: Annals of Science 69 (2012), S. 349–374. See also Dies.: Artisanal-Scientific Experts in Eighteenth-Century France and Germany, in: Ebd., S. 303–306.

44 Vgl. Sandman, Alison: Educating Pilots: Licensing Exams, Cosmography Classes, and the *Universidad de Mareantes* in 16th century Spain, in: Fernando Oliveira and his Era. Humanism and the art of navigation in Renaissance Europe (1450–1650), Cascais 2000, S. 99–109; Walton, State Building (wie Anm. 20); Ash, Draining (wie Anm. 23); Ders., Power (wie Anm. 19).

not so much a question of whether scientific practice, technical knowledge, and entrepreneurial inventiveness played a role in early industrialization, but rather the elevation of science, technology, and inventiveness above so many other, less convenient or less attractive constitutive factors that modernization theory tends to ignore, such as state-enforced trade barriers, labor exploitation, slavery, imperialism, and so forth. This matters greatly today because many powerful and influential people, in government and in business, are still convinced that free market capitalism and unfettered technological innovation are the only right answers to every question, the only possible solution to every crisis. To name but one example, this attitude partly accounts for the stubborn libertarian opposition, particularly in the United States, to the federal government's efforts to impose meaningful limits on greenhouse gas emissions, or to engage in collective international efforts in that regard.[45]

The second reason is that *expertise matters*; we do need it as a concept to help guide our democratic, capitalist societies in addressing many real and pressing problems, and for that to happen it is vital that we have a good understanding of what expertise is, how to identify it, and what it can and cannot do for us. Much has been written about the potential for a modern culture of technocratic expertise to undermine or subvert democratic debate, imposing policy solutions that a population of lay non-experts and their elected officials are ill equipped to understand, assess, or critique.[46] But the other extreme is a populist society in which everyone is deemed equally qualified to weigh in on any technically complex issue, regardless of experience, training, or knowledge.

This, too, is a pervasive problem just now, particularly within the United States federal government, as the expertise of professional scientists, diplomats, and civil servants is being systematically attacked and discredited as just so many partisan positions, a threat to the free market that should be trusted to solve all our problems. The disdain for expertise is evident at the most senior levels of American government, in a number of cabinet secretaries who have served in the current presidential administration, including a director of Environmental Protection who refuses to believe in the science investigating global climate

---

45 O'Neil, Tyler: Free Market Offers Best Solutions for Environmental Policy, in: Values & Capitalism, http://www.valuesandcapitalism.com/free-market-offers-best-solutions-environmental-policy (letzter Zugriff am 05.01.2018); Adler, Jonathan H.: Warming Without Regrets: A Free-Market Approach to Uncertainty and Climate Change, in: Competitive Enterprise Institute, https://cei.org/studies-point/warming-without-regrets-free-market-approach-uncertainty-and-climate-change (letzter Zugriff am 05.01.2018); Cook, David: Paul Ryan: US Competitiveness Hindered by Obama Environmental Regulations, in: The Christian Science Monitor, https://www.csmonitor.com/USA/Politics/monitor_breakfast/2014/0808/Paul-Ryan-US-competitiveness-hindered-by-Obama-environmental-regulations (letzter Zugriff am 05.01.2018).

46 Collins/Evans, Third Wave (wie Anm. 24); Dies., Rethinking (wie Anm. 24); Turner, Stephen: What is the Problem with Experts?, in: Social Studies of Science 31 (2001), S. 123–149.

change; a Secretary of Housing and Urban Development who does not believe in publicly funded housing, and pronounced himself unqualified to run a large government bureau; a Secretary of Energy who knows little about nuclear energy, and has publicly called for his own agency's closure; a Secretary of Education who knows little about current education policy and who has never attended, taught in, or sent her own children to a publicly funded school; a Secretary of State with no diplomatic experience, who deliberately decimated his own department by marginalizing or ousting many of its most experienced officers; all of whose appointments reflect the views of a President of the United States who has no prior record of public service, and expresses little but contempt for those who have.[47] Expertise, in short, is precious, but it can be of no value unless we pay attention to it. In order to give it the respect and deference it deserves (no more, and no less) we first need to have a better collective understanding of what it is, where it comes from, and what it is good for. This is precisely where historians have something of real contemporary value to contribute.

47 Friedman, Lisa: E. P. A. Cancels Talk on Climate Change by Agency Scientists, in: New York Times, 22.10.2017; Gabriel, Trip: Trump Chooses Ben Carson to Lead HUD, in: New York Times, 05.12.2016; Davenport, Coral: Rick Perry, Ex-Governor of Texas, Is Trump's Pick as Energy Secretary, in: New York Times, 13.12.2016; Zernike, Kate: Trump's Pick for Education Could Face Unusually Stiff Resistance, in: New York Times, 12.01.2017; Harris, Gardiner: Diplomats Sound the Alarm as They Are Pushed Out in Droves, in: New York Times, 24.11.2017; Irwin, Neil: Donald Trump Is Betting that Policy Expertise Doesn't Matter, in: New York Times, 01.12.2016.

Susanne Friedrich

»Eure Kunst gilt hier nichts«

Konkurrenz und die Grenzen von Expertise in
den Kommissionen zur Vergabe des niederländischen
Preises für die Lösung des Längenproblems

I.   Kommissionen und Experten[1]

Jan Hendrick Jarichs van der Ley fühlte sich ungerecht behandelt. Die von den
niederländischen Generalstaaten einberufene Kommission zur Prüfung seiner
Methode der Längengradbestimmung hatte seinen Lösungsvorschlag für unzu-
reichend erklärt. Die ausgelobte Prämie blieb ihm folglich versagt. So wie ihm
ging es allen Kandidaten, die ihre Vorschläge zum Finden von »Ost und West«,
wie es in den Quellen heißt, in Den Haag anbrachten – bis 1650 waren es mindestens zehn, die sich bei den Generalstaaten meldeten. Zwei weitere wandten
sich an die Stände von Holland.[2] Unter den Kandidaten waren gefeierte Physiker
wie Galileo Galilei, berühmte Kartographen wie Petrus Plancius und weniger
bekannte Personen wie der Einnehmer der Admiralität Dokkum, Jarichs van
der Ley. Manche unter ihnen traten mehrmals an die Generalstaaten heran,
andere nur einmal. Viele akzeptierten das Urteil der Kommission, andere wie
Jarichs van der Ley taten das nicht. Zu den Fällen, in denen konkret die Prämie
eingefordert wurde, kamen noch weitere, in denen Erfinder um Schutz oder
eine Förderung für Publikationen oder Instrumente nachsuchten, die sich auf
die Längengradbestimmung bezogen.[3] Die Forschung hat sich bislang auf die

---

1 Für Diskussion und wertvolle Hinweise zu einer früheren Version danke ich den Teil-
   nehmern des Oberseminars der Wissenschaftsgeschichte an der LMU München sowie den
   Partizipanten der Tagung »Grenzen der Expertise? – Praktiken und Räume des Wissens«.
2 Es handelte sich um Jacob van Straten, Thomas Leamer, Courdt Boddeker, Jan Hendrick
   Jarichs van der Ley, Abraham de Huyssen, Abraham Cabeliau, Claes Jacobsz, Galileo
   Galilei, Gabriel Grisly und Paul de Lax. An die Staten van Holland wandten sich Reynier
   Pietersz van Twisch und Gerrit Pietersz van Alkmaar. Vgl. Davids, Carolus Augustinus:
   Zeewezen en wetenschap. De wetenschap en de ontwikkeling van de navigatietechniek in
   Nederland tussen 1585 en 1815, Amsterdam 1986, S. 73; zudem: Resolutiën Staten-Generaal
   NR 5: 1621–1622, hg. v. J. Roelevink, 'sGravenhage 1983, Nr. 658, S. 113.
3 Einige der Ansuchen wie jene Mathijs Syvertsz Lakemans, Petrus Plancius, Simon van
   der Eyckes und Reynier Pietersz van Twischs lagen vor der Ausschreibung. Ein Privi-
   leg wünschten Barent Evertsz Keteltas, Jan Jansz Stampioen, Willem Douglas, Isaäc van
   Abbama und Aelbert Lieffertsz van Swol. Vgl. Davids, Zeewezen (wie Anm. 2), S. 69–72;

Antragsteller und ihre Lösungsvorschläge konzentriert. Wenig in den Blick genommen wurden dagegen die Kommissionen und ihre Mitglieder. Sie werden im Folgenden näher untersucht, da sie für die Frage nach frühneuzeitlicher Expertise und deren Grenzen besonders aussagekräftig sind. An ihnen lassen sich nämlich die Dynamiken, die bei der Aushandlung von Expertisebehauptungen wirksam werden, besonders gut aufzeigen.

Das Postulat, dass es im 17. Jahrhundert »Expertise« und mit ihr »Experten« gab, bedarf jedoch zunächst einer Erläuterung. Als »Experten« bezeichne ich Personen, denen in Situationen mangelnder Sachkenntnis die Funktion zugewiesen wird, über spezifisches, das normale Maß übersteigendes Wissen zu verfügen und auf dieser Basis ein Urteil abgeben zu können. Im 17. Jahrhundert gab es für sie noch keine spezielle Benennung. Die Bezeichnung »Experte« ist somit ein kontrollierter Anachronismus, der verwendet wird, um ein funktionales Äquivalent zu beschreiben.[4] Der Status ist von außen zugeschrieben und rekurriert auf Wissen und Fähigkeiten, die aufgrund kultureller Aushandlungsprozesse als überlegen anerkannt werden. Durch ihr Auftreten muss die betreffende Person die Zuschreibung zudem performativ bestätigen.[5] In der Frühen Neuzeit

zudem: Resolutiën Staten-Generaal NR 3: 1617–1618, hg. v. J.G. Smit, 's-Gravenhage 1975, Nr. 1105, S. 176 f., Nr. 1124, S. 180; NR 6: 1623–1624, hg. v. J. Roelevink, 's-Gravenhage 1989, Nr. 2885, S. 468; NR 7: 1624–1625, hg. v. J. Roelevink, 's-Gravenhage 1994, Nr. 2249, S. 394.

4 Im Englischen, Deutschen, Niederländischen und Französischen lässt sich seit dem 16. Jahrhundert eine adjektivische Verwendung nachweisen, als Nomen findet es sich jedoch zuerst im Französischen. Zur Etymologie in den verschiedenen Sprachen vgl.: Füssel, Marian: Die Experten, die Verkehrten? Gelehrtensatire als Expertenkritik in der Frühen Neuzeit, in: Reich, Björn u. a. (Hg.): Wissen, maßgeschneidert. Experten und Expertenkulturen im Europa der Vormoderne, München 2012, S. 269–288, hier S. 270; Hirschi, Caspar: Moderne Eunuchen? Offizielle Experten im 18. und 21. Jahrhundert, in: Ebd., S. 289–327, hier S. 303 f.; Ash, Eric H.: Introduction: Expertise and the Early Modern State, in: Ders. (Hg.): Expertise: Practical Knowledge and the Early Modern State (= Osiris 25), Chicago 2010, S. 1–24, hier S. 4. Vgl. jeweils Lemma »expertus«, in: Mittellateinisches Wörterbuch bis zum ausgehenden 13. Jahrhundert, Bd. 3, München 2007, Sp. 1641; Lexicon Latinitatis Nederlandicae Medii Aevi. Wooedenboek het middeleeuws Latijn van de Noordelijke Nederlanden, Bd. 3, Leiden 1986, E 563 f.; Dictionary of Medieval Latin from British Sources, Bd. 1, Oxford 1986, S. 857; Kirchenlateinisches Wörterbuch, Hildesheim 1996, S. 319. Bisher frühester Nachweis von »expert«: Richelet, Pierre: Dictionaire françois contenant generalement tous les mots & plusierus remarques sur la langue Françoise, Geneve 1680, S. 315. Völlig anachronistisch ist eine solche Benennung also nicht. Vgl. hierzu stellvertretend für die steigende Zahl an Publikationen: Röckelein, Hedwig / Friedrich, Udo (Hg.): Experten der Vormoderne zwischen Wissen und Erfahrung (= Das Mittelalter 17/2), Berlin 2012; Rexroth, Frank: Expertenweisheit. Die Kritik an den Studierten und die Utopie einer geheilten Gesellschaft im späten Mittelalter, Basel 2008; Ash (Hg.), Expertise (wie Anm. 4); Klein, Ursula: Nützliches Wissen. Die Erfindung der Technikwissenschaften, Göttingen 2016; Dies.: Hybrid Experts, in: Valleriani, Matteo (Hg.): The Structures of Practical Knowledge, Cham 2017, S. 287–306.

5 Es wird hier kein völlig de-essentialisierter Begriff vertreten. Ein gewisses Maß an den durchschnittlichen Wissensbestand der in einem sozialen und geographischen Umfeld anwesenden Personen übersteigendem Wissen muss nachgewiesen werden, kann als rela-

war es vor allem die Beauftragung durch Institutionen und Korporationen oder die Gunst von Patronen, die den Expertenstatus sichtbar machte und erhielt.[6]

In den Niederlanden des 17. Jahrhunderts sind hier vor allem die Kommissionen der Provinzialstände und der Generalstaaten zu nennen. Benötigte eines dieser Gremien fundierten Rat, berief es eine Gruppe von Personen ein, die im Hinblick auf das sich stellende Problem als besonders wissend und erfahren galten. Sie behielten sich zwar die letzte Entscheidung vor, dennoch strukturierte das Gutachten diese zumeist weitgehend vor. Ging es bei der begutachteten Sache um ein Privilegiengesuch oder die Zuerkennung eines Preises, urteilte eine Kommission aus Experten über den Vorschlag einer Person, die sich ebenfalls als Experte gerierte. Die ökonomische Seite solcher Vorgänge darf dabei nicht übersehen werden, denn egal wie das Urteil ausfiel: Es brachte Geschäftsmodelle in Gefahr. Privilegien begründeten häufig Monopolrechte, ausgelobte Prämien waren bares Geld.[7] Im Fall einer strikten Ablehnung war zudem der Ruf des Antragstellers dahin. Bei einer Anerkennung wurde ein ›Über‹-Experte geschaffen, der ein Können demonstriert hatte, das das aller Anwesenden übertraf. Zwischen diesen Extremen gab es noch eine Vielzahl von Schattierungen. So konnten die Generalstaaten anerkennen, dass es sich um einen vielversprechenden Ansatz handelte, der aber noch nicht vollendet war. Zum Teil führte auch dies zu einer finanziellen Förderung.

In solchen Kommissionen wurde daher mehr verhandelt als nur der Vorschlag des Antragstellers. Es ging um die Akzeptanz von Expertisebehauptungen und damit auch um sozialen und ökonomischen Status. In den Kommissionen verschränkten sich Kooperation und Konkurrenz. Die von den Kommissionsmitgliedern wie den Antragstellern erhobenen Expertisebehauptungen wurden in

tional jedoch nicht näher eingegrenzt werden. Vgl. zum ›realistischen‹ Ansatz: Collins, Harry M. / Evans, Robert: Rethinking Expertise, Chicago 2007, S. 2 f. Zu essentialistisch dagegen: Kästner, Alexander / Kesper-Biermann, Sylvia: Experten und Expertenwissen in der Strafjustiz von der Frühen Neuzeit bis zur Moderne. Zur Einführung, in: Dies. (Hg.): Experten und Expertenwissen in der Strafjustiz von der Frühen Neuzeit bis zur Moderne, Leipzig 2008, S. 1–16, hier S. 5 f.; hervorgehobenes Wissen für irrelevant hält dagegen: Rexroth, Frank: Systemvertrauen und Expertenskepsis. Die Utopie vom maßgeschneiderten Wissen in den Kulturen des 12. bis 16. Jahrhunderts, in: Reich u. a. (Hg.), Wissen, maßgeschneidert (wie Anm. 4), S. 12–44, hier S. 22.

6 Die Bedeutung von Beauftragung betonen: Kästner / Kesper-Biermann, Experten und Expertenwissen (wie Anm. 5), S. 14 f.; zur Patronage: Ash, Introduction (wie Anm. 4), S. 11.

7 Die Akten beider Gremien sind voll von entsprechenden Beispielen. Eine systematische Untersuchung fehlt bisher. Allgemein: Bruin, Guido de: Geheimhouding en verraad. De geheimhouding van staatszaken ten tijde van de Republiek (1600–1750), 's-Gravenhage 1991, vor allem S. 141–144, 158. Zu den Kommissionen zu Fragen der Seefahrt: Davids, Zeewezen (wie Anm. 2), S. 73 f. und *passim*; zu Patenten: Ders.: The Rise and Decline of Dutch Technological Leadership. Technology, Economy and Culture in the Netherlands, 1350–1800, 2 Bde., Leiden 2008, Bd. 2, S. 400–416, 420–424, 440–444; zu den finanziellen Aspekten eines Privilegs: Buddingh de Voogt, J. G.: Octrooi, octrooiverleening en octrooischrift met historische beschouwingen omtrent octrooien en hun verleening, in: Rechtsgeleerd magazijn Themis 1942, S. 126–149, 205–239, hier S. 137 f.

den Kommissionen selbst, in den politischen Gremien und in einigen Fällen zudem vor einem dispersen Publikum verhandelt, das von den Beteiligten über Publikationen aktiv hergestellt wurde. Für ihren Erfolg waren auf beiden Seiten nicht nur Wissen, sondern auch kommunikative Kompetenzen erforderlich.

Im Folgenden wird zunächst knapp beschrieben, worum es sich beim Preis für die Lösung des Längenproblems handelte und wofür die Kommissionen bestellt wurden, bevor anhand der Versuche Jan Hendrick Jarichs van der Leys, die Prämie zu gewinnen, der konkrete Ablauf eines Falles skizziert wird. Daran anschließend werden die Konstellationen in den Kommissionen und die sich daraus ergebenden Probleme für die Durchsetzung von Expertisebehauptungen näher beleuchtet.

II. Das Längenproblem und die niederländischen Preisausschreiben zu seiner Lösung

In der Frühen Neuzeit hatten die Steuerleute in der großen Seefahrt ein massives Problem: Sie wussten nie so genau, wo sie sich gerade befanden. Dies galt besonders auf den Routen, die längere Zeit über den freien Ozean führten, da sie auf diesen kein Land sahen, das ihnen bei der Positionsbestimmung hätte helfen können. Während sie die Breite bei gutem Wetter durch eine Messung und anschließende Berechnung relativ genau bestimmen konnten, war die korrekte Länge schlicht nicht ermittelbar. Die Steuerleute betrieben daher eine Koppelnavigation, d.h. sie steuerten das Schiff auf Basis indiziengestützter Schätzungen über zurückgelegte Distanzen und Geschwindigkeiten. Ein kleiner Fehler konnte sich dabei leicht potenzieren und das Schiff samt Besatzung und Ladung in die Katastrophe führen.

Mehrere Regierungen lobten daher hohe Summen für eine gangbare Lösung dieses Problems aus.[8] Unter den ersten waren die niederländischen Generalstaaten, die 1600 eine einmalige Prämie von 5.000 Gulden und zudem eine jährliche Pension von 1.000 Pfund à zwanzig Stuiver als Belohnung für das Finden

---

8 Siehe die Aufsätze in: Andrewes, William J. H. (Hg.): The Quest for Longitude, Cambridge 1996; Jonkers, A. R. T.: Rewards and Prizes, in: The Oxford Encyclopedia of Maritime History, Bd. 3, Oxford 2007, S. 433–436; zu Spanien vgl. García Tapia, Nicolás: Patentes de invencion españolas en el siglo de oro, Madrid 1994, S. 59f.; für Frankreich: Ruellet, Aurélien: La maison de Salomon. Histoire du patronage scientifique et technique en France et en Angleterre au XVIIᵉ siècle, Rennes 2016, S. 173–213; zu Großbritannien: Dunn, Richard/Higgitt, Rebekah (Hg.): Finding Longitude, London 2014; zu den Niederlanden: Davids, Zeewezen (wie Anm. 2), S. 69–85, 129–141, 178–196, 252–263. Zu den verschiedenen Aktionen im 18. Jahrhundert vgl. die Aufsätze in: Dunn, Richard/Higgitt, Rebekah (Hg.): Navigational Enterprises in Europe and its Empires, 1730–1850, New York 2016; Lafuente, Antonio/Sellés, Manuel A.: The Problem of Longitude at Sea in the 18ᵗʰ Century in Spain, in: Vistas in Astronomy 28/1 (1985), S. 243–250; McClellan, James E./Regourd, François: The Colonial Machine: French Science and Overseas Expansion in the Old Regime, Turnhout 2011, S. 233–243.

von »Oost en West« aussetzten.[9] Ein Jahr später folgten die Stände von Holland, die 3.000 Pfund sofort und eine jährliche Rente von 1.000 Pfund, also noch höhere Summen, versprachen.[10] Die Ansuchen an sie nahmen jedoch ab, als die Generalstaaten ihre Prämie 1611 auf 15.000 Pfund erhöhten.[11]

Sämtliche Prämienversprechen staatlicher Instanzen wurden durch konkrete Anträge von Prätendenten ausgelöst – so auch in den Niederlanden. 1600 war es das Gesuch Jacob van Stratens, das die Generalstaaten zu diesem Schritt veranlasste. Er war keineswegs der erste, der sich mit einer Bitte um Unterstützung für seine Lösungsversuche oder um Schutz für bisherige Ergebnisse an die Generalstaaten gewandt hatte. Diese forderten im Juni daher neben Van Straten auch Simon van Eyck, Petrus Plancius und Reynier Pietersz van Twisch auf, ihre Vorschläge innerhalb der nächsten Monate in Den Haag vorzuführen.[12] Da diese Einladung nur an solche Erfinder ging, die behauptet hatten, eine vollständige Lösung des Längenproblems erreicht zu haben, wurden mit ihnen noch nicht einmal all jene Personen erfasst, die bis zu diesem Zeitpunkt entsprechende Gesuche um Privilegien und Belohnungen für Erfindungen und Karten eingereicht hatten.

Die meisten Antragsteller präsentierten Kombinationen aus neuen Methoden und neuen Karten. Mathijs Syvertsz Lakeman etwa, der 1593 offenbar als erster eine Belohnung für seine Neuerungen wünschte, wollte neue Instrumente, Karten und eine gedruckte Instruktion geschützt wissen. Er versprach durch diese »die Imperfektion der Karten und die Unsicherheit der Seefahrt mit sicherem Wissen zu verbessern«.[13] Die Kombination von Instrumenten und Instruktionen mit Karten war durchaus logisch, da es in der Praxis wenig nutzte, zu wissen, wo man war, wenn dann nicht sicher war, was sich an dieser Stelle befinden sollte. Die höchst unterschiedlichen Längenangaben für bestimmte Orte waren auch für Kartographen ein stetes Problem.[14] Dementsprechend beteiligten sich an der

---

9 Vgl. Resolution der Generalstaaten, 1. April 1600, in: Resolutiën Staten-Generaal OR 11: 1600–1601, hg. v. N. Japikse, 's-Gravenhage 1941, Nr. 346, S. 359.

10 Vgl. Davids, Zeewezen (wie Anm. 2), S. 69. Als Vorbild für diese wie auch für die Prämie der Generalstaaten diente vermutlich die 1598 von Philipp III. von Spanien ausgesetzte Prämie, die ebenfalls eine Kombination aus hoher Sofortbelohnung mit einer jährlichen Rente und einer Aufwandsentschädigung enthielt. Vgl. Jonkers, Rewards (wie Anm. 8), S. 434.

11 Vgl. Resolution der Generalstaaten, 9. Juli 1611, in: Dodt van Flensburg, Johannes Jacobus (Hg.): Archief voor kerklijke en wereldsche geschiedenissen, inzonderheid van Utrecht 5, Utrecht 1846, S. 245.

12 Vgl. Resolution der Generalstaaten, 15. Juni 1600, in: Resolutiën OR 11 (wie Anm. 9), S. 359, Anm. 2.

13 Resolution der Generalstaaten, 25. Nov. 1593, in: Resolutiën Staten-Generaal OR 8: 1593–1595, hg. v. N. Japikse, 's-Gravenhage 1925, Nr. 210, S. 151: »d'inperfectin [!] van de pascaerten ende d'onseeckerheyt van de zeevairt met gewisse kennesse te beteren«.

14 Vgl. Randles, William Graham: Portuguese and Spanish Attempts to Measure Longitude in the Sixteenth Century, in: Mariner's Mirror 81/4 (1995), S. 402–408, hier S. 404–406.

Suche nach der Lösung des Längenproblems neben Mathematikern von Anfang an auch Instrumentenbauer, Kartographen und Seefahrtslehrer.

So verschieden die Kontexte waren, aus denen die Antragsteller stammten, so unterschiedlich waren ihre Ansätze. Einige postulierten einen Zusammenhang von Längengrad und Magnetfeld, andere suchten nach astronomischen Lösungen, während Dritte esoterisches Gedankengut ins Spiel brachten. Wieder andere, unter ihnen Christiaan Huygens, setzten auf die Verbesserung der Uhr, da die Möglichkeit, die Länge über die Zeit zu bestimmen bereits theoretisch erkannt war, sie praktisch aber nicht nutzbar gemacht werden konnte. Es war der englische Uhrmacher John Harrison, der ab 1735 Uhren entwickelte, die so genau gingen, dass sie für die Bestimmung der Länge eingesetzt werden konnten. Er musste jedoch lange warten, bis ihm das »Board of Longitude« die Belohnung zusprach.[15]

Nach einer Prämienauslobung sahen sich die ausschreibenden Institutionen der Herausforderung gegenüber, beurteilen zu müssen, ob ein Vorschlag Beachtung und Belohnung verdiente oder nicht. Weder die Generalstaaten noch die Ständeversammlung Hollands hatten dafür ein detailliertes Verfahren konzipiert oder ein dauerhaftes Gremium geschaffen, das die Anträge beurteilte, wie dies über ein Jahrhundert später die britische Regierung mit dem erwähnten »Board of Longitude« tat. Anders als die Generalstaaten hatten die holländischen Stände jedoch zumindest einige Vorgaben gemacht. So musste ein Antragsteller ein Muster einreichen und genauestens erklären, worauf sich sein Vorschlag gründete. Vor einer Auszahlung war zudem das Zeugnis von sechs bis acht Steuerleuten nötig, die die Methode erprobt hatten und für sicher hielten. Falls es darüber hinaus zu einer Prüfung auf See kommen sollte, stellten die Stände eine Aufwandsentschädigung für den Erfinder in Aussicht.[16] Hier deutet sich bereits an, was in allen Prüfungen festzustellen ist: Zur theoretischen Überprüfung kam die praktische. Auf Basis der stattgefundenen Verfahren hat Karel Davids vier Phasen der Prüfung eruiert. Die erste Phase bildete die theoretische Prüfung. Auf diese folgte die Begutachtung durch die ›Praktiker‹. In der dritten Phase wurde eine experimentelle Prüfung auf See durchgeführt. Als vierte Phase nennt er die publizistische Aufarbeitung der Ergebnisse durch Geprüfte und

---

15 Die von der britischen Regierung ausgelobte Belohnung erhielt er jedoch nur in zwei Schritten 1765 und 1773 zugesprochen. Vgl. dazu insgesamt Dunn / Higgitt (Hg.), Finding Longitude (wie Anm. 8), S. 77–92, 114–122; King, Andrew L: ›John Harrison, Clockmaker at Barrow; Near Barton upon Humber, Lincolnshire‹: The Wooden Clocks, in: Andrewes (Hg.), Quest (wie Anm. 8), S. 168–187; Andrewes, William J. H.: Even Newton Could Be Wrong: The Story of Harrison's First Three Sea Clocks, in: Ebd., S. 190–234; Randall, Anthony G.: The Timekeeper that Won the Longitude Prize, in: Ebd., S. 235–254; Gould, Rupert T.: John Harrison and his Timekeepers, in: Mariner's Mirror 21/2 (1935), S. 115–139; Barrett, Katy: ›Explaining‹ Themselves. The Barrington Papers, the Board of Longitude, and the Fate of John Harrison, in: Notes and Records of the Royal Society of London 65/2 (2011), S. 145–162; populär: Sobel, Dava: Longitude. The True Story of a Lone Genius Who Solved the Greatest Scientific Problem of His Time, New York 1995.
16 Vgl. Davids, Zeewezen (wie Anm. 2), S. 69.

Prüfer.[17] De facto gelangten die meisten Ansätze nicht bis zur experimentellen Prüfung, da sie bereits zuvor von den Kommissionen für falsch oder ungeeignet erklärt worden waren. Publikationen gab es dennoch zahlreiche. In diesen wurde nicht nur die Expertise beider Seiten in Frage gestellt, sondern auch die Bewertungskriterien der Gutachter.

Anders als die 1714 veröffentlichte britische Prämienauslobung sahen die niederländischen Preisausschreiben keine Staffelung von Prämien für verschieden präzise Annäherungen an die Länge vor. Toleranzen waren nicht vorgesehen. Fraglich war daher, ob auch Verbesserungen bisheriger Verfahren belohnt würden oder nur eine solche Lösung, die ein exaktes Ergebnis erbrachte. Tatsächlich präsentierten viele der Antragsteller noch unfertige Ideen und kleine Schritte. Manche der Erfindungen und Ansätze verstanden sich weniger als endgültige Lösungen, denn als Verbesserungen der bisherigen Praxis. Neben den Ansuchen um eine Finanzierung für die weitere Ausarbeitung der angedachten Lösung ging es dabei häufig um den Schutz des bisher erreichten Standes, der Konkurrenten davon abhalten sollte, ähnliche Lösungen zu versuchen oder gar auf Basis des Erarbeiteten selbst weiter zu forschen.[18] Dies deutet darauf hin, wie kompetitiv der Sektor war, aus dem die Lösungsvorschläge kamen.

So ergaben sich zahlreiche Bruchlinien sowohl zwischen Antragstellern und Kommission als auch innerhalb von Kommissionen. Es ging nicht nur darum auszuhandeln, ob beide Seiten kompetent genug waren, einen ernstzunehmenden Ansatz zu entwickeln bzw. einen solchen zu beurteilen, sondern es ging auch um die Größe gerade noch tolerierbarer Abweichungen und was genau Praxistauglichkeit meinte. Vor dem Hintergrund der zumeist ähnlichen Herkunft von Gutachtern und Begutachteten kamen dazu all jene Probleme, wie sie zwischen Konkurrenten zu beobachten sind. Das betraf besonders die sogenannten ›Praktiker‹ in den Kommissionen, die zumeist freie Unternehmer waren. Sowohl für nautische Karten als auch für die Vermittlung von Navigationswissen gab es einen umkämpften Markt. Nautischen Unterricht etwa boten neben lokalen Schulmeistern spezielle Navigationsschulen und auch die Hochschulen in Franeker und Amsterdam an. Bereits um 1600 führte die wachsende Anzahl der Schulen zu einem harten Wettbewerb zwischen ihren Inhabern.[19] Auch

---

17 Vgl. ebd., S. 73 f.
18 Wirtschaftshistoriker erkennen eine Tendenz zur Patentierung, wenn vergleichbare Lösungen von anderer Seite möglich sind. Preise dagegen schützen geistiges Eigentum nicht, daher bestehe ein Zusammenhang zwischen der Auslobung eines neuen Preises und einer steigenden Zahl von Patenten. Vgl. Burton, Diane M. / Nicholas, Tom: Prizes, Patents and the Search for Longitude, in: Explorations in Economic History 64 (2017), S. 21–36, hier S. 32 f., 35.
19 Vgl. Davids, Carolus Augustinus: Ondernemers in kennis. Het zeevaartkundig onderwijs in de Republiek gedurende de zeventiende eeuw, in: De zeventiende eeuw 7 (1991), S. 37–48; Ders.: Het navigatieonderwijs aan personeel van de VOC, in: Mil, Patrick van / Scharloo, Mieke (Hg.): De VOC in de kaart gekeken. Cartografie en navigatie van de Verenigde Oostindische Compagnie: 1602–1799, 's-Gravenhage 1988, S. 65–74.

die Kartographen rangen um Marktanteile.[20] Eine negative Werbung konnte
sich keiner von ihnen leisten. Die versuchte Etablierung neuer Methoden und
Instrumente stand somit beinahe zwangsläufig im Gegensatz zu den Interes-
sen einer Reihe von Kommissionsmitgliedern. Zugleich waren sie aber zweifel-
los die kompetentesten Ansprechpartner für die Beurteilung der Anträge. Der
Paradoxien dieser Situation waren sich alle Seiten bewusst und das machte die
Gutachten der Kommissionen angreifbar. Dies zeigt sich auch am Fall von Jan
Hendrick Jarichs van der Ley.

III. Der Fall Jarichs van der Ley

1612 berichtete Jarichs van der Ley erstmals von seinen Lösungsversuchen an
die Generalstaaten und bat um ein Patent für ein Buch, in dem er seine Regel
darlegte.[21] Wie üblich wurde eine Kommission eingesetzt. Die Ingenieure Simon
Stevin und Samuel Marolois gutachteten positiv und empfahlen die weitere
Prüfung durch Personen, »die in der Praxis und in der Theorie erfahren sind«.
Diese – es waren Willem Jansz Blaeu, Sybrant Hansz Cardinael, Hendrik Reyersz
und Hessel Gerritsz – erklärten die Regel jedoch für falsch. Jarichs van der Ley
begehrte daraufhin ihre Einwände zu erfahren und stellte ihnen einige Fragen
zur Beantwortung zu.[22]
    Er klagte, dass die Urteilenden voreingenommen gewesen seien und stelle die
Legitimität ihrer Entscheidung in Frage. 1614 wurde daher erneut eine Kommission einberufen, um das erste Urteil zu prüfen und gegebenenfalls zu einem
neuen zu gelangen. Von den angeschriebenen Petrus Plancius, Blaeu, Gerritsz,
Cardinael und Barent Evertsz Keteltas erschien jedoch nur Cardinael. Die Sache
wurde daher Simon Stevin und Samuel Marolois, dem Groninger Professor
Nicolaus Mulerius, den beiden Geometern Jan Pietersz Dou und Gerrit Pietersz
sowie dem Steuermann Caspar van Donderen vorgelegt. Jarichs van der Ley

---

20 Einen Überblick geben: Koeman, Cornelis u. a.: Commercial Cartography and Map Pro-
    duction in the Low Countries 1500–ca. 1672, in: Woodward, David (Hg.): The History of
    Carthography, Bd. 3: Carthography in the European Renaissance, Teil 1, Chicago 2007,
    S. 1296–1383; Egmond, Marco van / Schilder, Günther: Maritime Cartography in the Low
    Countries during the Renaissance, in: Ebd., S. 1384–1432.
21 Zu seinem Lebenslauf: Davids, Carolus Augustinus: ›Weest EenDERLEY sins‹. Jan Hen-
    dricksz. Jarichs van der Ley (ca. 1566–1639) en de eenheid in godsdienst en navigatie, in:
    Daalder, Remmelt u. a. (Hg.): Koersvast. Vijf eeuwen navigatie op zee, Zaltbommel 2005,
    S. 132–141.
22 Siehe hierzu vor allem die Schilderung von Jarichs van der Ley, Jan Hendrick: Het Gulden
    Zeeghel Des grooten Zeevaerts, Daerinne beschreven wordt de waerachtige grondt vande
    Zeylstreken en Platte pas-caerten, Leeuwaren 1615, S. 4 f., 14, Zitat auf S. 4: »sovvel inde
    practijcque als Theorie ervaren«. Vgl. Resolution der Generalstaaten, 21. Mai 1612, in:
    Resolutiën Staten-Generaal NR 1: 1610–1612, hg. v. A. Th. van Deursen, 's-Gravenhage
    1971, Nr. 557, S. 653.

selbst war anwesend. Zur Prüfung erschienen dann doch noch Blaeu, Cardinael und Gerritsz, die ihr Gutachten nicht durch die neue Kommission beurteilt sehen wollten. Jarichs van der Ley suggeriert in seiner gedruckten Darstellung, dass sie um ihren guten Ruf fürchteten, da ansonsten deutlich würde, dass sie ihr erstes Urteil als »openbare partyen« getroffen hätten.[23] Die Befunde der zweiten Kommission führten schließlich dazu, dass Jarichs van der Ley ein Patent auf sein Buch »Het Gulden Zeeghel« erhielt.[24] Die Admiralität Amsterdam, unter deren Aufsicht die Kommission stattfand, empfahl zudem die Prüfung auf See.[25]

Im folgenden Jahr bat Jarichs van der Ley um eine Prüfung seiner verbesserten Methode durch die Admiralität Rotterdam. Kommittierte der Stadt, der Admiralität und »ervarenste« Seeleute hielten die von ihm entwickelten Karten für praktisch und bezeugten dies. Jarichs van der Ley erhielt daher 500 Gulden, um weiter an seiner Methode feilen zu können.[26] Er berichtet, er habe sie wie einen Rohdiamanten »mit den schärfsten Stoffen von Missgunst und Neid« sowie viel Arbeit weiter geschliffen.[27] Sein Vorschlag beinhaltete zum einen, die bei der Positionsbestimmung gemachten Schätzfehler durch einen Kontrollvorgang zu minimieren, zum anderen durch eine neue Form von Plattkarten in Kombination mit durchscheinenden »lopers« den Kurs besser nachvollziehen zu können.[28] 1617 unterstützten ihn die Generalstaaten dabei nochmals mit 600 Gulden und einem Privileg für sein Buch »'t Ghesicht des grooten zeevaerts«. Dies hatte zuvor eine Kommission aus Willebrord Snellius, Simon Stevin, Jan Pietersz Dou, Melchior van den Kerckhove, Jan Cornelisz Kunst und Jooris Joosten be-

---

23 Siehe hierzu vor allem die Schilderung von Jarichs van der Ley, Gulden Zeeghel (wie Anm. 22), S. 5–7.
24 Vgl. Resolution der Generalstaaten, 18. Juni 1615, in: Resolutiën Staten-Generaal NR 2: 1613–1616, hg. v. A. Th. van Deursen, 's-Gravenhage 1984, Nr. 520, S. 460; Resolution der Generalstaaten, 22. Juni 1615, in: Dodt van Flensburg, Johannes Jacobus (Hg.): Archief voor kerkelijke en wereldsche geschiedenissen inzonderheid van Utrecht 6, Utrecht 1846, S. 370.
25 Vgl. Davids, Zeewezen (wie Anm. 2), S. 285 f.
26 Vgl. Resolution der Generalstaaten, 21. Nov. 1615, in: Resolutiën NR 2 (wie Anm. 24), Nr. 920, S. 541; Resolution der Generalstaaten, 4. Dez. 1615, in: Dodt van Flensburg (Hg.), Archief 6 (wie Anm. 24), S. 382. Der Kommission gehörten Pieter Dircxz Carie, Cornelis Matelieff, David Davidsz, Pieter Cornelisz, Jan Claesz Bal, Jan Hanst und Vigoreulx van der Linden an. Vgl. den Rapport in: D. B.: Geschiedenis der Letterkunde, in: De Navorscher 28 (1878), S. 5–18, hier S. 11.
27 Jarichs van der Ley, Jan Hendrick: Voyage Vant Experiment vanden Generalen Regul des Gesichts van de Groote Zeevaert, ghedaen door ordre van de Doorluchtige Ho.Mo. Heeren Staten Generael der Vereenighde Nederlanden, by Carel Nys, [...] Iohan Buys [...] ende Joris Carolus, 's Graven-Haghe 1620, fol. A2ᵛ: »met de scherpste stoffe van jalousie ende nydicheydt«.
28 Eine kurze Beschreibung geben: Davids, Zeewezen (wie Anm. 2), S. 80 f.; Ders., Weest (wie Anm. 21), S. 132 f.; eine ausführliche Beschreibung in: Jarichs van der Ley, Jan Hendrick: 't Ghesicht des grooten zeevaerts. Beginselen ende fondamenten der generale regel, van 't ghesicht des groten zee-vaerts, Franeker 1619.

fürwortet. Die ausgelobte Belohnung für die Längenbestimmung sollte er jedoch erst dann erhalten, wenn sich seine Erfindung auf See bewährte.[29]

Mit der Prüfung der Praxistauglichkeit wurde, wie von Jarichs van der Ley gewünscht, die Admiralität Rotterdam beauftragt. Die von dieser organisierte Expedition fand 1618 statt.[30] Geleitet wurde sie von Carel Nijs, Johan Buys und Joris Carolus. Die übrigen Admiralitäten entsandten dazu qualifiziertes Personal, das in den nördlichen Gewässern die Erfindung testen sollte. Als erfahrene Steuerleute fuhren Caspar van Donderen für die Admiralität Dokkum, Cornelis Jansz [Lastman] für die Admiralität Amsterdam, Arent Jansz für die Admiralität Rotterdam, Jan Jansz für die Admiralität Enkhuizen und Deonijs Jansz für die Admiralität Middelburg mit. Während des Versuchs führte jeder der Steuerleute ein separates Journal, das am Ende der Reise unterzeichnet und dem Kapitän übergeben wurde. Jarichs van der Ley selbst veröffentlichte 1620 kommentierte Auszüge aus diesen Journalen in seiner »Voyage van't experiment«. Vier der Steuerleute – an erster Stelle wurde Lastman genannt – befanden, dass die Methode Jarichs van der Leys nicht besser sei als die alte. Die Bewegung der See mache ein gutes Messen in der Praxis unmöglich. Auf den Bericht der Steuerleute hin urteilten Simon Stevin, Willebrord Snellius, Samuel Marolois, Jan Pietersz Dou und die Kommissare der Generalstaaten, dass die Karten nützlich seien, die Vorschriften für das Abgreifen auf den Karten und die geforderte komplizierte Fehlerbetrachtung aber gegenüber der bisher gebräuchlichen Methode in der Praxis keinen Vorteil bringe. Allerdings, so fügten sie hinzu, habe das Experiment die Steuerleute für die Fehler ihrer Praktiken sensibilisiert.[31]

Was zunächst wie eine Ehrenrettung für ein missglücktes Experiment klingt, scheint nicht übertrieben zu sein. Lastman hielt Jarichs van der Leys Methode zwar nicht für die Lösung des Problems, doch integrierte er Teile davon als »sphärische Rechnung« in seine eigenen Schriften. Jarichs van der Ley beschuldigte ihn daraufhin, sich mit fremden Federn schmücken zu wollen, und meinte,

---

29 Vgl. Resolutionen der Generalstaaten, 28. Okt., 1., 15. und 17. Nov. 1617, in: Resolutiën NR 3 (wie Anm. 3), Nr. 1591, S. 249, Nr. 1618, S. 253, Nr. 1629, S. 267 und Nr. 1704, S. 269. Vgl. Burger, C. P.: Amsterdamsche Rekenmeesters en Zeevaartkundigen in de zestiende eeuw, Amsterdam 1908, S. 219.

30 Zur Vorbereitung vgl. Resolutiën NR 3 (wie Anm. 3), Nr. 2327, S. 353, Nr. 2385, S. 358, Nr. 2425, S. 363, Nr. 2468, S. 370, Nr. 2496, S. 372, Nr. 2561, S. 379, Nr. 2573, S. 381, Nr. 2587, S. 383, Nr. 2600, S. 386. Zur Reise: Jarichs van der Ley, Voyage (wie Anm. 27).

31 Vgl. Resolutionen der Generalstaaten, 11., 14., 19. und 28. Dez. 1618 in: Resolutiën NR 3 (wie Anm. 3), Nr. 4006, S. 585, Nr. 4029, S. 586, Nr. 4058, S. 591, Nr. 4099, S. 595; Resolution der Generalstaaten, 5. Jan. 1619, in: Resolutiën Staten-Generaal NR 4: 1619–1620, hg. v. J. G. Smit, 's-Gravenhage 1981, Nr. 45, S. 9; Dodt van Flensburg, Johannes Jacobus (Hg.): Archief voor kerkelijke en wereldsche geschiedenissen inzonderheid van Utrecht 7, Utrecht 1948, S. 49–52. Zur Beschreibung des Vorgehens: Jarichs van der Ley, Voyage (wie Anm. 27), fol. B4^r–C1^v. Siehe auch Nationaal Archief Den Haag [im Folgenden: NA], 1.01.02, Nr. 12561.34. Vgl. Davids, Zeewezen (wie Anm. 2), S. 81 f., 286 f.; Schilder, Günter: Mr. Joris Carolus (ca. 1566–ca. 1636). ›Stierman ende caertschryver tot Enchuysen‹, in: Daalder u. a. (Hg.), Koersvast (wie Anm. 21), S. 46–59, hier S. 52 f.

dies sei der Grund dafür, dass er die Kommission dahin gebracht habe, negativ zu entscheiden.[32] Ein Gutachten des Mathematikprofessors von Groningen Nicolaus Mulerius von 1619 urteilte positiver.[33] So setzte Jarichs van der Ley 1620 eine zweite Beurteilung seiner verbesserten Methode durch. Die Kommission bestand diesmal aus Willebrord Snellius, Pieter Nanninghs und Lambert Palmeto, die günstiger urteilten, da seine Regel bis auf einige Ausnahmefälle zu funktionieren schien. Die Generalstaaten sprachen für die Methode eine Empfehlung an die Admiralitäten und die Vereinigte Ostindienkompanie (VOC) aus.[34] Fünf Jahre später gestanden sie Jarichs van der Ley auf sein Gesuch hin eine jährliche Zahlung von 600 Gulden für seine Erfindung zu,[35] was ihn in finanzieller Hinsicht zum erfolgreichsten niederländischen Längengradfinder machte, ihn aber nicht davon abhielt, 1629 seine Dienste Kardinal Richelieu anzubieten.[36]

Dazu trugen Erfahrungen bei, die Jarichs van der Ley zunehmend verzweifeln ließen. Entgegen des Wunsches der Generalstaaten wandten die Kompanien seine Methode nämlich nicht an. Die Stände von Holland schrieben 1625 entgegen seines Gesuchs die Nutzung seiner Regel den Admiralitäten und Kompanien auch nicht vor.[37] Zur Verbesserung seiner Methode wünschte Jarichs van der Ley die Logbücher von Institutionen einzusehen, deren Schiffe die langen Distanzen zurücklegten – und das war vor allem die VOC. Der Examinator der Steuerleute und der Kompaniekartograph der Ostindienkompanie verweigerten jedoch die Herausgabe. Die von Jarichs van der Ley um Hilfe gebetenen holländischen Stände lehnten diese nach einer Intervention Amsterdams ab.[38]

Jarichs van der Leys Methode fand in der Seefahrt nicht die Aufnahme, die er sich wünschte. Obwohl es ihm gelungen war, mehrfach neue Kommissionen und Revisionen von Gutachten durchzusetzen, scheiterte sein Prämiengewinn mehrfach am Urteil der Praktiker. Aus heutiger Sicht muss man anerkennen, dass sie insofern Recht hatten, als Jarichs van der Leys Methode nicht die Lösung

---

32 Vgl. Davids, Zeewezen (wie Anm. 2), S. 83. Zu Fragen Jarichs van der Leys an Lastman vom 26. Januar 1619 vgl. Bronnen tot de geschiedenis van het bedrijfsleven en het gildewezen van Amsterdam 1510–1672, Bd. 2: 1612–1632, hg. v. Johannes Gerard van Dillen, 's-Gravenhage 1933, Nr. 525, S. 319.

33 Vgl. Davids, Zeewezen (wie Anm. 2), S. 286 f.

34 Vgl. Resolutionen der Generalstaaten, 4. Apr. und 4. Juni 1620, in: Resolutiën NR 4 (wie Anm. 31), Nr. 2934, S. 428, Nr. 3374, S. 487. Die Generalstaaten sandten der VOC am 21. Juli 1620 einen entsprechenden Brief. Vgl. Resolution der Kammer Zeeland, 3. Sept. 1620, in: NA, 1.04.02, Nr. 7244, o. S. Das Gutachten ist abgedruckt bei: Dodt van Flensburg (Hg.), Archief 7 (wie Anm. 31), S. 51 f.

35 Vgl. Resolution der Generalstaaten, 14. Juni 1625, in: Resolutiën Staten-Generaal NR 7, 1 juli 1624–31 december 1625, hg. v. J. Roelevink, 's-Gravenhage 1994, Nr. 2386, S. 418; vgl. dazu Davids, Zeewezen (wie Anm. 2), S. 82.

36 Vgl. Ruellet, Maison (wie Anm. 8), S. 177.

37 Vgl. Resolution der Staten van Holland, 22. Juli 1625, in: Particuliere Notulen van de vergaderingen der Staaten van Holland 1620–1640 door N. Stellingwerff en S. Schot, Bd. 3: juli 1625–april 1628, hg. v. E. C. M. Huysman, 's-Gravenhage 1989, Nr. 283, S. 26.

38 Vgl. Resolution der Staten van Holland, 29. Sept. 1625, in: Ebd., Nr. 593, S. 55.

des Längenproblems war. Dies erklärt jedoch nicht die Schärfe, mit der im Anschluss um die Urteile und ihre Konsequenzen für den Beurteilten wie die Urteilenden gestritten wurde, und es erklärt auch nicht die Obstruktionspolitik der hausinternen Experten der Ostindienkompanie. Dazu gilt es einen näheren Blick auf die sich in den Kommissionen entfaltende Dynamik von Konkurrenz und Kooperation sowie die sich anschließenden Konflikte um die Deutung der Vorgänge zu werfen.

IV. Deutungsversuche: Konkurrenz und begrenzte Expertisen

In den zur Beurteilung von Vorschlägen zur Lösung des Längenproblems einberufenen Kommissionen saßen stets Personen aus den Universitäten und solche aus anwendenden Berufen, wie Kartographen, Landmesser und Seefahrtslehrer. Die Generalstaaten hatten sie zur Begutachtung aufgefordert, da sie »von diesen Sachen Wissen haben, nachdem sie andere Leute darüber belehrt oder instruiert haben«.[39] Thomas Leamer, der 1611 seinen Vorschlag eingereicht hatte, sah sich nach einem ersten Gespräch mit einem ungenannten Astronomen[40] Rudolph Snellius und Robbert Robbertsz Le Canu, also einem Professor aus Leiden und einem Segelschullehrer, gegenüber. Da dieser Fall dem Gesuch Jarichs van der Leys zeitlich nahe steht, eignet er sich besonders gut für einen Vergleich.

In beiden Fällen machten die Antragsteller die sogenannten ›Praktiker‹ unter den Kommissaren als ihre schärfsten Widersacher aus, denen sie eigennütziges Agieren und ungerechtes Urteilen unterstellten. Auf die Anwesenheit Robbertsz reagierte Leamer mit negativen Worten und bezeichnete ihn noch vor der Unterredung als seinen »Sathan«.[41] Nach der Ablehnung seines Gesuchs durch die Generalstaaten griff er Robbertsz und (weniger scharf) Snellius in einem Druck an. Robbertsz hatte ihm Fragen vorgelegt, die er nicht befriedigend beantworten konnte. Den Bericht, den Robbertsz und Snellius daraufhin geschrieben

---

39 So zumindest Leamer, Thomas: Een klaer vertoninge, hoe men door het vyrwerck van Elohim, ofte Den groten Eyghenaer, namelijck: door son, maen en sterren in alle plaetsen der werelt, te water oft te lande zijn effen tijt, ende so sijn meridiaens lengde te weten comen can, Campen 1612, fol. 21^v: »dewijl wy verstaen dat dese lieden in sodanighe saken wetenschap hebben / na dien sy sommighe Jaren ander lieden daer in gheleert oft instieueert [!] hebben«.

40 Vgl. ebd., fol. 19^{v}f. Zu diesem Fall siehe: Burger, Amsterdamsche Rekenmeesters (wie Anm. 29), S. 143–151; Resolution der Generalstaaten, 28. Aug., 10., 23. Nov. 1610, 16. Apr., 7., 9. Juli, 11., 20., 27. Aug., 1., 10. Sept., 21. Dez. 1611, in: Dodt van Flensburg (Hg.), Archief 5 (wie Anm. 11), S. 22–24, 240, 244f., 247–249, 254.

41 Leamer, Een klaer vertoninge (wie Anm. 39), fol. 20^v; Robbertsz Le Canu, Robbert: 't Verscheyden antwoordt uyt vele steden in Hollant, op de vraghe van numeratio, het eerste A.B.C. der talkonst. [...] met een corte verantwoordinghe teghen de leughenen, lasteringhen, ende blasphemien, van Thomas Leamer Engelsman, Hoorn [1612], fol. E^v, E iii^v.

hatten, bezeichnete er als »calumnien oft laster schriften«.[42] Dieser zeige deren
»unaufrichtige Handlungen, Falschheiten, Spöttereien und grobe Unwissenheit
oder Blindheiten«.[43] Besonders Robbertsz sei »ein falscher Richter« gewesen.[44]
Er beschuldigte Snellius und Robbertsz zudem, das, was sie über seine Methode
erfahren hatten, an Willem Jansz Blaeu, der sich kurzfristig in Den Haag befunden hatte, verraten zu haben.[45] Robbertsz klagte er überdies an, sich mit Gerrit
Pietersz van Alkmaar verschworen zu haben, um sich selbst mit Leamers Arbeit
die Prämie zu sichern. Das wies der Angegriffene als Lüge weit von sich und
warf Leamer seinerseits Rufmord vor.[46] Er stellte nicht in Abrede, sich mit Gerrit
Pietersz in Den Haag getroffen zu haben. Leamer selbst schreibt, Robbertsz habe
auf seine Anschuldigungen hin berichtet, Pietersz habe ihn aufgesucht, um ihn
wissen zu lassen, dass er selbst bei den Generalstaaten einen Vorschlag zur Län-
genfindung eingereicht habe und daher ältere Ansprüche auf die Prämie geltend
mache.[47] Beide Versionen verdeutlichen die Konkurrenz, die unter den Längen-
gradfindern herrschte. Leamer fühlte sich geradezu von Widersachern verfolgt.
So veranlasste ihn die bloße Anwesenheit von Petrus Plancius in Den Haag zu
fürchten, gegen dessen Theorie antreten zu müssen, nach der der Längengrad
aus der Missweisung, also der Differenz zwischen magnetisch und geographisch
Nord, abzuleiten war.[48]

Leamers eigener Ansatz basierte in Teilen auf einer mystisch-kabbalistisch
beeinflussten Zahlenmagie. Während Snellius Leamers Beschreibungen nach
versuchte, seine Umsetzung hebräischer Worte in Zahlen nachzuvollziehen,[49]
war der praktisch orientierte Robbertsz schnell von der Absurdität der Methode überzeugt. Dies machte er auch in seiner Verteidigung deutlich, die er
gegen Leamers Angriffe drucken ließ. Er warf diesem nicht nur vor, die Generalstaaten, Snellius und ihn selbst zu Unrecht zu verunglimpfen, sondern
auch, dass er nicht einmal die rudimentärsten Grundlagen der Astronomie

---

42 Leamer, Een klaer vertoninge (wie Anm. 39), fol. 1ᵛ.
43 Ebd., fol. 33ʳ: »haer onoprechte handelinghen / valscheden / spotterijen / ende grove on-
    wetenheden oft blintheden«.
44 Ebd., fol. 22ᵛ.
45 Vgl. ebd., fol. 24ʳ, 30ʳf.
46 Vgl. ebd., fol. 27ᵛ–29ᵛ; Robbertsz, 't Verscheyden antwoordt (wie Anm. 41), fol. Eiiiiʳ–Fiʳ.
47 Vgl. Leamer, Een klaer vertoninge (wie Anm. 39), fol. 28ʳf.
48 Vgl. ebd., fol. 20ʳ. Plancius Methode war den Generalstaaten 1594 und 1598 vorgelegt
    worden und wurde von der Kommission so positiv beurteilt, dass sie einer praktischen
    Prüfung unterzogen wurde. Die von Simon Stevin 1599 herausgegebene »Havenvindig«
    baut ebenfalls darauf auf. Die Methode wurde tatsächlich auf Schiffen in der Asienfahrt
    angewandt, hatte aber stets Kritiker und erwies sich bei dichterer Datenlage als unhalt-
    bar. Vgl. Keuning, Johannes: Petrus Plancius. Theoloog en Geograaf, Amsterdam 1946,
    S. 120–135; Parmentier, Jan u.a.: Inleiding, in: Dies. (Hg.): Peper, Plancius en porselein.
    De reis van het schip »Swarte Leeuw« naar Atjeh en Bantam, 1601–1603, Zutphen 2003,
    S. 11–91, hier S. 43–48.
49 Vgl. Leamer, Een klaer vertoninge (wie Anm. 39), fol. 20ᵛf.

beherrsche.[50] »Eure Kunst gilt hier nichts«, teilte er Leamer mit.[51] Während Robbertsz in seiner Verteidigung Snellius und sich selbst nicht auseinanderdividieren lassen wollte und stets betonte, dass sie ihr Gutachten einhellig formuliert hatten, behauptete Leamer, Robbertsz habe den greisen Snellius durch unverschämtes Handeln an die Wand gespielt. Er forderte daher, seinen Vorschlag erneut »unparteiisch untersuchen zu lassen«.[52] Seine Klage säte offenbar Zweifel an den Motiven und der Expertise der ersten Gutachter. Die Admiralität Amsterdam nahm im Auftrag der Generalstaaten daher eine erneute Prüfung vor. Sie teilte jedoch ein halbes Jahr später mit, dass jeder der Prüfenden Leamers Methode für unbrauchbar hielt. Die Generalstaaten wiesen seinen Wunsch nach der Prämie daraufhin erneut ab.[53] Für die ersten Gutachter mag dies wie eine nachträgliche Bestätigung gewirkt haben. Die scharfe und ebenfalls öffentliche Antwort Robbertsz auf Leamers Vorwürfe zeugt aber davon, dass er durchaus Nachteile fürchtete, wenn sich diese im öffentlichen Urteil festsetzten. Für die Kommissionsmitglieder war eine Berufung zwar eine Ehre, die ihren Expertenstatus festigte, ihn zugleich aber auf den Prüfstand stellte, wenn der Kandidat versuchte, sich selbst als den besseren Experten zu stilisieren – und genau das tat auch Jarichs van der Ley.

In »Het Gulden Zeeghel« antwortete er öffentlich auf die Einwände der Kommissionsmitglieder Sybrand Hansz Cardinael, Willem Jansz Blaeu, Hessel Gerritsz und Hendrik Reyersz.[54] Blaeu machte er als seinen Hauptgegner aus. Die anderen Praktiker sähen zu diesem auf und schrieben nichts gegen ihn.[55] Er habe daher Blaeu in einer Schrift dazu zu bewegen versucht, seine Regel anzuerkennen. Auf dessen Weigerung hin sehe er sich nun gezwungen, die Vorgehensweise der Kommission publik zu machen.[56] In der Beschreibung seiner Gegner anerkannte er zwar vordergründig deren Expertise, da sie »unter den Theoretikern nicht die geringsten« seien,[57] doch versuchte er im Anschluss mit teils harschen Worten ihre Einwände zu widerlegen. Blaeu sei »sehr heraus-

---

50 Vgl. Robbertsz, 't Verscheyden antwoordt (wie Anm. 41), Widmung an die Generalstaaten, o. S.
51 Ebd., fol. E iiii[v]: »U konst ghelt hier niet«.
52 Resolution der Generalstaaten, 21. Dez. 1611, in: Dodt van Flensburg (Hg.), Archief 5 (wie Anm. 11), S. 254: »onpartydichlyck te doen ondersoecken«.
53 Vgl. Resolution der Generalstaaten, 7., 16. Juli, 13. Okt. 1612, in: Ebd., S. 262 f., 266. Ein erneutes Ansuchen um Belohnung wiesen die Generalstaaten am 21. März 1614 ab. Vgl. Dodt van Flensburg (Hg.), Archief 6 (wie Anm. 24), S. 363.
54 Jarichs van der Ley, Gulden Zeeghel (wie Anm. 22), zu Cardinael: S. 23–41, zu Blaeu: S. 51–85 und zu Gerritsz: S. 85–97.
55 Vgl. ebd., S. 17. Reyersz habe gesagt, mit Blaeu keinesfalls Streit haben zu wollen, vgl. ebd. S. 108. Vgl. weiter Burger, Amsterdamsche Rekenmeesters (wie Anm. 29), S. 218. Zu Blaeu: Netten, Djoeke van: Koopman in kennis. De uitgever Willem Jansz Blaeu in de geleerde wereld (1571–1638), Zutphen 2014, zu den Kommissionen vor allem S. 36, 83.
56 Vgl. Jarichs van der Ley, Gulden Zeeghel (wie Anm. 22), S. 17.
57 Ebd., S. 16: »niet onder de Theoristen de geringste«.

ragend in seinem Handwerk«.[58] Die Beanstandungen Gerritsz', den er zunächst
noch als »in seinem Handwerk sehr perfekt« charakterisierte,[59] beantwortete
er beispielsweise nur zum Teil, da sie »sehr unzusammenhängend und ohne
Fundament« seien.[60] Reyersz, der ein »sehr beschlagener [niederländisch: »exparten«, S. F.] und erfahrener Steuermann« sei, hielt er vor, er habe doch selbst
bekannt, von der Theorie nichts zu verstehen.[61] Verhandelt wurde also nicht
mehr nur der Vorschlag Jarichs van der Leys, sondern auch die Deutungsmacht
der Gutachter, die Richtigkeit ihres Wissens und ob ihr Urteil auf Expertise
oder niederem Gewinnstreben beruhte. Letzteres deutet Jarichs van der Ley beispielsweise für Blaeu mehrmals an, der aus seinem Handwerk »keinen kleinen
Gewinn« ziehe.[62] Mit seinen Angriffen auf die Lehrer in den Navigationsschulen
einerseits, denen er unreflektiertes Handeln und geometrische Fehler vorwarf,
und den Ausfällen gegen die Karten von Blaeu und anderen namentlich genannten Kartographen andererseits, machte er sich die Gruppe der Praktiker
zum Feind. Nach dem von den Generalstaaten gewählten Verfahren half das
Lob der Theoretiker jedoch nichts, wenn die Praktiker nicht auch die Anwendbarkeit bestätigten. Das aber taten sie nicht, vielmehr fällten sie solidarisch ein
negatives Urteil.

Anders als Leamer hatte Jarichs van der Ley jedoch die Mathematiker auf
seiner Seite. Dazu trug wohl sein Kommunikationsstil bei. Er verhielt sich in
der Kommission wie in einem wissenschaftlichen Disput. Er hörte sich die Einwände an, verlangte Beweise für diese und brachte anschließend seine Gegen-
argumente vor, die er auch im Druck publik machte. Blaeu antwortete ihm
aber, anders als es Robbertsz gegenüber Leamer getan hatte, nicht. Er definierte
seine Rolle in der Kommission nicht als die des Opponenten einer Disputation,
sondern als die des Richters, der ein abschließendes Urteil fällt.[63] Entsprechend
verhinderte er durch seine Intervention in der zweiten Kommission eine Beurteilung des ersten Urteils. Dies genügte dem bereits lange als Spezialist für nauti-
sches Wissen und Kartographie etablierten Blaeu offenbar, um seinen Status zu
wahren. Jarichs van der Ley versuchte jedoch weiterhin, dessen Ruf zu unter-
graben. In seiner Publikation zum Experiment stellte er 1620 Blaeus Produkte
denen von Jodocus Hondius und Evert Gijsbertsz gegenüber. Alle differierten
in der Länge bestimmter Orte und keines stimmte mit den Messungen der Seeleute überein. Jarichs van der Ley fragte rhetorisch, wer von den Meistern hier
unrecht haben wolle. Es sei offensichtlich, dass man sich nicht auf deren Karten
und Globen verlassen könne, daher sollten sie »nicht versuchen, sie als richtig

---

58 Ebd., S. 15: »is seer wtnemende in sijn hantwerck«.
59 Ebd., S. 16: »in zijn hantwerck seer perfeckt«.
60 Ebd., S. 86: »d'ander seer inpartinent ende sonder fondament«.
61 Ebd., S. 16: »een zeer Exparten ende ervaren Suyrman«, S. 107: »hebt ghy self niet dicmael
    teghen my bekent / dat ghy inde Theorie niet eervaren waert«.
62 Ebd., S. 15: »gheen cleyn ghewin treckt«.
63 Vgl. ebd., S. 14: »als een Sententie«.

zu verkaufen«, vielmehr tue eine generelle Reform der Globen und Karten not.[64] Jarichs van der Ley inszenierte sich hier erneut als der eigentliche Experte, der den Kartographen ihre Fehler aufzeigte.

Auch bei den Steuerleuten, nach den Kartographen die zweite Gruppe unter den Praktikern in den Kommissionen, fand er nicht nur Befürworter. Die praktische Prüfung seiner verbesserten Regel auf See endete 1618 mit einem abschlägigen Urteil von vier von ihnen. In seiner Publikation zu diesem Experiment wetterte Jarichs van der Ley gegen die allgemeinen »Missbräuche der Steuerleute«.[65] Wieder griff er denjenigen unter den Praktikern besonders scharf an, den er als seinen Hauptgegner ausgemacht hatte: Cornelis Jansz Lastman. Dieser habe voreingenommen geurteilt, um ihm anschließend seine Idee zu stehlen. So setzte Jarichs van der Ley zwar eine erneute Prüfung durch, schuf sich aber einen Gegner, der sich gerade erst als einer der führenden Lehrer für Navigation etablierte und ihn auch deshalb mit allen ihm zur Verfügung stehenden Mitteln bekämpfte.

Lastman war selbst Steuermann gewesen. Neben seiner Praxiserfahrung verfügte er über umfangreiches mathematisches Wissen und war Inhaber einer Seefahrtsschule.[66] Die Zuschreibung von Expertenwissen an ihn stützte sich zunächst vor allem auf seine Lehrtätigkeit. Sein wichtiges Handbuch »Schatkamer des Grooten See-vaerts-kunst« erschien dagegen erst 1621. Darin beschrieb er alle für den Steuermann nötigen Praktiken. Das Buch wies ihn als eine Person aus, die fähig war, komplexe Sachverhalte zu erklären und so viel praxistauglich aufbereitete Mathematik wie nur möglich in die Navigation zu überführen.[67] Kurz nach der Rückkehr von der Reise zur Prüfung von Jarichs van der Leys Theorien bestellte ihn die Kammer Amsterdam der Vereinigten Ostindischen Kompanie am 11. Februar 1619 zudem zum Examinator der Steuerleute. Als solcher sollte Lastman potentielle Kapitäne und Steuerleute für die Fahrt nach Asien prüfen und fortbilden. Darüber hinaus hatte er der Kompanie in allen Fragen der Navigation als Berater zu dienen und die Segelanweisungen zu

---

64 Vgl. Jarichs van der Ley, Voyage (wie Anm. 27), S. 45–51, Zitat auf S. 47: »niet sal soucken voor oprecht te verkoopen«. Das Werk enthält noch zahlreiche weitere Angriffe auf Ungenauigkeiten von Globen und Karten.

65 Ebd., fol. A2ᵛ: »de groote misbruycken vande Stuerluyden«.

66 So seine Selbstaussage auf dem Titelblatt zu Lastman, Cornelis Jansz: De Schat-Kamer, Des Grooten Zee-vaerts-kunst. Inhoudende De seekere gront-Regulen / ende het recht ghebruyck der voornemelickste dinghen / diemen inde groote Zee-vaert behoort te verstaen / ende waer te nemen, Amsterdam 1629 [erstmals 1621]: »Eertijds ter Zee ghevaren / ende nu teghenwoordigh in de kunst der Zee-vaert School houdende / tot Amsterdam«.

67 Zur »Schatkamer«: Davids, Zeewezen (wie Anm. 2), vor allem S. 114–116, 318; Groot, Sebastiaan Joannes de / Groot, Barbara de: De Schatkamer en de Kunst der stuer-luyden (1621–1714). De navigatieboeken van Cornelis Jansz Lastman, in: Meer, Sjoerd de / Akveld, Leo M. (Hg.): Schatkamer. Veertien opstellen over maritiem-historische onderwerpen aangeboden aan Leo M. Akveld bij zijn afscheid van het Maritiem Museum Rotterdam, Franeker 2002, S. 83–99.

formulieren.[68] Diese Anstellung spricht dafür, dass sich Lastman bereits einen hervorragenden Ruf erworben hatte. Er trat in den Dienst eines Unternehmens, das durch seine Konstruktion wie auch durch sein Personal auf das Engste mit den Regenten und politischen Institutionen vor allem Hollands und Zeelands, aber auch den Generalstaaten verflochten war.[69] Als Entlohnung wurde Lastman zunächst ein Grundgehalt von 150 Gulden ausgesetzt. Bereits 1621, also nur zwei Jahre nach seiner Bestellung, wurde sein Gehalt auf 350 Gulden pro Jahr mehr als verdoppelt.[70] Dies kann als Indiz dafür gewertet werden, dass die Direktoren der Kompanie seine Dienste schätzten und er bei ihnen großen Rückhalt fand.

Die Tätigkeit in der VOC hatte für Lastman neben sicheren Einnahmen und dem Reputationsgewinn noch einen weiteren Vorzug: Er erhielt Zugriff auf das nautische Material der Kompanie, das diese von Beginn an unter ihrer Kontrolle zu halten suchte. Sie forderte von allen Angestellten die Herausgabe des gesamten auf den Reisen entstandenen Materials. Dabei gab sie sich nicht nur mit den Vorschriften in Instruktionen und Verträgen zufrieden. Ein Privileg der Generalstaaten vom 12. Februar 1619 verlieh der Kompanie Zensurrechte und unterband die Publikation von Karten, Journalen, Kursbeschreibungen und Zeichnungen ohne Zustimmung der Direktoren.[71] Für Fragen der Längenbestimmung galt die Serie der Logbücher als besonders nützlich. Auf jedem Schiff entstanden mehrere von ihnen.[72] Die Serialität der darin enthaltenen Daten ermöglichte Vergleiche und über diese eine allmähliche Erhärtung von einzelnen Beobachtungen zu Fakten. So wurde etwa deutlich, dass die lange als eine mögliche Lösung für das Längenproblem gehandelte Beobachtung des Unterschieds von geographisch und magnetisch Nord praktisch nicht tragfähig war. In dem Moment, in dem die Generalstaaten 1620 eine Empfehlung an die Admiralitäten und die VOC für Jarichs van der Leys Methode und seine weitere Unterstützung aussprachen,[73] verwiesen sie diesen auch an einen Mann, der ihm seine Angriffe nicht verziehen hatte. Lastman tat alles, um Jarichs van der Ley aus seinem noch wachsenden Einflussbereich herauszuhalten. So hintertrieb er die Aussage von zwei Seeleuten über die Nützlichkeit der Regel vor den

68 Vgl. Resolution Kammer Amsterdam, 11. Febr. 1619, in: NA, 1.04.02, Nr. 228, o. S.
69 Zur Geschichte der Kompanie: Gaastra, Femme S.: Geschiedenis van de VOC. Opkomst, bloei en ondergang, Zutphen 2009; Emmer, Piet C. / Gommans, Jos J. L.: Rijk aan de rand van de wereld. De geschiedenis van Nederland overzee 1600–1800, Amsterdam 2012, S. 273–442. Zur Verflechtung vgl. Brandon, Pepijn: War, Capital and the Dutch State (1588–1795), Chicago 2016, vor allem S. 51–57, 83–107, 314 f.
70 Vgl. Resolutionen Kammer Amsterdam, 11. Febr. 1619, 4. Mai 1620, 14. Okt. 1621, in: NA, 1.04.02, Nr. 228, o. S.
71 Privileg, 12. Febr. 1619, in: NA, 1.01.02, Nr. 12302, fol. 104^r–106^r. Vgl. die Artikelbriefe, 1602, in: NA, 1.04.02, Nr. 7525, fol. 49^v; Artikelbrief 1616, Art. 121, in: NA, 1.04.02, Nr. 312, S. 383; Artikelbrief 1617, Art. 127, in: NA, 1.04.02, Nr. 313, S. 34; Artikelbrief 1643, in: Nederlandsch-Indisch plakaatboek 1, hg. v. Jacobus Anne van der Chijs, Batavia 1885, S. 339.
72 Vgl. Davids, Zeewezen (wie Anm. 2), S. 63, 150 f.
73 Siehe Anm. 34.

Direktoren der Kompanie, wogegen Jarichs van der Ley am 17. September 1621 ein Notariatsinstrument aufsetzen ließ.[74]

Sechs Jahre später griff Jarichs van der Ley erneut zu diesem rechtlichen Mittel. Am 9. März 1627 ließ er gegen den Examinator der Steuerleute Lastman und den Kompaniekartographen Hessel Gerritsz ein Notariatsinstrument ausfertigen, in dem er Einblick in die Journale forderte und Lastman aufforderte, den Steuerleuten seine (Jarichs van der Leys) Methode beizubringen. Während Gerritsz dies schlicht zur Kenntnis nahm, fragte Lastman, wie Jarichs van der Ley aus geschätzten sichere Kurse machen wolle. Ohne die ausdrückliche Anordnung der Direktoren dürfe und werde er ihm keine Einsicht in die Journale gewähren.[75] Er konnte sich dabei auf das Privileg der Generalstaaten berufen. Die Direktoren beschlossen Ende 1631 zwar, dass eine Kommission aus Lastman und einigen in nautischen Fragen versierten Direktoren Jarichs van der Ley anhören sollte. Sie stellte ihm daraufhin auch »ein oder zwei Journale« zur Verfügung.[76] Für Jarichs van der Ley war damit jedoch wenig gewonnen. Die Kompanie dagegen zeigte sich kompromissbereit, während ihre hauseigenen Experten die Hoheit über die seriell angefertigten Journale und damit das Erfahrungswissen der VOC behielten.

V. Fazit

Die Vorgänge in den Kommissionen, die die Vorschläge zur Lösung des Längenproblems prüfen sollten, zeigen, dass die Aushandlung von Expertise immer auch Netzwerkgeschehen war. Gerade die Fälle, in denen der Antragsteller das Gutachten der Kommission nicht akzeptierte und anfocht, indem er den Gutachtern mangelnde Expertise oder eigennütziges Urteilen unterstellte, machen das deutlich. War dies der Fall und der Einspruch fand Unterstützung bei politischen Entscheidungsträgern oder Außenstehenden, blieb auch die Zuschreibung von Expertise in der Schwebe. Die mangelnden Vorgaben seitens der politischen Gremien für die Verfahren und die fehlenden Kriterien für die Preisvergabe oder eine Förderung erweiterten dabei für alle Beteiligten die Handlungsspielräume.

Expertise erwies sich dort als besonders umstritten, wo soziale und ökonomische Interessen konfligierten. Tatsächlich gründete sich die Opposition der ›Praktiker‹ in den Kommissionen nicht nur auf die Unzulänglichkeiten der Vorschläge, sondern auch auf die Angriffe der Antragsteller auf ihre soziale

---

74 Resolution der Generalstaaten, 4. Juni 1620, in: Resolutiën NR 4 (wie Anm. 31), Nr. 3374, S. 487; Notariatsinstrument vom 17. Sept. 1621, in: Bronnen (wie Anm. 32), Nr. 716, S. 416; vgl. Davids, Zeewezen (wie Anm. 2), S. 82 f.

75 Vgl. Notariatsinstrument vom 9. März 1627, in: Bronnen (wie Anm. 32), Nr. 1102, S. 622; vgl. Davids, Zeewezen (wie Anm. 2), S. 83 f.

76 Resolutionen der XVII, 11. und 20. Nov. 1631, in: NA, 1.04.02, Nr. 148, o. S.: »een ofte twee journalen« (20. Nov.). Es handelte sich um die Direktoren Dirk Hasselaer, Jacob Heyman, Laurens Reael und Pieter Proost.

und ökonomische Stellung. Es ist auffällig, dass es vor allem die sogenannten
›Praktiker‹ waren, die sich von abgewiesenen Kandidaten in die Rolle der Gegner gedrängt sahen. Die bereits zeitgenössisch vorgenommene Zuordnung von
Personen zur Gruppe der ›Theoretiker‹ oder ›Praktiker‹ ist dabei aus heutiger
Sicht keineswegs immer eindeutig, denn viele der ›Praktiker‹ waren theoretisch
durchaus versiert. Dennoch wurden solche Markierungen in die die Verfahren
deutenden Diskurse gerne aufgenommen, da sie besonders gut instrumenta-
lisiert werden konnten. Dahinter stand nicht zuletzt die sich aufgrund der in
den Preisausschreiben geforderten Praxistauglichkeit einer Lösung geradezu
zwangsläufig ergebende Notwendigkeit, sich von der bisherigen Praxis und ihren
Ausübenden abzusetzen.

Expertisebehauptungen, die sich implizit oder explizit gegen die etablierten Experten wandten, lösten Dynamiken aus, die Expertisezuschreibungen
an welche Seite auch immer über längere Zeiträume im Unklaren beließ. Konkurrierende Expertisebehauptungen, insbesondere wenn im Konflikt das stets
vorhandene Spiel der Interessen sichtbar gemacht wurde, führten dazu, dass die
Zuschreibung von Expertise selbst ausgesetzt blieb. Vor allem den Gutachtern
gelang es jedoch, dies zu camouflieren oder durch Erfolge in anderen Fällen zu
kompensieren, wie an Willem Jansz Blaeu und Cornelis Jansz Lastman deutlich wurde. Für diejenigen, die Experten bleiben wollten, war es wichtig, den
Aushandlungsprozess zu beenden und die Kommunikation konkurrierender
Expertise zu verhindern.

Georg Fischer

Die Spur der Steine

Geologische Expertise zu Ressourcenfrontiers als Übersetzungsarbeit, um 1910

Die Ausweitung und Intensivierung wirtschaftlicher Austauschbeziehungen während der Hochphase der Globalisierung um 1900 verband die Zentren von Industrie und Finanzwesen mit Montan- und Agrarregionen, die als neue (potentielle) Ausgangspunkte von Warenketten in die Weltkarten des Handels und der Rohstoffvorkommen eingetragen wurden.[1] Organisiert wurde diese Verbindung von Zentren und Peripherien von einer Vielzahl unterschiedlicher Akteure und Organisationen, wie zum Beispiel Rohstoffhandelshäusern, Eisenbahngesellschaften, Reedereien, Kreditgebern und, gerade ab den 1880er Jahren, von den nach und nach entstehenden und sich immer mehr ausdifferenzierenden Großunternehmen. Freilich ist es geboten, dieses Bild globaler Warenströme differenziert zu betrachten: Globalisierungstendenzen zeigten sich bei Gütern wie Zucker, Silber oder Baumwolle spätestens seit dem 16. Jahrhundert.[2] Im Falle der Industrieerze setzten sie jedoch erst langsam und oftmals stockend im Laufe des 19. Jahrhunderts oder gar im 20. Jahrhundert ein. So speiste sich die entstehende Schwerindustrie Europas noch um 1900 weitgehend aus europäischer Kohle und europäischem Eisen, auch wenn bei letzterem innerhalb Europas eine Schwerpunktverlagerung in periphere Regionen zu verzeichnen war, etwa durch die Erschließung der Hämatitvorkommen im schwedischen Lappland.[3] Ebenso bewiesen der chilenische Kupfer- oder der kubanische Eisenerzexport, aber auch die infrastrukturelle Erschließung des nördlichen mittleren Westens der USA (Minnesota, Michigan), dass auch schwere *bulky goods*, deren Transport massiver, teurer technischer Anlagen wie speziell verstärkter Erzbahntrassen,

1 Dieser Aufsatz fasst einige Ergebnisse aus meiner 2017 erschienenen Monographie unter neuen Gesichtspunkten zusammen; vgl. Fischer, Georg: Globalisierte Geologie. Eine Wissensgeschichte des Eisenerzes in Brasilien, 1876–1914, Frankfurt a. M. 2017.
2 Vgl. zum Beispiel Beckert, Sven: Empire of Cotton. A Global History, New York 2014; Topik, Steven C. u. a.: From Silver to Cocaine. Latin American Commodity Chains and the Building of the World Economy, 1500–2000, Durham, NC 2006; Mintz, Sidney W.: Die süße Macht: Kulturgeschichte des Zuckers, Frankfurt a. M. 1985.
3 Vgl. Fritz, Martin: Svensk Järnmalmsexport, Göteborg 1967. Allgemein Fischer, Wolfram: Die Rohstoffversorgung der europäischen Wirtschaft in historischer Perspektive, in: Ders.: Expansion – Integration – Globalisierung. Studien zur Geschichte der Weltwirtschaft, Göttingen 1998, S. 123–139.

Verladeanlagen und Kanäle bedurfte, profitabel über große Distanzen verfrachtet werden konnten.[4]

Industrialisierungsprozesse und die von ihnen beschleunigten Materialströme führten zur Entstehung neuer Ressourcenfrontiers. Dieser Begriff meint hier weder eine Zivilisations- und Akkulturationsgrenze[5] noch »leere« Expansionsgebiete, sondern bezeichnet jene Räume, in die sich neue Extraktionsregime ausbreiteten. Dabei konnte es zu Überlagerungen von neuen und alten Akteurskonstellationen, Wissensbeständen, Institutionen und Infrastrukturen kommen, die frühere Extraktionsregime getragen hatten. Für die Wissensgeschichte und die historische Untersuchung von Expertenkulturen ergeben sich ausgehend von diesen Räumen zahlreiche relevante Fragestellungen. Auf der Grundlage welcher Wissensbestände wurden die neuen Warenketten errichtet? Welche Rolle spielten Wissen und dessen Trägerinnen und Träger für die Expansion des industriellen Kapitalismus in neue Ressourcenfrontiers? Welche Eigenschaften charakterisierten Wissensproduktionen in den und über die entstehenden Ressourcenfrontiers und wie gelangte dieses Wissen in die Entscheidungszentralen des internationalen Industrie- und Finanzkapitalismus? Um diesen Fragen nachzugehen, bedarf es einer Annäherung verschiedener geschichtswissenschaftlicher Felder und einer Untersuchung der Schnittstellen zwischen gesellschaftlichen Teilsystemen. Ressourcenfrontiers waren und sind Gegenstand staatlicher Kontroll- und Regulierungsansprüche, unternehmerischen Expansionskalküls sowie wissenschaftlicher Wissensproduktion. Ihre Untersuchung aus wissenshistorischer Perspektive muss also entsprechend multiperspektivisch sein und die Übersetzungsarbeit der Wissensträger entlang verketteter sozialer Kontexte in den Blick nehmen.

Eine Ausgangsfeststellung ist, dass an den Grenzen der Weltwirtschaft keine geregelten und zertifizierten Wissensbestände existierten. Für die Erschließung der neuen Ressourcenfrontiers und deren Verbindung mit den industriellen Logistiknetzen waren Wissensbestände notwendig, die nicht in »geordneten Bahnen« zirkulierten und die nicht von einschlägig legitimierten Akteuren bewegt wurden. Zwar wuchs im 19. Jahrhundert die Zahl der Institutionen, die angesichts der neuen Unübersichtlichkeit der Weltwirtschaft die »kommerzielle Produktion von Vertrauen«[6] versprachen, darunter etwa das Versicherungs-

---

4 Vgl. Bowlus, W. Bruce: Iron Ore Transport on the Great Lakes. The Development of a Delivery System to Feed American Industry, Jefferson, NC 2010; Risjord, Norman K.: Shining Big Sea Water. The Story of Lake Superior, St. Paul 2008; Walker, David A.: Iron Frontier. The Discovery and Early Development of Minnesota's Three Ranges, St. Paul 1979; Zachäus, Alf: Chancen und Grenzen wirtschaftlicher Entwicklung im Prozess der Globalisierung. Die Kupfermontanregionen Coquimbo (Chile) und Mansfeld (Preußen/ Deutschland) im Vergleich 1830–1900, Frankfurt a. M. 2012.

5 Vgl. Turner, Frederick Jackson: The Significance of the Frontier in American History, in: Ders.: The Frontier in American History, New York 1921, S. 1–39.

6 Berghoff, Hartmut: Die Zähmung des entfesselten Prometheus? Die Generierung von Vertrauenskapital und die Konstruktion des Marktes im Industrialisierungs- und Globali-

wesen, die Risikobewertung durch Banken oder die klarere Zertifizierung von Fachexpertise durch akademische Diplome. Allerdings war die Herstellung von Vertrauen im Prozess der Absorption von Grenzwissen ein Moment der Aushandlung, in dem es auf unterschiedliche Akkreditierungsmedien, etwa externe Begutachtung, kulturelles und soziales Kapital und individuelle Performanz, ankam.

Erstaunlicherweise ist gerade die Welt der Unternehmen bisher von der Wissensgeschichte tendenziell vernachlässigt worden. Zwar hat die moderne Unternehmensgeschichte seit ihrer Gründung durch Alfred D. Chandler und die Harvard-Schule die Bedeutung von Informationsflüssen und Kommunikation für die Herausbildung des spezifisch neuzeitlichen *managerial capitalism* betont. Technologien wie die Eisenbahn und die Telegraphie ermöglichten Skalenökonomien und Verbundeffekte. Die modernen Industriekonglomerate entwickelten sich zu komplexen Netzwerken aus Stoff- und Informationsflüssen, in denen nur eine professionelle Managerklasse den Überblick behalten und die effizientesten Entscheidungen treffen konnte. Jedoch konzentriert sich das Chandlerianische Modell der Industriegovernance auf die informationellen Binnenstrukturen von Unternehmen, ohne die Außengrenzen zu anderen gesellschaftlichen Teilsystemen zu berücksichtigen.[7] In der Wissensgeschichte der Neuzeit hat die Frage, wie Wissen in Unternehmen hinein- oder hinausgelangt, bislang deutlich hinter den Beziehungen zwischen Staat und Wissenschaft zurückgestanden.

Unternehmer, die etwa in die Erschließung peripherer Bergbauregionen investieren wollten, waren häufig auf das Wissen von Grenzgängern angewiesen. Zwar gab es beispielsweise in den USA schon vor dem Sezessionskrieg ein etabliertes geologisches Beratungswesen,[8] doch gestaltete sich dieses sehr vielfältig. So spielten in der Entstehungsphase der U. S.-amerikanischen Ölindustrie Wünschelrutengänger ebenso eine Rolle wie praxiserprobte *oil men* und diplomierte Geologen.[9] Die U. S.-amerikanischen Unternehmen in der ostmexikanischen Huasteca fanden ihre ersten Ölquellen mithilfe indigener Führer.[10] In Brasilien tätige britische Ingenieure, die eigentlich Eisenbahntrassen oder Abwassersysteme planten, wirkten als Transmissionsglieder von Informationen über

sierungsprozess, in: Ders. / Vogel, Jakob (Hg.): Wirtschaftsgeschichte als Kulturgeschichte. Dimensionen eines Perspektivwechsels, Frankfurt a. M. 2004, S. 143–168, hier S. 156.

7 Vgl. Chandler Jr., Alfred D. / Cortada, James W.: A Nation Transformed by Information, Oxford 2000; Yates, JoAnne: Control through Communication. The Rise of System in American Management, Baltimore 1989.

8 Vgl. Lucier, Paul: Commercial Interests and Scientific Disinterestedness. Consulting Geologists in Antebellum America, in: Isis 86 (1995), S. 245–267.

9 Vgl. Frehner, Brian: Finding Oil. The Nature of Petroleum Geology, 1859–1920, Lincoln, NE 2011; Lucier, Paul: Scientists and Swindlers. Consulting on Coal and Oil in America, 1820–1890, Baltimore 2008.

10 Vgl. Santiago, Myrna I.: The Ecology of Oil. Environment, Labor, and the Mexican Revolution, 1900–1938, Cambridge 2006.

Bodenschätze und Erzlagerstätten an Investoren und Industrielle in der Heimat – obschon solches Laienwissen in der Regel durch professionelle *iron men* bestätigt werden musste. Was die Wissensproduktionen an der Ressourcenfrontier meist gemeinsam hatten, war ihre Prekarität, da sie in der Regel außerhalb von institutionalisierten Arenen stattfanden, häufig sporadisch und unbeauftragt sowie in Regionen, die – zumal in Momenten des Rohstoff-»Rauschs« – von gesellschaftlicher Instabilität, Konkurrenz oder gar Gewalt geprägt waren.

Die Wissensgeschichte im Allgemeinen und die Geschichte des Expertenwissens im Besonderen interessiert sich für Grenzverschiebungen zwischen gesellschaftlichen Teilsystemen und die gegenseitige Durchdringung unterschiedlicher Sphären menschlicher Interaktion, wie es beispielsweise anhand der Debatte um die »Verwissenschaftlichung des Sozialen« deutlich wurde.[11] Die Produktion von Wissen und die Überschreitung aller erdenklichen Formen von Grenzen, ob als Transfer, Fluss oder Zirkulation konzipiert, ist natürlicher Untersuchungsgegenstand der Wissensgeschichte.[12] Doch bei der Frage, wie sich die Grenzen, über die Wissen bewegt wird, überhaupt konstituieren, fällt die Gewichtung von Kontext (Struktur) und Akteurskonstellation (Netzwerk) zuweilen unterschiedlich aus. Von Bruno Latours Akteur-Netzwerk-Theorie inspirierte Ansätze regen dazu an, einen strikten Fokus auf lokale Praktiken von Aktanten beizubehalten, um Systembildungen aus der »Ameisenperspektive« zu rekonstruieren.[13] Meine eigene Perspektive stellt ebenfalls Akteurskonstellationen in den Mittelpunkt, versucht aber, sie im Spannungsfeld institutionell organisierter Verhaltenserwartungen zu verorten, die nicht nur außerhalb dessen liegen, was Akteure gezielt steuern können, sondern teilweise auch außerhalb dessen, was sie bewusst wahrnehmen. So sind die Akteure zwar durch die Angehörigkeit zu gesellschaftlichen Teilsystemen gebunden, welche ihre Interessenstrukturen und Verhaltensnormen prägen.[14] Gleichzeitig agieren sie aber über die Grenzen dieser Teilsysteme hinweg. Um Status, Legitimität und Kapital bei den Bewegungen über die systemischen Grenzen hinweg zu erhalten, zu mehren oder im besten Fall produktiv einzusetzen, bedarf es der Übersetzungsarbeit. Der Begriff der Übersetzung hat sich gerade in der globalen Wissenschaftsgeschichte gegen den Begriff der Zirkulation durchgesetzt, dem der Chinahistoriker Fan Fa-Ti zu Recht zur Last legt, Reibungslosigkeit zu suggerieren.[15] Lissa Roberts

11 Vgl. Raphael, Lutz: Die Verwissenschaftlichung des Sozialen als methodische und konzeptionelle Herausforderung für eine Sozialgeschichte des 20. Jahrhunderts, in: Geschichte und Gesellschaft 22 (1996), S. 165–193.

12 Vgl. Sarasin, Philipp: Was ist Wissensgeschichte?, in: Internationales Archiv für Sozialgeschichte der deutschen Literatur 36 (2011), S. 159–172, insbesondere S. 164.

13 Vgl. Gerstenberger, Debora/Glasman, Joël: Globalgeschichte mit Maß. Was Globalhistoriker von der Akteur-Netzwerk-Theorie lernen können, in: Dies. (Hg.): Techniken der Globalisierung. Globalgeschichte meets Akteur-Netzwerk-Theorie, Bielefeld 2016, S. 11–40.

14 Vgl. Schimank, Uwe: Theorien gesellschaftlicher Differenzierung, Opladen ²2000, S. 241–267.

15 Vgl. Fan, Fa-Ti: The Global Turn in the History of Science, in: East Asian Science, Technology and Society. An International Journal 6 (2012), S. 249–258; allgemeiner und fundier-

folgend verwende ich den Begriff der Übersetzung pragmatisch als »transformative Kommunikation zwischen Sprachen, Kulturen oder gesellschaftlichen und beruflichen Gruppen«.[16]

In diesem Aufsatz rekonstruiere ich die Aktivitäten eines amerikanischen Geologieprofessors und seiner Mitarbeiter in Zusammenhang mit spektakulären Eisenerzfunden in Brasilien. Im Mittelpunkt stehen die Legitimitätsgewinne und -verluste des Experten beim Überschreiten gesellschaftlicher und geographischer Grenzen, die gesellschaftliche Teilsysteme mit verschiedenen moralischen Ökonomien – das in diesem sozialen Raum bestimmende »Geflecht von Normen, Regeln und Konventionen«[17] – voneinander trennen. Mein Beispiel, die Geschichte eines Wissenschaftlers, der sein Spezialwissen kommerziell nutzbar machen will und dafür mit Bankern und Politikern Allianzen und Konkurrenzverhältnisse eingeht, die auf seine wissenschaftliche Routine zurückwirken, mag zunächst anekdotisch anmuten. Doch zeigt es, dass eine akteurszentrierte, kontextsensible Expertengeschichte mit besonderem Fokus auf Schnittstellen und Grenzüberschreitungen in der Lage sein kann, neue transnationale und globale Dimensionen der nordatlantischen Industrialisierung um 1900 aufzuzeigen.

I. Der »progressive Wissenschaftler« Charles Richard Van Hise

Charles Richard Van Hise war einer der angesehensten amerikanischen Geologen des späten 19. und frühen 20. Jahrhunderts.[18] Geboren 1857 in Wisconsin, verbrachte er seine gesamte akademische Laufbahn an der University of Wisconsin in Madison, der Hauptstadt des noch jungen Bundesstaates. Dort lehrte er Metallurgie, Mineralogie und Petrographie, bevor er 1892 zum Ordinarius für Geologie ernannt wurde. 1903 übernahm er das Amt des Universitätspräsidenten. Van Hise war ein öffentlicher Intellektueller und nahm an zentralen politischen Debatten während der *progressive era* teil. Ein Leitgedanke, der ihn dabei immer wieder beschäftigte, war das Verhältnis zwischen Wissenschaft, Gesellschaft und Politik. Die Anhänger des *progressive movements* begriffen den Bundesstaat Wisconsin in diesen Jahren als amerikanisches Reformlabor.[19] Die »Wisconsin Idea«, die das institutionelle Leitbild der Hochschule inspirierte, sah

---

ter zur Kritik am Zirkulationsbegriff vgl. Gänger, Stefanie: Circulation. Reflections on Circularity, Entity, and Liquidity in the Language of Global History, in: Journal of Global History 12 (2017), S. 303–318.

16 Roberts, Lissa: Situating Science in Global History. Local Exchanges and Networks of Circulation, in: Itinerario 33 (2009), S. 9–30, hier S. 16.

17 Vgl. Fischer-Tiné, Harald: Pidgin-Knowledge. Wissen und Kolonialismus, Zürich 2013, S. 22.

18 Grundlegendes zur Vita in Vance, Maurice M.: Charles Richard Van Hise. Scientist Progressive, Madison, WI 1960.

19 Vgl. Howe, Frederic C.: Wisconsin. An Experiment in Democracy, New York 1912.

eine dem Gemeinwohl und dem »Fortschritt« verpflichtete Universität vor.[20] So
begründete man beispielsweise die *extension*, über den Staat verteilte Weiterbil-
dungsangebote, welche die Hochschule näher an die ländlichen Produzenten he-
ranrücken sollten.[21] Auch legte man Wert auf praxisbezogene Ausbildung, etwa
in Form regelmäßiger Geländeexkursionen in den geowissenschaftlichen Fä-
chern. Die Idee der gesellschaftlichen Verantwortung von Wissenschaft schlug
sich auch in Van Hises Arbeiten zur Ressourcengovernance nieder. Als einer der
Wortführer des *conservation movement* legte er nicht nur ein umfassendes Werk
zur Rohstoffkonservierung in den USA vor, sondern gehörte auch dem Gremium
an, das Präsident Theodore Roosevelt in diesen Fragen beriet.[22]

Wie viele andere Angehörige seiner Generation führte Van Hise den Großteil
seiner Feldforschung in Diensten des U. S. Geological Survey (USGS) durch. Die
praktische Erfahrung der Arbeit für eine Regierungsbehörde, die qua Definition
der Öffentlichkeit diente, war sicher ein Faktor für das dezidiert anwendungs-
bezogene Selbstverständnis der amerikanischen Geologie im 19. Jahrhundert.[23]
Van Hises wissenschaftliche Beiträge galten als bahnbrechend, sowohl in empirischer Hinsicht – beispielsweise die gemeinsam mit seinem Schüler Charles
Kenneth Leith verfasste Monographie zur Geologie der Lake Superior-Region –
als auch in experimentell-theoretischer Hinsicht – etwa seine Abhandlung
zum Metamorphismus, in der er den Versuch unternahm, die unüberschaubar
gewordene Vielfalt gesteinsverändernder Prozesse auf grundlegende physika-
lisch-chemische Prinzipien zu reduzieren.[24]

Reine Wissenschaft und industrielle Anwendung galten den Vertretern der
praktischen Geologie, oder *economic geology*, nicht als Gegenpole, und es waren
die Vertreter dieser Subdisziplin, die im späten 19. Jahrhundert die wissenschaft-

---

20 Vgl. Hoeveler, Jr., J. David: The University and the Social Gospel. The Intellectual Origins
of the »Wisconsin Idea«, in: Wisconsin Magazine of History 59 (1976), S. 282–298; Veysey,
Laurence R.: The Emergence of the American University, Chicago 1965, S. 108.

21 Vgl. Hanzlik-Green, Christie: Erwachsenenbildung und die Rolle des akademischen Experten: Die Anfänge der *Extension Lectures* der University of Wisconsin, 1890–1897 in:
Löser, Philipp / Strupp, Christoph (Hg.): Universität der Gelehrten – Universität der Experten. Adaptionen deutscher Wissenschaft in den USA des neunzehnten Jahrhunderts,
Stuttgart 2005, S. 141–162.

22 Vgl. Proceedings of a Conference of Governors in the White House. Washington, D.C.,
May 13–15, 1908, Washington, D.C. 1909; Van Hise, Charles R.: The Conservation of
Natural Resources in the United States, New York ²1914.

23 Vgl. Manning, Thomas G.: Government in Science. The U. S. Geological Survey, 1867–1894,
Lexington, KY 1967; Rabbitt, Mary C.: Minerals, Lands, and Geology for the Common
Defence and General Welfare, 3 Bde., Washington, D. C. 1979–1986; Lucier, Paul: Geo-
logical Industries, in: Bowler, Peter J. / Lindberg, David C. (Hg.): The Cambridge History
of Science, Bd. 6: The Modern Biological and Earth Sciences, Cambridge 2009, S. 108–125;
Jordan, William M.: Application as Stimulus in Geology. Some Examples from the Early
Years of the Geological Society of America, in: Drake, Ellen T. / Jordan, William M. (Hg.):
Geologists and Ideas: A History of North American Geology, Boulder, CO 1985, S. 443–452.

24 Vgl. Van Hise, Charles R.: A Treatise on Metamorphism, Washington, D. C. 1904; Ders. /
Leith, Charles K.: The Geology of the Lake Superior Region, Washington, D. C. 1911.

liche Erforschung wirtschaftlich nutzbarer Erze auf neue Pfade lenkten und international vernetzten. In der Entwicklung von genetischen Taxonomien nutzbarer Erze, also ihrer Systematisierung entlang verschiedener Entstehungsfaktoren, spiegelten sich die übergeordneten Fragestellungen der zeitgenössischen Geologie wider. So maßen unterschiedliche metallogenetische Interpretationsschulen verschiedenen physikalisch-chemischen Wirkkräften (Niederschlagswasser, Magmen etc.) die Rolle des Hauptagenten oder -vehikels in Sedimentierungs-, Sekretions- oder Anreicherungsprozessen bei.[25] Van Hises Arbeit zum Metamorphismus stellte seinen wichtigsten Beitrag zu diesen Debatten dar und besaß darüber hinaus den Vorzug, dass sie Differenzierungen vornahm, die einen prospektiven Nutzen versprachen: So könne über die Analyse, ob eine Erzlagerstätte primär ein Resultat auf- oder absteigender Minerallösungen sei, bestimmt werden, ob Investitionen in Probebohrungen in großer Tiefe ökonomisch sinnvoll seien.[26]

Seine regionale Spezialisierung auf die Geologie der Lake Superior-Region mit ihren enormen Eisenerzvorkommen, seine Beiträge zu einer praktischen Geologie, welche die industrielle Relevanz auch vermeintlich abstrakter Forschung herausstellte, und auch sein Interesse an der Dimension der politischen Regulierung machten Van Hise für viele Seiten zu einem begehrten Ansprechpartner. Folgerichtig stand er im Mittelpunkt des elften Treffens des Internationalen Geologiekongresses, das 1910 in Stockholm stattfand. Zunächst nahm er an einer Exkursion ins nordschwedische Kiruna teil, wo ihm die ehrenvolle Aufgabe zukam, als Willkommensgruß an die versammelte internationale Wissenschaftlergemeinde das Signal für die Absprengung von über 10.000 Tonnen Hämatit vom Gipfel des Statsrådet zu geben.[27] In Stockholm hielt er den Eröffnungsvortrag des Kongresses zum Thema des »Einflusses der praktischen Geologie auf die weltweite wirtschaftliche Entwicklung«.[28] Der schwedische König und der Kronprinz verfolgten den Vortrag aufmerksam, in dem Van Hise eisenreichen Ländern mit großem Wasserkraftpotential eine hoffnungsvolle Zukunft voraussagte.

Van Hise persönlich interessierte sich besonders für die Diskussionsrunde über die Ergebnisse des anlässlich des Kongresstreffens von einer internationalen Wissenschaftlercommunity erstellten Berichts über die Eisenerzvorkommen der Welt.[29] Dieser drückte die Dankbarkeit der Kongressorganisatoren

25 Vgl. zum Beispiel Emmons, Samuel F. (Hg.): Ore Deposits, New York 1913; Pošepný, Franz: The Genesis of Ore-Deposits, New York ²1902.

26 Vgl. Van Hise, Charles R.: Some Principles Controlling the Deposition of Ores, in: The Journal of Geology 8 (1900), S. 730–770, besonders S. 769 f.

27 Vgl. Congrès Géologique International: Compte rendu de la XI:e session du Congrès Géologique International (Stockholm 1910), Stockholm 1912, Bd. 2, S. 1238.

28 Van Hise, Charles R.: The Influence of Applied Geology upon the Economic Development of the World, in: Ebd., Bd. 1, S. 259–261.

29 Vgl. Andersson, Johan G. (Hg.): The Iron Ore Resources of the World, 2 Bde. und ein Atlas, Stockholm 1910.

gegenüber dem schwedischen Eisengrubenbesitzerverband aus, der das Treffen großzügig finanziell unterstützt hatte, und initiierte die Tradition der Weltrohstoffinventuren, die der Kongress auch in Zukunft beibehalten sollte.[30] Für das internationale Publikum enthielt der Bericht einige Überraschungen: Dass die USA bei Weitem über die weltweit größten Eisenvorkommen verfügten, war erwartet worden. Die voluminösen, aber nur relativ schwach eisenhaltigen britischen Lagerstätten waren bekannt. Die spektakulären Eisenberge im Hinterland Brasiliens hingegen waren zuvor nur einem kleinen Fachpublikum bekannt gewesen. Tatsächlich erwähnte der Bericht das südamerikanische Land als eine zentrale zukünftige Quelle des strategisch wichtigen Rohstoffs.[31]

II. Erste Übersetzung: Wissenschaft/Markt

Hier beginnt die Spur der Steine. Van Hise hatte schon im Vorfeld des Treffens von dem Bericht aus Brasilien Notiz genommen. Verfasst hatte ihn Orville Derby, ein U.S.-amerikanischer Geologe, der seit den 1870er Jahren in Brasilien lebte und den 1907 gegründeten brasilianischen geologisch-mineralischen Dienst (SGMB) leitete. Die Feldforschung für die Eiseninventur hatte der SGMB-Angestellte Luiz Felipe Gonzaga de Campos durchgeführt. Noch bevor Van Hise zum Kongress nach Schweden reiste, schickte er seinen Assistenten Leith in die Berge von Minas Gerais, um eisenhaltige Grundstücke aufzukaufen. Es handelte sich um eine Region, die bereits im 18. Jahrhundert Schauplatz eines Goldbooms gewesen war. Etwa 500 Kilometer nördlich von der damaligen Hauptstadt Rio de Janeiro und etwa ebenso weit von jedem Meereszugang entfernt spielte sich in den Bergen von Minas Gerais um 1910 ein Eisenrausch ab, in dem unterschiedliche Prospektorenteams aus Europa und den USA um Grundstücke und Transportwege konkurrierten.

Nachdem es den Geologen aus Wisconsin geglückt war, sich umfangreiche Lagerstätten zu sichern, gründeten sie mit dem Kapital amerikanischer Grubenbesitzer, Stahlproduzenten, Holzhändler, Immobilienunternehmer, Finanzinvestoren und den Ersparnissen einer bemerkenswerten Zahl an Universitätsprofessoren, darunter der Soziologe George E. Vincent und der Historiker Frederick Jackson Turner, die Brazilian Iron and Steel Company.[32] Mehrere Teilhaber des Unternehmens waren Angehörige des amerikanischen *conservation movement*, eine Tatsache, die Ian Tyrrells These von der expansionistischen Grundausrich-

---

30 Vgl. auch Westermann, Andrea: Inventuren der Erde. Vorratsschätzungen für mineralische Rohstoffe und die Etablierung der Ressourcenökonomie, in: Berichte zur Wissenschaftsgeschichte 37 (2014), S. 20–40.

31 Vgl. Derby, Orville A.: The Iron Ores of Brazil, in: Andersson (Hg.), Iron Ore Resources (wie Anm. 29), Bd. 1, S. 813–822.

32 Vgl. Brazilian Iron Properties. Summary of Operations, 15.04.1911, University of Wisconsin Archives (Madison), Leith Papers, 7/13/12-4, Box 4, Folder Summary of Operations.

tung dieser Bewegung untermauert.[33] Mitte des Jahres 1911 hatte das Unternehmen große Ländereien in Brasilien in seinen Besitz gebracht. Die nächste Herausforderung bestand nun darin, eine Lösung für die Transportfrage zu finden. Eine seit 1902 im Bau befindliche, von französischen Investoren kontrollierte Eisenbahnlinie, die Estrada de Ferro Victoria a Minas (EFVM), die von der Küste durch das Doce-Tal ins Landesinnere führte, erfüllte nicht die technischen Voraussetzungen für den Transport schwerer Erzladungen über eine Entfernung von 550 Kilometern.[34] Van Hise benötigte Partner und große Kapitalsummen, um die Linie zu kaufen und entsprechend umzurüsten.

Im Juli 1911 reiste Van Hise deshalb nach London, um dem Direktorium des Bankhauses Barings seinen Geschäftsplan vorzustellen und über einen Einstieg des Hauses zu verhandeln. Barings hatte sich seit seinem Absturz im Zuge riskanter Kreditgeschäfte in Argentinien 1890 seinen Status als eine der großen Handelsbanken in der City Stück für Stück zurückerarbeitet.[35] Mit Mineralien hatte die Bank seit Jahrzehnten keine Geschäfte mehr gemacht, doch nun sahen die Direktoren in dem brasilianischen Eisenerzprojekt die Gelegenheit, eine verlässliche, langfristige Rendite zu erwirtschaften. Barings Interesse erklärt sich auch durch eine verschärfte internationale Wettbewerbssituation. Der Hauptkonkurrent Rothschilds beispielsweise hatte in die Ölproduktion im Kaspischen Meer sowie in Kupfer- und Diamantminen im südlichen Afrika investiert.[36] So kam den Bankern das Angebot gerade recht. Zudem wurde der Kontakt zu Van Hise durch James J. Hill vermittelt, einen langjährigen Freund und früheren Geschäftspartner des Barings-Direktoriumsmitglieds Gaspard Farrer. Hill, Eisengrubenbesitzer und Eisenbahnmagnat in den nördlichen und nordwestlichen USA, bürgte für die Vertrauenswürdigkeit des Professors. Van Hises lange gepflegte Nähe zu amerikanischen Industriellen verschaffte ihm nun auch Zugang zur ansonsten wenig durchlässigen Welt der Londoner City.

In der Londoner Finanzwelt mit ihrem Ethos und Habitus des *gentlemanly capitalism* war der Geologe ein Außenseiter.[37] Und tatsächlich waren sich die Bankdirektoren nach dem ersten Treffen einig, dass man es »mit einem Mann der Wissenschaft, nicht des Geschäfts« zu tun habe.[38] Ganz sicher habe er keine Vorstellung von dem Ausmaß und der Komplexität des von ihm vorge-

---

33 Vgl. Tyrrell, Ian: Crisis of the Wasteful Nation. Empire and Conservation in Theodore Roosevelt's America, Chicago 2015.

34 Zur Errichtung der EFVM vgl. Almeida, Ceciliano Abel de: O desbravamento das selvas do rio Doce: memórias, Rio de Janeiro 1959.

35 Vgl. Ziegler, Philip: The Sixth Great Power. Barings, 1762–1929, London 1988, S. 244–266.

36 Vgl. Ferguson, Niall: The World's Banker. The History of the House of Rothschilds, London 1998, S. 876–881.

37 Vgl. Cain, Peter J. / Hopkins, Antony G.: Gentlemanly Capitalism and British Expansion Overseas. II. New Imperialism, 1850–1945, in: The Economic History Review 40 (1987), S. 1–16.

38 Cassel an John Baring, Valais (Schweiz), 17.07.1911, Baring Archive (London), Bestand »Brazil Iron Ore Project«, Bd. 1, fol. 56–60.

schlagenen Projekts. Es belustigte sie, dass Van Hise seinen wissenschaftlichen Mitarbeiter Leith als seinen »Partner« bezeichnete, was eine manageriale Geschäftsbeziehung suggerierte.[39] So befanden sich die Investoren in einer zwiespältigen Situation: Das Vorstoßen in ein neues Geschäftsfeld, noch dazu in eine Ressourcenfrontier am anderen Ende der Welt, machte es notwendig, sich auf die Expertise von Außenseitern mit Spezialwissen zu verlassen. Auch wenn Van Hise mit seinem professoralen Auftreten – seine Präsentation glich einem akademischen Vortrag zu den Welteisenmärkten – nicht punkten konnte, so hatten doch die zahlreichen Referenzen, die Barings über ihn eingeholt hatte, einen Vertrauen stiftenden Effekt: Kontaktpersonen in Banken und Bergbauunternehmen in den USA und Schweden bestätigten Van Hises Aufrichtigkeit, wissenschaftliche Strenge und praktische Erfahrung.

Noch wichtiger war es aus Sicht der Investoren, das Außenseiterwissen des Professors in ein neu zu schaffendes, durch eigene Legitimitätsnachweise abgesichertes Wissenskorpus einzubetten.[40] Partner mit entsprechender Erfahrung wurden nun in das Projekt eingebunden: Ernest Cassel, ein Finanzinvestor mit gewichtigen Beteiligungen im schwedischen Eisenbergbau und in der Verhüttungsindustrie, konnte ebenso für das Vorhaben gewonnen werden wie Sir Alexander Henderson, dessen Investmentfirma Greenwood auf brasilianische Eisenbahnen spezialisiert war. Barings, Cassel und Henderson schickten nun jeweils eigens ausgewählte Lagerstättenkundler und Eisenbahningenieure nach Brasilien, welche die von Van Hise gemachten Angaben validieren sollten. Diese Experten stellten tatsächlich nicht nur eine belastbare Wissensgrundlage für die weitere Projektplanung zusammen – nicht zuletzt hinsichtlich der Profitabilität des Vorhabens –, sondern sie repräsentierten auch die unterschiedlichen Stakeholder. Ihre Berichte und Briefe fungierten als kittende Substanz, die die Investorengruppe zusammenhielt. Van Hise war nun aus Londoner Sicht nicht mehr die entscheidende Informationsquelle, seine Rolle reduzierte sich in rein geschäftlicher Hinsicht auf den Grundstücksbesitz seines Unternehmens in Brasilien.

III. Zweite Übersetzung: Markt/Staat

Auf einer anderen Ebene jedoch blieb Van Hise ein wichtiges Puzzleteil. Die brasilianische Regierung musste schließlich noch davon überzeugt werden, dass es im nationalen Interesse lag, einem Konsortium aus britischen und amerikanischen Investoren die Konzession für die Errichtung eines der weltweit größten Eisenerztransportkomplexes und die Ausfuhr riesiger Mengen unbehandelten Erzes nach Europa und Nordamerika zu erteilen. In der Tat lässt sich in den Jahren vor dem Ersten Weltkrieg die Tendenz beobachten, dass brasilianische Politiker mit derartigen Vorhaben vorsichtiger umgingen. Industrialisierung

39 Vgl. ebd.
40 Vgl. Fischer, Globalisierte Geologie (wie Anm. 1), S. 171–189.

galt im vom Kaffee-, Zucker- und Kautschukexport dominierten Brasilien seit Längerem als ein gesellschaftlich-kulturelles Ideal.[41] Ein Manganboom, den der Bundesstaat Minas Gerais seit den 1890er Jahren verzeichnete, hinterließ keine Spuren im Sinne eines Technologietransfers oder eines Industrialisierungs-schubs.[42] Schon im Juli 1909 proklamierte Präsident Nilo Peçanha das Staats-ziel der Errichtung einer nationalen Schwerindustrie zur gewinnbringenden Verarbeitung heimischer Rohstoffe. Der Blick in die Protokolle des brasiliani-schen Abgeordnetenhauses zeigt die diskursiven Motive, welche in der folgen-den politischen Debatte mobilisiert wurden.[43] Einige Parlamentarier warnten vor dem, was man heute »Ressourcenfluch« nennt, eine Vernachlässigung der heimischen Industrie bei gleichzeitiger Konzentration auf Exportmärkte, tech-nologische Abhängigkeit und ein Zurückfallen im Verteidigungssektor. Ein in den 1900er Jahren in nordatlantischen Wissenschaftler- und Politikerkrei-sen virulenter Knappheitsdiskurs in Bezug auf das strategisch wichtige Eisen hatte auch Brasilien erreicht.[44] Dies führte zu einer symbolischen Überhöhung des eigenen Ressourcenreichtums: Brasilien sei aufgrund seines Naturreich-tums dazu bestimmt, die Geschicke der Welt mitzubestimmen; verspiele man jetzt dieses Kapital, würde dies katastrophale langfristige Auswirkungen nach sich ziehen.

Im Sommer 1911 reiste Van Hise nach Brasilien und traf prominente Wissen-schaftler und Politiker, darunter Orville Derby und den Abgeordneten João Pan-diá Calógeras, ein diplomierter Bergingenieur und gleichzeitig der wichtigste Spezialist für Bergbaufragen im brasilianischen Kongress.[45] Derby, der »Vater der brasilianischen Geologie«,[46] pflegte während seiner jahrzehntelangen Arbeit im Lande selten ein ungetrübtes Verhältnis zur brasilianischen Politik. Seine Forschung war meist nicht »angewandt« genug, und er versperrte sich der Vor-gabe, »Boom-Artikel« zu produzieren, die unmittelbaren industriellen Nutzen nach sich zögen – nicht zuletzt deshalb, weil er Brasilien gar nicht für übermäßig

41 Vgl. Luz, Nícia Vilela: A luta pela industrialização do Brasil, São Paulo ²1975; Cribelli, Teresa: Industrial Forests and Mechanical Marvels. Modernization in Nineteenth-Cen-tury Brazil, Cambridge 2016; Hardman, Francisco Foot: Trem fantasma: a modernidade na selva, São Paulo ²2005.

42 Vgl. Priest, R. Tyler: Strategies of Access. Manganese Ore and United States Relations with Brazil, 1896–1953, unveröffentlichte Dissertation, University of Wisconsin-Madison 1996.

43 Vgl. Fischer, Globalisierte Geologie (wie Anm. 1), S. 147–156.

44 Verantwortlich hierfür waren insbesondere die Artikel des französischen Ökonomen Edgar Lozé; vgl. Lozé, Edgar: L'épuisement du minerai de fer dans le monde, in: L'Éco-nomiste Français 34 (1906), S. 879–881. Vgl. auch Williamson, Harold F.: Prophecies of Scarcity or Exhaustion of Natural Resources in the United States, in: The American Economic Review 35 (1945), S. 97–109.

45 Diesen Status verdankte Calógeras in erster Linie seinem Werk »As minas do Brasil e a sua legislação« (2 Bde., Rio de Janeiro 1904–1905).

46 Tosatto, Pierluigi: Orville A. Derby: »o pai da geologia do Brasil«, Rio de Janeiro 2001.

mit Rohstoffen gesegnet hielt.[47] Doch im Falle der Eisenerzlagerstätten fungierte Derby als wichtige Informationsquelle für Prospektoren und Investoren, und er konnte Van Hise Auskunft geben, welche Gruppen in Minas unterwegs waren und auf welche Regionen im Eisendistrikt man sich konzentrieren sollte.

Wie Van Hises Expertenstatus für die Legitimation der britisch-amerikanischen Geschäftsinteressen in Brasilien eingesetzt werden sollte, lässt sich an der Reise Cecil Barings, eines der Direktoriumsmitglieder von Barings, nach Rio de Janeiro zeigen. Baring verbrachte Ende 1912 sechs Wochen in der brasilianischen Hauptstadt mit dem Ziel, von der Regierung eine Subventionszusage für die Umrüstung und Verlängerung der bestehenden Eisenbahntrasse zu bekommen. Ohne staatlich garantierte Dividende würde sich kaum neues Kapital für den sehr teuren Umbau der Linie in eine Erzexporttrasse einsammeln lassen. Neben allerlei Lobbyarbeit und Bestechungsversuchen im Kongress bemühte sich Baring auch, den brasilianischen Präsidenten Hermes da Fonseca persönlich mit möglichst »rationalen« Argumenten von den Chancen des Projekts zu überzeugen. Bei diesen Unterredungen stütze er sich auf ein Memorandum, in dem Van Hise alle »wissenschaftlichen« Argumente zusammengefasst hatte. Bevor Baring nach zwei wenig ertragreichen Audienzen mit dem alternden und wenig sprachgewandten Armeegeneral und Ressourcennationalisten Fonseca die Heimreise antrat, ließ er diesem wenigstens noch eine persönliche Kopie des Memorandums überbringen und pries Van Hise als »berühmten Ökonomen und bedeutende Autorität bezüglich der Konservierung nationaler Reichtümer« an.[48] Er ließ unerwähnt, dass Van Hise ganz nebenbei zu den wichtigsten Besitzern von Eisengrundstücken in Minas gehörte.

In dem Memorandum argumentierte Van Hise, dass Brasilien die Entwicklung nachahmen könne, welche die Vereinigten Staaten im 19. Jahrhundert genommen hatten.[49] Dort habe der Westen zunächst als reine Ressourcenfrontier für die im Osten angesiedelten Industrien fungiert. Doch mit der Verbilligung des Transports hätten sich diese Industrien westwärts verlagert. Folgte früher das Eisen der Kohle, seien diese Abhängigkeiten nun keine Naturgesetze mehr: Die Verwendung von Anthrazitkohle aus Pennsylvania als Brennstoff in den gewaltigen Stahlwerken des Carnegie-Imperiums am Lake Michigan seien hierfür das beste Beispiel. Die Verbilligung des Transports könne auf Brasilien einen ähnlichen Effekt haben. In der Zukunft könnten sogar im brasilianischen Hinterland Industriedistrikte zur Verhüttung heimischen Erzes mit aus Europa importierter Kohle entstehen. Wie in den USA könnten mit den Nebenprodukten dieser Verhüttung Städte illuminiert werden und das Land einen enormen

---

47 Vgl. Derby an Calógeras, São Paulo, 06.08.1905, Fundação Casa de Rio Barbosa (Rio de Janeiro), Nachlass João Pandiá Calógeras, CR 026–05/02.

48 »reputado economista e auctoridade eminente sobre a Conservação de Riquezas Nacionaes«. C. Baring an Hermes da Fonseca, s.l., 07.01.1913, BA, BIOP, Bd. 6, fol. 151.

49 Vgl. Charles R. Van Hise: Exctracto d'uma memoria sobre a industria de ferro no Brasil, BA, BIOP, Bd. 6, fol. 152–156.

Modernisierungsschub erfahren. Das andere Argument war, dass die Endlichkeitsprämisse, unter der das *conservation movement* eine neue Ressourcengovernance für die Vereinigten Staaten zu implementieren versuchte, für Brasilien nicht gelte. Das brasilianische Erz reiche aus, »um alle Bedürfnisse des Landes abzudecken und gleichzeitig für hunderte von Jahren Erz in großem Maßstab dem Export zuzuführen, somit braucht man keine Angst vor der Erschöpfung der Lagerstätten zu haben.«[50]

Das Argument, dass das von Barings gestützte Eisenexportprojekt zu Brasiliens industriellem Take-off führen konnte, streuten Cecil Baring und seine Mittelsmänner gezielt in Regierungskreisen, in den Zeitungen der Hauptstadt und unter den Mitgliedern von Senat und Abgeordnetenhaus. Zumindest von einigen Abgeordneten aus den Bundesstaaten Minas Gerais und Espírito Santo, also den Staaten, die direkt von dem Vorhaben betroffen waren, erhielt Baring Rückendeckung. Jedoch sahen diese Politiker sich harschen Angriffen ausgesetzt. Das »Jornal do Commercio«, eine führende Tageszeitung in Rio, stellte eine Verbindung zwischen den liberalen Ansichten einiger Abgeordneter und der Anwesenheit »eines sehr reichen Engländers« in der Hauptstadt her.[51] Die Politiker seien demnach vom ausländischen Kapital gekauft. Die ganze Episode endete mit einem für die britisch-amerikanische Investorengruppe negativen Ergebnis: Das Gesetz über die staatlichen Subventionen wurde zwar in letzter Minute von beiden Kongresskammern verabschiedet, doch weigerte sich die Regierung, das entsprechende Dekret zu veröffentlichen und einen neuen Vertrag mit den Investoren aufzusetzen. Van Hise hielt in der Folge weiter Kontakt zu brasilianischen Regierungsmitgliedern: Im Juni 1913 traf er Außenminister Lauro Müller in einem Hotel in Chicago und wiederholte im Wesentlichen den Inhalt seines Memorandums. Eine Wirkung zeitigten diese Versuche allerdings nicht mehr. Mit dem Beginn des Ersten Weltkriegs und dem Zusammenbruch der internationalen Märkte kam das Projekt für lange Zeit zum Erliegen.

IV. Dritte Übersetzung: Markt/Wissenschaft

Zuhause in Madison hatte das brasilianische Abenteuer spürbare Auswirkungen auf die akademische Routine der Wissenschaftler. Nach der Übersetzung des Expertenwissens von der Wissenschaft in die Geschäftswelt und von dort in die Politik war dies die dritte Übersetzungsanstrengung. Es gab erfolgreiche Übersetzungen: Die Geologen Leith, Edmund Harder und Rollin Chamberlin, die

---

50 »sufficiente para supprir todas as necessidades do paiz e ao mesmo tempo fornecer em grande escala minerio para exportação por centenas de annos, e assim sendo, o esgotamento das jazidas não é cousa de receiar-se«. Ebd.

51 Vgl. Continuação da 3a discussão do projecto n. 173 B, de 1912, fixando a despeza do Ministerio da Viação e Obras Publicas para o exercicio de 1913, Diario do Congresso Nacional, 20.12.1912, S. 4773–4780, hier S. 4774.

monate- oder (in Harders Fall) sogar jahrelang für die Brazilian Iron and Steel
Company in Brasilien Eisenprospektion betrieben und die erworbenen Grundstücke vor der Konkurrenz bewahrt hatten, nutzten ihre Geländeerfahrung nun
für Veröffentlichungen zur Geologie Brasiliens in führenden Fachzeitschriften.[52]
Über Jahre galten sie als die einschlägigen Spezialisten für Minas Gerais, auch
wenn sich einige ihrer oro- und metallogenetischen Schlussfolgerungen letztlich
als falsch erwiesen.[53] Doch ließen die jungen Geologen beim Timing ihrer Publikationen Vorsicht walten, schließlich war das Geschäft mit dem brasilianischen
Eisenerz noch lange nicht gesichert und die Situation vor Ort nach wie vor von
starker Konkurrenz geprägt. Einem Studierenden, der sich interessiert an Chamberlin wandte und einen Artikel über das brasilianische Erz schreiben wollte, riet
der Professor nach Rücksprache mit Leith ab. Mediale Aufmerksamkeit für die
brasilianischen »Eisenberge« war in dieser Situation nicht erwünscht.[54]

Auch in anderer Hinsicht entstanden bei der Rückübersetzung des Expertenwissens in die Wissenschaft Reibungen, die den unterschiedlichen moralischen Ökonomien des akademischen und des privatwirtschaftlichen Systems
geschuldet waren. Zeitungen in Minnesota und Wisconsin skandalisierten die
Geschäftsreisen der Geologen aus Madison als ungebührliche private Nutzung
öffentlicher Güter.[55] Nicht nur ihre Arbeitszeit, sondern auch ihr Wissen gehörten der Öffentlichkeit, da sich die Wissenschaftler es im Rahmen von staatlich
finanzierten Anstellungen angeeignet hätten. Die Vorstellung einer moralischen
Ökonomie der Wissenschaft als Dienst am Gemeinwesen, wie die »Wisconsin
Idea« sie vertrat, wurde nun gegen den privatunternehmerischen Gründergeist
Van Hises und seiner Mitarbeiter in Stellung gebracht. Diese Kritik drückte
eine verbreitete Sorge um die Unabhängigkeit von Lehre und Forschung in einer
Zeit aus, in der unternehmerische Handlungskriterien größeren Einfluss auf die
universitäre Verwaltung nahmen, wie es beispielsweise der Soziologe Thorstein
Veblen in seiner Streitschrift von 1918, »The Higher Learning in America«,

---

52 Vgl. Harder, Edmund C. / Chamberlin, Rollin T.: The Geology of Central Minas Gerais,
    Brazil. Part I, in: The Journal of Geology 23 (1915), S. 341–378; Dies.: The Geology of Cen-
    tral Minas Gerais, Brazil. Part II, in: Ebd., S. 385–424; Leith, Charles K. / Harder, Edmund
    C.: Hematite Ores of Brazil and a Comparison with Hematite Ores of Lake Superior, in:
    Economic Geology 6 (1911), S. 670–686; Harder, Edmund C.: The »Itabirite« Iron Ores
    of Brazil, in: Economic Geology 9 (1914), S. 101–111; Leith, Charles K.: Iron Ores of the
    Americas, in: Swiggett, Glen L. (Hg.): Proceedings of The Second Pan American Scientific
    Congress (Washington, U. S.A, Monday, December 27, 1915 to Saturday, January 8, 1916).
    Section VII: Mining, Economic Geology and Applied Chemistry, Washington, D. C. 1917,
    S. 954–959.
53 Vgl. Dorr, John van Nostrand / Barbosa, Aluízio Linício Miranda: Geology and Ore
    Deposits of the Itabira District Minas Gerais, Brazil, Washington, D. C. 1963, S. C5.
54 Vgl. R. T. Chamberlin an Leith, Chicago, 02.12.1912, UWA, Leith Papers, 7/13/12–1, Box 6,
    Folder General Correspondence.
55 Vgl. Fischer, Globalisierte Geologie (wie Anm. 1), S. 262–268.

anprangerte.[56] Veblens Ablehnung richtete sich nicht nur gegen von Geschäftsinteressen geleitete *boards of trustees*, sondern gegen die generelle Überforde-
rung der Hochschulen mit gesellschaftlichen Erwartungen, die jenseits »purer«,
interessenfreier Wahrheitsfindung lagen. Veblens Unmut speiste sich aus einer
professoralen »Protestliteratur« der 1890er und 1900er Jahre.[57] Darüber hinaus,
so stellt Richard Teichgraeber, der Herausgeber der Neuauflage von Veblens
»Higher Learning«, fest, seien die Beziehungen zwischen Universitäten und
Geschäftswelt im ausgehenden 19. Jahrhundert regelmäßig Gegenstand von Re-
portagen und Editorials gewesen.[58]

Rein rechtlich hatten sich die geschäftsbeseelten Wissenschaftler nichts zu-
schulden kommen lassen: Sie hatten beispielsweise kein öffentliches Geld in
Verbindung mit ihrem brasilianischen Eiseninvestment verwendet. War es etwa
Forschern im Auftrag des USGS explizit verboten, eigene wirtschaftliche Interessen im Zusammenhang mit den von ihnen erforschten Lagerstätten zu hegen,
so gab es keine Regeln, die Angestellten staatlicher Universitäten verböten, aus
ihrem Wissen finanziellen Nutzen zu ziehen. Dies war schließlich auch die Ver-
teidigungslinie, die Leith in einer im »Wisconsin State Journal« veröffentlich-
ten Replik einnahm: »[Ein] kleiner Teil von [Van Hises] Feldforschung wurde
zu geschäftlichen Zwecken durchgeführt, obwohl er außerordentlich häufig zu
solchen Arbeiten gedrängt wurde und sich ihm viele Gelegenheiten boten, die
er alle trotz großer finanzieller Verluste außer Acht gelassen hat.«[59] In dieser
Lesart war der Beruf des akademischen Geologen mit enormen persönlichen
»Kosten« verbunden: Schließlich wurde nur ein Bruchteil des kommerziellen
Wertes des im Laufe der universitären Karriere akkumulierten Wissens zum
eigenen Nutzen realisiert. Die Geschäfte an einer weit von den Großen Seen
entfernt liegenden Ressourcenfrontier, fernab der Interessen der amerikanischen
Öffentlichkeit, könnten hier Entschädigung bieten.

V. Fazit

Zwischen dem Sommer 1910 und 1913 durchquerte Charles Richard Van Hise
unterschiedliche institutionalisierte Räume, mit dem Ziel, im akademischen
Rahmen angeeignetes Wissen kommerziell zu verwerten. Seine Beteiligung an

---

56 Veblen, Thorstein: The Higher Learning in America. A Memorandum on the Conduct of
   Universities by Business Men, New York 1918.
57 Vgl. Teichgraeber III., Richard F.: Introduction, in: Veblen, Thorstein: The Higher
   Learning in America. A Memorandum on the Conduct of Universities by Business Men,
   Baltimore 2015, S. 1–29, hier S. 2.
58 Vgl. ebd., S. 4.
59 »[A] small proportion of [Van Hise's] field work has been done for commercial purposes,
   notwithstanding the fact that pressure and opportunity for such work have come to him
   to an unusual extent and have been disregarded, to his great pecuniary loss.« Prof. Leith
   in Answer to the Free Press, in: Wisconsin State Journal, 01.07.1911, S. 1.

der Globalisierung der praktischen Geologie ermöglichte ihm Zugriff auf vermarktbares Spezialwissen. Der Versuch, in den internationalen Handel mit Industrieerzen einzusteigen, brachte ihn, durch die Vermittlung amerikanischer Industrieller, in die Londoner City. Dies war die Transmissionskette, über die das Bankhaus Barings auf die Investitionsmöglichkeiten an der neuen brasilianischen Eisenfrontier aufmerksam wurde. Van Hises Expertise wurde zum Bestandteil der – letztlich erfolglosen – Lobbyarbeit der Investoren in den politischen Wirrungen Rio de Janeiros. Die Reibungen zwischen Geschäftsethos und Wissenschaft stehen am Ende der Übersetzungskette durch strukturierte soziale Räume, die ich als methodischen Rahmen für die Untersuchung von gesellschaftlichen und geographischen Grenzüberschreitungen des Expertenwissens vorschlage.

Die hier nachgezeichnete Episode erinnert an die Notwendigkeit einer »Wissensgeschichte der ökonomischen Praktiken«, die über eine Geschichte ökonomischer Ideen oder eine Wissensgeschichte der »Ökonomie« hinausweist.[60] Wir brauchen eine Geschichte der Wissenspraktiken im Kapitalozän oder, etwas bescheidener formuliert, eine Globalgeschichte des Industrialisierungswissens, die den Wandel des Wissens quer durch verschiedene gesellschaftliche Teilsysteme nachverfolgt.[61] So rücken nicht nur bislang vernachlässigte Akteurskonstellationen ins Blickfeld, sondern auch Regionen und Landschaften, welche in der Geschichte des »entfesselten Prometheus«[62] im Nordatlantik nicht vorkommen. Die grenzüberschreitenden Übersetzungen lassen sich nur dann nachvollziehen, wenn wir keine Vorannahmen über ihre spezifische Richtung treffen. So hat die Wissensgeschichte der Neuzeit bislang einen klaren Fokus auf den Nexus zwischen Wissenschaft und Staat gelegt. Marktakteure sollten aber stärker als Wissensproduzenten, -übersetzer und -konsumenten in wissenshistorische Forschung einbezogen werden und nicht als Bewohner eines Paralleluniversums behandelt werden.

Die Spur der Steine aus Brasilien hat gezeigt, wie marktförmige Wissensproduktionen durch wissenschaftliche Akteure in Gang gesetzt werden konnten und wie eine Symbiose aus Wissenschaft und Unternehmertum hergestellt werden musste, um staatliche Akteure und Institutionen zu beeinflussen. Das Scheitern dieses Versuchs bedeutete übrigens nicht, dass das Brasilien-Engagement der amerikanischen Geologen und der britischen Banker folgenlos geblieben wäre: Das Eisenerzprojekt, das nach dem Ersten Weltkrieg vom amerikanischen

---

60 Vgl. Dommann, Monika u. a.: Einleitung. Wissensgeschichte ökonomischer Praktiken, in: Berichte zur Wissenschaftsgeschichte 37 (2014), S. 107–111; Mitchell, Timothy: Rethinking Economy, in: Geoforum 39 (2008), S. 1116–1121; Schmelzer, Matthias: The Hegemony of Growth. The OECD and the Making of the Economic Growth Paradigm, Cambridge 2016.

61 Zum Begriff des Kapitalozäns vgl. Moore, Jason W.: Capitalism in the Web of Life. Ecology and the Accumulation of Capital, London 2015.

62 Landes, David S.: Der entfesselte Prometheus. Technologischer Wandel und industrielle Entwicklung in Westeuropa von 1750 bis zur Gegenwart, Köln 1973.

Investor Percival Farquhar weiterverfolgt wurde, beschäftigte die brasilianische Politik die gesamten 1920er und 1930er Jahre hindurch.[63] Erst 1942, mit dem Eintritt Brasiliens in den Zweiten Weltkrieg auf Seiten der Alliierten, wurde der Eisenabbau im großen Stil unter der Ägide des brasilianischen Staates und mit Hilfe amerikanischer Kredite und Expertise begonnen.[64] Die Pläne der dafür notwendigen Infrastruktur basierten jedoch auf den Kontroversen aus der Zeit vor dem Ersten Weltkrieg.

63 Vgl. Martins, Luciano: Pouvoir et développement économique: formation et évolution des structures politiques au Brésil, Paris 1976; Callaghan, William Stuart: Obstacles to Industrialization. The Iron and Steel Industry in Brazil during the Old Republic, unveröffentlichte Dissertation, University of Texas at Austin 1981; Barros, Gustavo de: O problema siderúrgico nacional na primeira república, unveröffentlichte Dissertation, Universidade de São Paulo 2011; Triner, Gail D.: Mining and the State in Brazilian Development, London 2011.

64 Vgl. Fischer, Georg: Das Staatsunternehmen als Expertenarena. Die Anfangsjahre der *Companhia Vale do Rio Doce*, 1942–1951, in: Rinke, Stefan / González de Reufels, Delia (Hg.): Expert Knowledge in Latin American History. Local, Transnational, and Global Perspectives, Stuttgart 2014, S. 109–138.

Jens Maeße

Hybride Diskursfiguren

Wie Wirtschaftsexpert_innen als Deutungsakteure
inszeniert werden

I. Einleitung

Die Figur der Expert_in spielt vermutlich bereits seit dem Altertum in jenen
Epochen der Menschheitsgeschichte eine gewichtige Rolle, in denen zumindest rudimentäre Institutionen von Staatlichkeit, Wissenschaft, Religion und
Medizin ausgebildet waren. Während sich einige Aspekte des Expertentums
deutlich verändert haben, scheint es insbesondere hinsichtlich der generellen
Funktion von Expertise auch Kontinuitäten zu geben.[1] So ist das konventionelle Bild des Expertentums in der offiziellen gesellschaftlichen Wahrnehmung
oft geprägt von der Idee der *Ratgeber_in*. Akteure aus Politik, Wirtschaft, Erziehung, Öffentlichkeit und anderen Handlungsfeldern nutzen demnach ihre
jeweilige Fachexpertise aus Wissenschaft, Religion oder Berufspraxis, um auf
deren Grundlage Problemdeutungen vorzunehmen und Entscheidungen zu begründen. Expert_innen werden in diesem Bild als epistemische Eliten betrachtet, die über exklusive Deutungsfähigkeit verfügen.

Auch die sozialwissenschaftliche Forschung tendiert oft dazu, dieses Bild
der Rat gebenden Expert_in zu bestätigen. So definiert etwa Stichwehs Professionssoziologie die Professionellen als eine Gruppe von Experten_innen, die auf
Grundlage wissenschaftlich fundierten Wissens auf die Bedürfnisse ihrer Klienten eingehen und sich dabei ausschließlich auf die sachlichen Probleme des zu
behandelnden Falles konzentrieren.[2] Dabei verleiht die Profession den Akteuren
volle Autonomie. Die Klientenorientierung unterscheidet die Professionen von
den modernen Wissenschaften. In dieser Funktion ruht die Figur der Expert_in
in ihrer Rolle als Fachspezialist_in. Allerdings begründet sich diese Vorstellung
der Rat gebenden Expert_in nicht aus sich selbst heraus. Vielmehr liegt ihr ein
modernisierungssoziologisches Entwicklungsmodell zugrunde, wonach zeitge-

---

1 Füssel, Marian u. a. (Hg.): Wissen und Wirtschaft. Expertenkulturen und Märkte vom
  13. bis 18. Jahrhundert, Göttingen 2017; Kinzelbach, Annemarie: Gesundbleiben, Krank-
  werden, Armsein in der frühneuzeitlichen Gesellschaft. Gesunde und Kranke in den
  Reichsstädten Überlingen und Ulm, 1500–1700, Stuttgart 1995.
2 Stichweh, Rudolf: Wissenschaft, Universität, Professionen. Soziologische Analysen, Frankfurt a. M. 1994.

nössische Gesellschaften ausdifferenzierte Gebilde sind, die auf Basis wissenschaftlich begründeter Rationalität handeln und entscheiden. Der wissenschaftlich fundierte Sachverstand der Expert_in verbürgt die rationalen Grundlagen
modernen Wissens und Entscheidens in einer säkularisierten Welt. Rationales
Wissen ist vor diesem Hintergrund mythischen und anderen »irrationalen« und
»vormodernen« Wissenstypen überlegen.

Diesem modernisierungssoziologischen Modell, das die prioritäre Rolle von
rationalem Expertenwissen erst begründet, standen etwa Adorno und Horkheimer bereits in der Mitte des 20. Jahrhunderts skeptisch gegenüber.[3] Expert_
innen sind nicht nur die ›Priester‹ und ›Bürgen‹ der modernen Welt; ihnen
wohnt zugleich stets das retardierende Element der Dialektik der Aufklärung
inne. Sie sind in dieser Rolle immer auch die ›Scharlatane‹ einer instrumentellen Vernunft, die es versteht, die Ansprüche der Modernität in ihr Gegenteil
zu verkehren. Rationales Wissen als Grundlage der modernen Vernunft wird
hiernach gegen die Prinzipien der Aufklärung gewendet und entpuppt sich als
ein Instrument der Macht im Dienste herrschender gesellschaftlicher Gruppen.
Der »Wille zum Wissen« ist nur ein »Wille zur Macht«, wie Foucault sich auf
Nietzsche stützend zugespitzt formuliert.[4]

Folgen wir Adorno, Horkheimer und Foucault in ihrer kritisch-dialektischen
Betrachtung der modernen Welt, dann können wir ein Phänomen wie das Expertentum nicht ohne seinen gesellschaftlichen Rahmen sinnvoll einordnen und
analytisch verstehen. Die Figur der Expert_in als kohärenten Rollenspieler, wie
sie die klassische Professionssoziologie definiert, wird erst vor dem Hintergrund
des modernisierungssoziologischen Rahmens verständlich. Wird dieser Rahmen aber brüchig, dann stellt sich auch die Frage, ob man die Funktionsweise
von Expert_innen in der zeitgenössischen Gesellschaft noch adäquat mit dem
Modell einer rationalistischen und kohärenten Professionsfigur erfassen kann.

Unter dem Eindruck dieser Kritik an der Modernisierungssoziologie hat die
neuere Professions- und Expertenforschung die multiplen Formen, Inkonsisten-
zen und Konflikte von Expertenhandeln aufgezeigt.[5] Insbesondere die Arbeiten von Fritz Schütze[6] haben darauf hingewiesen, dass professionelles Handeln
durch vielfältige Rollenkonflikte gekennzeichnet ist, die sich in allen Feldern
identifizieren lassen, in denen Expert_innen agieren. So werden die Ratio-
nalitätsansprüche des Expertenwissens von moralischen und interpersonalen

---

3 Horkheimer, Max / Adorno, Theodor W.: Dialektik der Aufklärung, Frankfurt a. M. 1969.
4 Foucault, Michel: Der Wille zum Wissen. Sexualität und Wahrheit, Bd. 1, Frankfurt a. M.
   1983.
5 Hitzler, Ronald u. a. (Hg.): Expertenwissen. Die institutionalisierte Kompetenz zur Konstruktion von Wirklichkeit, Opladen 1994; Nützenadel, Alexander: Stunde der Ökonomen.
   Wissenschaft, Politik und Expertenkultur in der Bundesrepublik 1949–1974, Göttingen
   2005; Pfadenhauer, Michaela (Hg.): Professionelles Handeln, Wiesbaden 2005.
6 Schütze, Fritz: Sozialarbeit als »bescheidene« Profession, in: Dewe, Bernd u. a. (Hg.): Erzie-
   hen als Profession. Zur Logik professionellen Handelns in pädagogischen Feldern, Opladen
   1992, S. 132–170.

Dynamiken unterlaufen und relativiert. Sympathie und Mitleid der Expert_innen mit ihren Klient_innen scheinen die Deutungsprozesse zu beeinflussen. Macht und Eitelkeit können den Sachverstand der Expert_in trüben und in nicht-rationale Bahnen lenken. Die Figur der Expert_in ist gespalten zwischen konfligierenden Ansprüchen, Erwartungen und Rollenmustern, die auf Expert_innen-Klient_innen-Interaktionen einwirken.

Der vorliegende Beitrag nimmt diese neueren Befunde der Professions- und Expertenforschung zum Ausgangspunkt, um die Komplexität von Expertenhandeln herauszuarbeiten. Ausgehend von einer diskursanalytischen und macht-soziologischen Perspektive[7] werden Expert_innen als Diskursfiguren betrachtet, die sich in trans-epistemischen Feldern bewegen und in multidimensionale Kommunikationskonstellationen eingebunden sind. Am Beispiel der zeitgenössischen Wirtschaftsexpert_innen wird dargelegt, inwiefern Expert_innen keine homogenen Rollenspieler sind, sondern hybride Diskursfiguren.

Diese Hybridität äußert sich in zwei Dimensionen: Auf der einen Seite agieren Expert_innen nicht in einem einzelnen, abgeschlossenen und in sich stimmigen sozialen Feld, sondern an der Schnittstelle diverser sozialer Handlungsarenen.[8] Dieser Aspekt wird mit dem Begriff des trans-epistemischen Feldes beleuchtet.[9] Auf der anderen Seite kommunizieren Expert_innen nicht auf der Grundlage einer reinen (rationalen) Wissens- und Deutungslogik; vielmehr entfalten die Expert_innendiskurse ein multidimensionales Relevanzsystem, das sich auf inkommensurable Logiken stützt. Es wird nicht ein (rationaler) Sinn produziert, sondern es werden komplexe Bedeutungshorizonte aufgespannt. Dieser Ansatz setzt ein soziologisches Gesellschaftsmodell voraus, in dem Akteure sich in heterogenen Konfliktarenen bewegen, in multiple Rollensets schlüpfen und um ihre jeweiligen Macht- und Deutungspositionen ringen müssen. Während die Modernisierungssoziologie ein auf Homogenität und Rationalität fußendes aus-differenziertes Gesellschaftsmodell unterstellt, geht der hier verfolgte diskurs- und machtsoziologische Ansatz von einem gesellschaftlichen Rahmen aus, der heterogene und miteinander konfligierende Wissenslogiken, Deutungsformen und Machtkämpfe kennt, deren Komplexität eben nicht in jedem Fall durch Reduktion aufgelöst wird.

Das Argument soll anhand von drei empirischen Fällen entwickelt und an zwei Diskursbeispielen illustriert werden. Es wird die These aufgestellt, dass sich Wirtschaftsexpert_innen als hybride Diskursfiguren an der Schnittstelle von Wissenschaft, Politik und Medien entfalten. Dabei sollen Expert_innen nicht als

---

7 Bourdieu, Pierre: Die verborgenen Mechanismen der Macht. Schriften zur Politik und Kultur, Bd. 1, Hamburg 1997; Foucault, Michel: Archäologie des Wissens, Frankfurt a. M. 1981.

8 Siehe dazu Maeße, Jens / Hamann, Julian: Die Universität als Dispositiv. Die gesellschaftliche Einbettung von Bildung und Wissenschaft aus diskurstheoretischer Perspektive, in: Zeitschrift für Diskursforschung 1 (2016), S. 29–50.

9 Siehe dazu Maeße, Jens: Economic experts: a discursive political economy of economics, in: Journal of Multicultural Discourses 10/3 (2015), S. 279–305.

rationale Ratgeber_innen und Problemlöser_innen betrachtet werden, sondern als Projektionsflächen für Legitimität und Reputation. Das Kapitel II.1 skizziert, wie der Exzellenzdiskurs im akademischen Feld der Wirtschaftswissenschaften zur Konstruktion von Mythen beiträgt. Kapitel II.2 und II.3 arbeiten an Beispielen aus der Geldpolitik und der medialen Debatte zur Griechenlandkrise heraus, wie Mythen genutzt werden, um die Diskursposition von Wirtschaftsexpert_innen als hybride Figuren zu konstruieren. Die Konklusion fasst die Ergebnisse zusammen und gibt einen gesellschaftstheoretischen Ausblick.

II. Die diskursive Konstruktion von Hybridität

Im folgenden Kapitel sollen die Mechanismen der Konstruktion von Wirtschaftsexpert_innen als hybride Diskursfiguren herausgearbeitet werden. Der Begriff der Hybridität verweist dabei auf die komplexe und heterogene Einbettung von Expert_innenfiguren in diverse soziale Felder und Kommunikationsbeziehungen. Die Figur der Wirtschaftsexpert_in wird Stück für Stück konstruiert, indem ihr Diskurs gleichzeitig zu unterschiedlichen Kontexten kommunikative Beziehungen aufbaut und damit unterschiedliche Relevanzen und Erwartungen bedient. Diese Felder bzw. Kontexte sollen im Folgenden zunächst skizziert werden, um schließlich ihr Zusammenspiel aufzuzeigen.

II.1. Der Diskurs der Akademie: Forschen und Publizieren im Exzellenz-Dispositiv

Wirtschaftsexpert_innen stützen ihre Expertise nicht nur auf Organisationserfahrung (etwa in Regierungen, Banken, Zentralbanken oder Wirtschaftsunternehmen) und Spezialwissen (etwa über bestimmte Märkte, Branchen, Methoden oder Statistiken), sondern sie präsentieren ihr Wissen immer auch und in erster Linie im Namen wissenschaftlicher Qualität. Die Welt der Wissenschaft zertifiziert Expert_innen als »Ökonomen« und sie verbürgt den wissenschaftlichen Charakter ökonomischer Expertise. Aus diesem Grunde übt das akademische Feld der Wirtschaftswissenschaften einen wichtigen Einfluss auf die Konstruktion der ökonomischen Expert_innenfigur aus.

Worin genau aber liegt dieser Einfluss der Wissenschaft auf die Expert_innenfigur? Während die Wirtschaftswissenschaften selbst diesen Einfluss auf der Ebene der Wissensinhalte vermuten und der offizielle Diskurs die Wissenschaft als Qualitätsbürgen darstellt,[10] gibt es gute Gründe davon auszugehen, dass der

---

10 Siehe etwa Wagner, Gert G.: Quality control for the leading institutes of economic research in Germany: promoting quality within and competition between the institutes, in: Lentsch, Justus / Weingart, Peter (Hg.): The Politics of Scientific Advice. Institutional Design for Quality Assurance, Cambridge 2011, S. 215–228.

Einfluss der akademischen Wirtschaftswissenschaft auf die Expert_innen-Rolle auf der symbolischen Legitimationsebene und nicht auf der konzeptuellen Wissensebene liegt. Interviews und Dokumentenanalysen, die im Rahmen eines von der Volkswagenstiftung geförderten Forschungsprojektes zu Finanzexpert_innen (Financial Expert Discourse, FED) durchgeführt wurden,[11] haben ergeben, dass die Wissensinhalte der akademischen Wirtschaftswissenschaft nur selten den epistemischen Erwartungen in der Politikberatung entsprechen. Während es in der Politikberatung und in anderen Kontexten, in denen Wirtschaftswissenschaftler_innen als Expert_innen auftreten, um die Lösung politikrelevanter, steuerungsbezogener und medial kommunizierbarer Probleme geht, ist das akademische Feld in sehr starkem Maße auf Publikationserfolg in Fachzeitschriften ausgerichtet.

Wissenschaftliche Reputation basiert nicht auf Lösungsorientierung und Praktikabilität ökonomischen Wissens.[12] Vielmehr folgt die Zuschreibung akademischer Anerkennung einem auf Rankings und Ratings basierendem Publikationssystem, das Journale auf Grundlage von *journal impact*-Faktoren hierarchisch klassifiziert. Nicht der Zitations- und anderweitig festgestellte Einflusserfolg einer wissenschaftlichen Publikation zählt, sondern die Position des Journals, in dem die Arbeit publiziert wurde, in international anerkannten Rankings.[13] Dabei ist die praktische Relevanz der Forschungsergebnisse bestenfalls sekundär von Interesse und wird nicht systematisch überprüft. Wissenschaftliche Leistung besteht darin, systematisch in hoch gerankten Journalen zu publizieren und dies anhand von Punkten in Rankings zu dokumentieren, die seit einigen Jahren sogar regelmäßig im »Handelsblatt« publiziert werden.

Vor diesem Hintergrund hat sich in den Wirtschaftswissenschaften (insbesondere in der VWL) ab den 1970er Jahren ausgehend von den USA über Großbritannien (ab den 1990er Jahren) auch in der deutschsprachigen VWL (ab den 2000er Jahren) ein Exzellenz-Dispositiv etabliert, das auf die systematische Sozialisation von Forscher_innen zielt, die in der Lage sind, sich durch ihre Forschungs- und Publikationspraktiken in den symbolischen Hierarchien von Rankings zu positionieren.[14] Diese Neigung zu Exzellenzdiskursen und Eliteorientierungen wurde in unterschiedlichen Forschungsarbeiten untersucht.

11 Siehe Maeße, Jens: Eliteökonomen. Wissenschaft im Wandel der Gesellschaft, Wiesbaden 2015; Ders., Economic Experts (wie Anm. 9).

12 Vgl. Thiemann, Matthias u. a.: Understanding the shift from micro to macro-prudential thinking: A discursive network analysis, SAFE Working Paper Nr. 136 (2016), https://ssrn.com/abstract=2777484 (letzter Zugriff am 01.02.2018).

13 Siehe dazu Hammarfelt, Björn / Rushforth, Alexander D.: Indicators as judgment devices: An empirical study of citizen bibliometrics in research evaluation, in: Research Evaluation 26/3 (2017), S. 169–180, https://doi.org/10.1093/reseval/rvx018 (letzter Zugriff am 02.02.2018).

14 Siehe dazu Maeße, Jens: The elitism dispositif: hierarchization, discourses of excellence and organizational change in European economics, in: Higher Education 73/6 (2017), S. 909–927.

Coats konstatiert für die USA bereits ab den 1970er Jahren eine starke Tendenz zur Elitebildung.[15] Die Studie von Hodgson und Rothman[16] hat die Formierung von Ko-Autorschaften zu exzellenzorientierten Publikationsseilschaften und Reputationskartellen untersucht, die sich um einige wenige »Big Shots« des Faches scharen. Lee, Pham und Gu haben gezeigt, wie Journal-Rankinglisten (hier die sogenannte »Diamond list«) in Großbritannien zu einer Konzentration von Fördermitteln auf einige wenige neoklassisch ausgerichtete Forscher_innen und zur Ausgrenzung großer Teile heterodoxer Ökonom_innen aus der Forschungsfinanzierung beigetragen haben.[17] Für die deutschsprachige VWL hat Maeße in einer Feldstudie untersucht, wie auf Grundlage einer exzellenzorientierten Bewertungslogik von wissenschaftlicher Forschung eine Ungleichverteilung von materiellen, sozialen und symbolischen Ressourcen (Forschungsgelder, Zugang zu prestigeträchtigen Positionen in Wissenschaftsorganisationen, Position in Forschungsrankings) erfolgte und zur Herausbildung einer oligopolen Struktur der akademischen Welt beigetragen hat.[18]

In narrativ-biographischen Interviews mit Doktorand_innen und Postdocs wurde der Frage nachgegangen, inwiefern die materiellen und symbolischen Hierarchien in der Wirtschaftswissenschaft einen Einfluss auf die Forschungs- und Publikationsstrategien von Nachwuchswissenschaftler_innen haben.[19] Hierbei wurden unterschiedliche Techniken herausgearbeitet, welche nicht nur die Formierung eines elitären Habitus[20] und eines meritokratischen Korpsgeists[21] begünstigen. Vielmehr wurde deutlich, dass die Exzellenznorm als ein abstrakter, von den jeweiligen Forschungsthemen abgehobener Referenzrahmen für die Positionierung im wissenschaftlichen Diskurs fungiert. Es geht nicht in erster Linie um die konkreten Inhalte und Themen der Forschung, sondern darum, die eigene wissenschaftliche Karriere als exzellent gegenüber Kommissionen, Kolleg_innen und der Öffentlichkeit ausweisen zu können. Damit tritt das, was Bourdieu als die *illusio* der Wissenschaft beschrieben hat – nämlich der Glaube

15 Vgl. Coats, Alfred W.: The sociology and professionalization of economics. British and American economic essays, Bd. 2, New York 1993.
16 Hodgson, Geoffrey M. / Rothman, Harry: The editors and authors of economics journals: a case of institutional oligopoly?, in: The Economic Journal 109/453 (1999), S. 165–186.
17 Lee, Frederic S. u. a.: The UK Research Assessment Exercise and the narrowing of UK economics, in: Cambridge Journal of Economics 37/4 (2013), S. 693–717.
18 Maeße, Eliteökonomen (wie Anm. 11).
19 Ders.: Opening the black box of the elitism dispositif: graduate schools in economics, in: Bloch, Roland u. a. (Hg.): Universities and the production of elites: discourses, policies, and strategies of excellence and stratification in higher education, London 2018, S. 53–79.
20 Siehe dazu Fourcade, Marion u. a.: The superiority of economists. MaxPo discussion paper 14/3, Paris 2014.
21 Siehe dazu Lenger, Alexander: Der ökonomische Fachhabitus – professionsethische Konsequenzen für das Studium der Wirtschaftswissenschaften, in: Minnameier, Gerhard (Hg.): Ethik und Beruf in der Marktwirtschaft. Interdisziplinäre Zugänge, Gütersloh 2016, S. 157–176.

an die innerwissenschaftlichen Werte der Gemeinschaft –,[22] immer stärker in den Hintergrund. Die Ausrichtung nach abstrakten, messbaren und rechenschaftspflichtigen Erfolgsindikatoren gewinnt demgegenüber an Bedeutung.

In der Folge dieser Entwicklung bezeichnet mess- und vergleichbare wissenschaftliche Exzellenz, auf deren Grundlage Forschungsmittel verteilt werden können und tatsächlich werden, nicht nur den Bewertungsrahmen von akademischer Leistung. Die Produktion von Exzellenz wird zu einem Zweck an sich, weil sie eine kollektive Tätigkeit ist und als das Resultat einer allgemein vorgenommenen und praktisch in vielfältiger Weise umgesetzten Ausrichtung der eigenen Forschung an abstrakten, vertikal gegliederten und mit materiellen und institutionellen Konsequenzen verbundenen Positionierungshierarchie erscheint. An dieser Stelle schleicht sich offenbar ein dialektischer Umschlag ein: Während ursprünglich das Exzellenzmotiv als ein *Mittel* institutionalisiert wurde, um bestehende Forschung zu messen, zu vergleichen und Leistung transparent zu machen, scheint es sich nun in einen *Zweck* verwandelt zu haben, dem die Forschungspraxis unterworfen und die Forschungsziele angepasst werden. In diesem Sinne entmachtet und entfremdet das Exzellenz-Dispositiv die humanistische Forscherpersönlichkeit als Autorität und Instanz der akademischen Urteilskraft. Exzellenz wird nun als ein Mythos etabliert, der nicht nur dazu dient, Macht- und Herrschaftsverhältnisse zu verschleiern und eine ihrer humanistischen *illusio* beraubten Wissenschaft für abstrakte und aus einer innerwissenschaftlichen Sicht sinnlos erscheinende Ziele zu instrumentalisieren.

Vielmehr, so meine These, dient der Exzellenzmythos selbst als diskursive Ressource. Aber Mythen werden innerhalb der Welt, in der sie produziert werden, durchschaut, in Beschlag genommen und gezielt eingesetzt. Akademische Gruppen, die von der Existenz dieser Mythen profitieren, werden ein Interesse daran haben, die Produktion ebendieser Mythen aufrechtzuerhalten und zu verstetigen. Wenn allerdings die Mythen die Welt ihrer Herstellung verlassen, um in anderen, nichtakademischen sozialen Kontexten als Mittel der Kommunikation eingesetzt zu werden, dann erst entfalten sie ihre mythische Rolle. Vor dem Hintergrund dieser Überlegung plädiere ich dafür, die Exzellenzmythen der akademischen Wirtschaftswissenschaft als Machtinstrumente zu deuten,[23] die in der Welt der Politik, der Medien, der Finanzen und Unternehmen dazu beitragen, der Figur der Wirtschaftsexpert_in Reputation und Legitimität zu verleihen.

Die Vorstellung, akademische Exzellenzmythen als Grundlage für die Konstruktion von Expertenreputation in nichtakademischen Feldern wie Medien, Politik oder Finanzwelt zu betrachten, muss unverständlich bleiben, wenn man sich die soziale Welt der Wirtschaftsexpert_innen als einen in sich geschlos-

---

22 Siehe dazu Merton, Robert K.: Science and the social order, in: Philosophy of Science 5/3 (1938), S. 321–337.

23 Siehe Maeße, Jens: The power of myth. The dialectics between »elitism« and »academism« in economic expert discourse, in: European Journal of Cross-Cultural Competence and Management 4/1 (2016), S. 3–20.

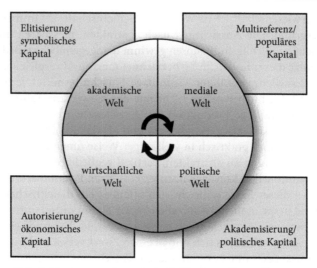

Abb. 1: Das trans-epistemische Feld, eigene Darstellung.

senen, homogenen Sinnkosmos vorstellt, der in einer ausdifferenzierten modernen Sozialwelt ein Subsystem von vielen darstellt. Demgegenüber plädiere ich dafür, die soziale Welt, in der wirtschaftswissenschaftliches Expertentum konstruiert wird, als ein trans-epistemisches Feld zu konzipieren.

Das trans-epistemische Feld erstreckt sich über unterschiedliche Felder der wissenschaftlich-akademischen, medialen, politischen und wirtschaftlichen Wissensproduktion. Jedes Teilfeld ist durch typische Institutionen (Parteien und Verbände, Firmen und Geld, Verlage etc.), sedimentierte Sozialpositionen und Netzwerke (Professor_innen, Politiker_innen, Manager_innen, Expert_innen, Journalist_innen etc.), linguistische Besonderheiten (mediale, politische, akademische etc. Sprachen) und spezifische Kapitalsorten, die institutionelle Beziehungen begründen und den Akteuren Macht verleihen, gekennzeichnet. Diese institutionellen Terrains sind durch diskursive Praktiken miteinander vernetzt und stehen damit in permanentem Austausch miteinander. Die diskursiven Praktiken von Wirtschaftsexpert_innen spielen sich nun nicht *innerhalb* der jeweiligen Institutionenordnung ab, sondern an den *Grenzen* dieser trans-epistemischen Welt. Das bedeutet, dass Wirtschaftsexpert_innen immer in unterschiedliche Felder gleichzeitig hineinkommunizieren. Indem sie dies tun, etablieren sie sich als hybride Figuren, denn ihre Diskurse unterliegen heterogenen Bewertungsmaßstäben. Wie dies funktioniert, soll im Folgenden an einem Beispiel aus dem Diskurs der Geldpolitik der Europäischen Zentralbank (EZB) und der Griechenlandkrise illustriert werden.

II.2. Der Diskurs der Zentralbankpolitik: ökonomische Metaphern und institutionelle Positionierungsstrategien im Konflikt über die Ausrichtung der Geldpolitik

Der Diskurs der Zentralbankpolitik dreht sich im Kern um konkurrierende Deutungen der makroökonomischen Realität, der geld- und zinspolitischen Politikoptionen und seit der Finanzkrise 2007 zunehmend auch um Fragen der finanzökonomischen Stabilität. Traditionell stehen sich hierbei »Falken« und »Tauben« gegenüber. Während erstere in der Regel für höhere Leitzinsen und eine Abwicklung der außerordentlichen Maßnahmen (Quantitative Lockerung, Aufkauf- und Rettungsprogramme) plädieren, argumentieren die »Tauben« für eine Politik, die die Krise noch nicht als überwunden betrachtet und deswegen niedrige Leitzinsen und Stützungskäufe an den Märkten präferiert. Davon versprechen sich die »Tauben« Wachstumsimpulse für die Volkswirtschaft und mehr Finanzstabilität an den Märkten. Die »Falken« hingegen bewerten diese Bedenken als übertrieben und befürworten stattdessen ein Zurück zur Geldpolitik der Vorkrisenzeit. Während die EZB seit ihrer Gründung traditionell eine dem Ordo- bzw. Neoliberalismus nahestehende stabilitätsorientierte Politik (der »Falken«) praktiziert hat, folgt sie seit der Krise 2007 der Position der Neo-Keynesianischen »Tauben«. Im folgenden Beispiel wird illustriert, wie eine solche Politik begründet werden kann, indem eine Position im diskursiven Konfliktfeld bezogen wird.

Das unten angeführte Diskursexzerpt ist dem EZB-Bulletin entnommen. Hierbei handelt es sich um ein reguläres Publikationsorgan der Europäischen Zentralbank, in dem Wirtschaftsexpert_innen aus unterschiedlichen geld-, finanz- und währungspolitisch relevanten Spezialgebieten regelmäßig ökonomische Analysen vornehmen.

»Available indicators point to sustained *global growth* at the beginning of 2017, while the *recovery* in international trade has continued. The *global recovery* is broadening, with the improvement in growth being widespread across countries. International financial conditions have remained overall supportive, despite significant policy uncertainty. *Global headline inflation* has *increased* further, mainly driven by *energy prices*. However, *oil prices* have recently undergone some volatility. *Euro area* financing conditions *remain very favourable*.«[24]

Anhand einer Diskursanalyse soll im Folgenden gezeigt werden, wie dieses Expertenstatement Konzepte aus der Wirtschaftswissenschaft als Metaphern einsetzt, um damit eine institutionelle soziale Diskursposition im politisch-administrativen Feld der Zentralbanker zu begründen. Im Anschluss an Ansätze

---

24 European Central Bank: Update on economic and monetary developments, in: ECB Economic Bulletin 3/2017, S. 2–20, hier S. 2 [Hervorhebungen J. M.].

aus der enunziativen Diskursanalyse[25] soll hier dafür plädiert werden, nicht nur klassische Marker wie Deixis, Polyphonie und Affektivität, sondern auch Nominalkonstruktionen als Positionierungsmarker zu behandeln.

Um das Zusammenspiel zwischen wirtschaftswissenschaftlichen Begriffen und ihrer Rolle als politisch-administrative Metaphern besser erfassen zu können, soll zwischen der Konstruktion imaginärer und sedimentierter Diskurspositionen unterschieden werden. Während erstere das *Image* und damit die Reputation einer bestimmten wissenschaftlichen Profession (der Wirtschaftswissenschaften) bemühen, verweisen die sedimentierten Diskurspositionen auf das *institutionelle Gefüge*, in dem dieser Diskurs als Expertendiskurs gedeutet wird und in dem er zu politikrelevanten Entscheidungen führt.

Fragen wir zunächst, wie eine imaginäre Positionierung hier funktioniert und wie dabei die Exzellenzmythen aus der akademischen Welt ins Spiel kommen können. Der Einfachheit halber wurden alle ökonomischen Fachbegriffe, die auf das Image der Profession der akademischen Wirtschaftswissenschaft verweisen, kursiviert. Der Begriff »Global headline inflation« ist beispielsweise ein Fachbegriff aus der Wirtschaftswissenschaft, der im Gegensatz zu anderen Formen der Inflationsmessung auf die allgemeine Inflationsrate verweist. Dieser Begriff und die damit verbundenen möglichen Implikationen machen diesen Diskurs für Fachleute relevant, die sich mit den Details der Inflationsmessung und Zinspolitik auskennen. Demgegenüber verweist dieses Konzept (wie auch alle anderen Fachtermini) aus der Sicht von Laien aber in erster Linie auf das Image von Ökonom_innen als soziale Gruppe. Über solche Zeichen positionieren sich Wirtschaftsexpert_innen als Mitglieder einer wissenschaftlichen Disziplin gegenüber Nicht-Mitgliedern. Das bedeutet, dass jenseits der vielfältigen und umstrittenen Fachfragen, die sich mit dieser Analysebegrifflichkeit verbinden, ökonomische Fachsprache auch als eine imaginäre Positionierungsstrategie fungiert, über welche die Gruppe als eine abstrakte Entität sichtbar wird.

An dieser Stelle nun beginnen die Exzellenzmythen, die in der akademischen Welt produziert werden, eine kommunikative Wirkung zu entfalten. Allein die Tatsache, dass Ökonom_innen einer sozialen Gruppe angehören, welche Exzellenz kennt, misst, systematisch bewertet und darüber in Wirtschaftszeitungen wie dem »Handelsblatt« regelmäßig berichtet, kann als Ausweis für die Überlegenheit einer bestimmten Fachexpertise gelten. Es kann damit signalisiert werden, dass hier nicht »irgendeine« Expert_in spricht, sondern es kann angenommen werden, dass das Wissen von »Exzellenzmaßstäben« verbürgt wird. Eine solche Legitimierungsrolle des Exzellenzmythos setzt freilich ein Laienpublikum voraus, das man als »informierte Laien« bezeichnen kann. Denn

---

25 Angermüller, Johannes: Nach dem Strukturalismus. Theoriediskurs und intellektuelles Feld in Frankreich, Bielefeld 2007; Fløttum, Kjersti: The self and the others: polyphonic visibility in research articles, in: International Journal of Applied Linguistics 15/1 (2005), S. 29–44.

kognitive Autorität können Expert_innen generell immer nur dann entfalten, wenn die Institutionen, die sie als Expert_innen zertifizieren, von Laien anerkannt werden. Das bedeutet, dass die Laien, die beispielsweise an solchen Zentralbankdiskursen etwa in der Politik, im Wirtschaftsjournalismus oder in der Finanzwelt beteiligt sind, eine ungefähre Ahnung davon haben, was es bedeutet, Wirtschaftswissenschaftler_in zu sein. Die kognitive Autorität, die die Sprecher_innen solcher Diskurse einfordern können, bezieht sich allerdings auf das Image der Ökonom_innen im Auge der Laien und damit auf die imaginäre Diskurspositionierung über Fachbegriffe.

Demgegenüber ist in diesem Diskurs aber noch eine weitere Positionierungsstrategie am Wirken, welche über eine sedimentierte Positionierungsweise verläuft. Diese Positionierungsstrategie nutzt die ökonomische Fachsprache als Metapher, um eine politisch-administrative Diskurspositionierung im Feld der Geldpolitik vorzunehmen. Werfen wir noch einmal einen Blick auf das Diskursexzerpt, dann fällt auf, dass der Diskurs eine grundsätzlich positive Bewertung der unterschiedlichen ökonomischen Aspekte vornimmt (»sustained *global growth*«, »*global recovery* is broadening«, »financial conditions have remained overall supportive«). Im wirtschaftspolitischen Diskurs verweist eine solche Bewertungsstrategie konventionell auf eine Unterstützung der Politik der entsprechenden Institution (in diesem Fall wird implizit die Politik der EZB durch die Expert_innen bestätigt). Besonders interessant an diesem Diskurs sind der vorvorletzte und vorletzte Satz. Während zunächst konstatiert wird, dass die allgemeine Inflationsrate angestiegen ist (»*Global headline inflation* has *increased* further«), was in der Diskursordnung der europäischen Zentralbankdiskurse konventionell auf ein Problem verweist und typischerweise in einer Forderung nach einer Änderung der Zentralbankpolitik mündet, erfolgt im zweiten Teilsatz eine interessante Wendung. Hier werden die »Energiepreise« als Ursache für den Anstieg der Inflationsrate ausgewiesen (»mainly driven by *energy prices*«). Der vorletzte Satz spezifiziert diesen Aspekt, indem der Diskurs darauf verweist, dass die Ölpreise Schwankungen unterliegen (»*oil prices* have recently undergone some volatility«).

Was bedeutet das für das Zusammenspiel der diskursiven Positionierungsstrategien? Zunächst wird implizit eine Grenze gezogen, die einen politökonomischen Innenraum (»Euro area«) von einem Außenraum unterscheidet, denn der Verweis auf »Energiepreise« als ökonomische Ursache für Inflationsanstieg im Euroraum kreiert einen Ort außerhalb der Europäischen Union. Die Ölpreisentwicklung hängt in der ökonomischen Wissenswelt mit Entwicklungen in der Weltwirtschaft und insbesondere den Öl fördernden OPAC-Staaten zusammen. Die Jurisdiktion der EZB endet allerdings an den Grenzen des Euroraumes. Durch diese einfache Strategie gelingt es dem Diskurs zunächst, einen Raum der *institutionellen Zuständigkeit* zu konstruieren. Innerhalb dieses Raumes gab es zwar Inflationsanstiege, allerdings ist die Ursache dafür außerhalb des Raumes zu identifizieren. Implizit kann dies bedeuten, dass Inflationszunahmen nicht durch innerwirtschaftliche Dynamiken angetrieben sind, sondern von außen kommen. Eine Änderung des Status Quo der EZB-Politik folgt daraus dann nicht, wie der letzte Satz andeutet (»*Euro area* financing conditions *remain very favourable*«).

Mit dieser Strategie werden ökonomische Fachtermini also als Metaphern für eine Politikempfehlung benutzt, so als ob unterhalb des Diskurses der ökonomischen Fachanalyse ein zweiter, subtiler, für Außenstehende unsichtbarer Diskurs ablaufen würde. Dieser metaphorische Diskurs begründet nicht nur einen institutionellen Raum, sondern er ergreift Position für eine bestimmte Politikstrategie, die auf eine Beibehaltung der Niedrigzinspolitik sowie der Aufkaufprogramme hinausläuft.

Der Sprecher dieses Diskurses kommuniziert also in mindestens zwei Felder gleichzeitig hinein, indem er einerseits – und zwar auf der Ebene der imaginären Positionierung – als »Wirtschaftsexpert_in« in Erscheinung tritt und sich den symbolischen und konzeptuellen Relevanzsystemen der akademischen Welt stellen muss. Andererseits ist die gleiche Diskursfigur eine »Geldpolitiker_in«, die sich den Regeln, Relevanzen und Bewertungskriterien der finanzpolitischen Institutionenordnung stellen muss und hier auf die politischen Interessen ebenso eingehen wird wie auf die innerorganisatorischen Strategien der Akteure in der Welt der Finanzmarktregulation, Geld- und Wirtschaftspolitik, die mit akademischen Fragen nichts am Hut haben. Die Diskursfigur der Expert_in ist hybrid, weil sie sich an der Grenze von akademischer und politischer Welt ansiedelt. Indem die Wirtschaftsexpert_in sich in zwei Relevanzregistern, Sinnsystemen und Institutionenordnungen gleichzeitig positioniert, spricht sie zwei Sprachen, unterwirft sich zwei Interessenlagen, zwei Karriereverlaufsbahnen und agiert in zwei Welten. Dies ist allerdings nicht die Ausnahme. Es ist vielmehr der Regelfall und Normalzustand, der eine Wirtschaftsexpert_in zu dem macht, was sie für ihre vielfältigen Interaktionspartner_innen ist.

Im folgenden Kapitel soll dieser Aspekt für den Fall der Medienökonom_innen vertiefend erläutert werden. Ökonomischer Populismus, so die These, widerspricht keinesfalls der Logik von Expertendiskursen. Vielmehr basieren solche populistischen Diskurse auf einer Form von Hybridität, welche die kommunikative Komplexität einfacher Expertendiskurse, wie sie für den Fall von Zentralbankdiskursen illustriert wurde, noch einmal steigert. Während Zentralbankdiskurse auf dem Zusammenspiel von akademisch-imaginären und politisch-institutionellen Positionierungsstrategien basieren, operieren Medienexpertendiskurse zusätzlich mit moralischen Positionierungen.

II.3. Der Diskurs der Medienexpert_innen: die Vielschichtigkeit des ökonomischen Populismus

Das trans-epistemische Feld, welches den morphologischen Rahmen der Diskurs-, Macht- und Konfliktlogik des ökonomischen Expertentums absteckt, lässt sich nicht auf nur zwei oder drei Felder begrenzen. Auch technokratisch erscheinende Diskursinszenierungen, wie sie im Falle der Geldpolitik der EZB im vorherigen Kapitel herausgearbeitet wurden, reichen in die Bereiche der Finanzen, der Wirtschaftsunternehmen, aber ebenso in die Handlungsbereiche der Medien hinein. Dafür kommen in der Regel andere linguistische Genres zur Geltung, die eine Übersetzung der technokratischen Texte in praktikable Sprachmilieus erforderlich machen. Ganz allgemein kann festgehalten werden, dass der Grundkonflikt zwischen »Tauben« und »Falken«, »Neoliberalen« und »Keynesianern«, moderaten und stärker radikalen Positionen, links-sozialdemokratischen und liberal-konservativen Lagern beinahe alle wirtschafts- und finanzpolitischen Diskurse prägt. Im folgenden Diskursbeispiel soll gezeigt werden, wie der Ökonom Hans-Werner Sinn eine Position in einem eher medial ausgerichteten Diskurs bezieht.[26]

»Der ungewöhnliche Umfang der Griechenland gewährten Kredite kontrastiert auffällig mit dem von griechischer Seite vielfach erhobenen Vorwurf, die Troika, bestehend aus Vertretern des IWF, der EU und der EZB, hätte Griechenland Austeritätsprogramme aufgezwungen und das Land durch Sparauflagen in eine humanitäre Katastrophe getrieben. Das Gegenteil ist offenkundig der Fall, denn der Zwang zur *Sparsamkeit* kam von den Märkten, und nicht von der Troika.«[27]

Eine ausführlichere Analyse der komplexen und teils versteckten diskursiven Positionierungsmarker dieses Falles würden den Rahmen dieser Abhandlung sprengen. Für unser Argument ist dies auch nicht nötig. Worauf es sich aber lohnt hinzuweisen, ist die Art und Weise, wie dieser Diskurs mit gleich drei Relevanzregistern im Sinne des trans-epistemischen Feldes spielt. Bevor wir darauf eingehen wollen, seien noch einige allgemeine Anmerkungen vorweggeschickt. Hans-Werner Sinn positioniert sich hier gegen die von der politischen Linken, Grünen und Teilen der Sozialdemokratie erhobenen Anschuldigung, wonach die Austeritätspolitik Griechenland geschadet hätte. Sinn selbst gehört zu den energischen Befürwortern einer strengen Austeritätspolitik, allerdings plädiert er dafür, dass Griechenland den Euro verlässt, um auf diesem Wege wettbewerbsfähig zu werden (auch dies würde auf harte Einschnitte im Sinne der Austerität hinauslaufen). Sinn tut dies in einem Umfeld, in dem immer wieder die Unterscheidung zwischen dem »wir« (den »Deutschen«, »Europäern«, »Sparern« etc.) und den »Griechen« (die »über ihre Verhältnissen leben«, »faul« sind, »betrügen« und »mit Geld nicht umgehen können« etc.) bemüht wird. Dies wird im obigen Zitat im ersten Satz nur angedeutet.

Diese Unterscheidung ist allerdings für die Diskurspositionierung im medialen Format von Bedeutung, weil damit eine verdoppelte Identität konstruiert

---

26 Siehe ausführlich Maeße, Jens: Deutungshoheit. Wie Wirtschaftsexperten Diskursmacht herstellen, in: Hamann, Julian u. a. (Hg.): Macht in Wissenschaft und Gesellschaft. Diskurs- und feldanalytische Perspektiven, Wiesbaden 2017, S. 291–318.

27 Sinn, Hans-Werner: Die griechische Tragödie. Ifo Schnelldienst, Sonderausgabe Mai 2015, S. 8 [Hervorhebung J. M.].

wird, die wechselseitig aufeinander bezogen werden kann. Die »wir«-Position der »Deutschen« entspricht der ökonomischen Position der »stabilitätsorientierten Wirtschaftspolitik«, die für »Einsparungen« und »Wettbewerbsfähigkeit« plädiert. Die oppositionelle Position der »Griechen« wird dann mit den »Kritikern der Austeritätspolitik« in Verbindung gebracht und der ökonomischen Position der »Keynesianer« untergeschoben. Wie man schnell sieht, wird dadurch eine einfache hybride Position konstruiert, welche eine wirtschaftswissenschaftliche Haltung mit einer politischen Haltung assoziiert, wobei dieser politische Konflikt nationalistisch überlagert wird. Aber erst vor diesem Hintergrund wird die komplexe diskursive Rolle deutlich, die das nominalisierte Adjektiv »*Sparsamkeit*« zu spielen scheint.

Im Folgenden soll am Beispiel des Nomens »Sparsamkeit« die hybride Positionierungsstrategie dieses Diskurses herausgearbeitet werden. Als Resultat eines Nominalisierungsprozesses trägt das Nomen »Sparsamkeit« noch die Spuren des Adjektivs »sparsam« in sich (signalisiert durch das Suffix »-keit«). Vor dem inneren Auge der Rezipienten dieses Diskurses läuft im Hintergrund des Unbewussten ein sublimiertes Spektakel ab, in dem einige Akteure durch ein »sparsames« Verhalten in Erscheinung treten. »Sparsamkeit« verweist also auf eine soziale Aktivität. Aber was genau kann diese soziale Aktivität bedeuten? Ich plädiere dafür, dies vor dem Hintergrund der Register des trans-epistemischen Feldes durchzuspielen, um zu erkennen, wie hier die hybride Position der Wirtschaftsexpert_in als populistische Position im Feld der Medien konstruiert wird. Dabei können sich unterschiedliche professionelle Akteure vorgestellt werden, die diesen Diskurs deuten.

Eine Ökonom_in würde etwa hinter den »Sparaktivitäten« sehr schnell und ohne Kontroverse eine bestimmte mikroökonomische Theorie erkennen, für die Hans-Werner Sinn als distinguierter Wirtschaftswissenschaftler steht. »Sparen« bedeutet dann, sich als Akteur rational in einem Umfeld zu bewegen, in dem alle am Markt agierenden Akteure von den virtuellen Kreditgeber_innen auf ihre Kreditwürdigkeit bewertet werden. »Sparsames Verhalten« fungiert in dieser Theorie als Beleg für Kreditwürdigkeit. Hans-Werner Sinn ist für seine ökonomischen Arbeiten mehrfach ausgezeichnet und auch akademisch respektiert. Indem hier mit dem »sparen«-Diskurs auf ökonomische Theorie verwiesen wird, konstruiert der Diskurs eine imaginäre Position, die im Register des Exzellenz-Dispositivs des akademischen Feldes erkannt und anerkannt wird.

Aber damit hat der Diskurs erst eine von drei Diskurspositionen konstruiert. Denn die Forderung »zu sparen« unterstützt im politischen Feld die Position der Liberal-Konservativen, für die etwa der damalige konservative Finanzminister Wolfgang Schäuble steht. Das Image der »schwarzen Null« prägte nicht nur die imaginären Auseinandersetzungen in der politischen Konfliktarena Europas und Deutschlands. Es bezeichnet zugleich auch eine sedimentierte Position, weil damit diese Positionierung programmatische Folgen in Form einer restriktiven Finanzpolitik hat. Der akademische Diskurs ist damit zugleich ein politischer Diskurs, der sich in ein festgefügtes institutionelles Ensemble von sozialen

Positionen (Regierung und Opposition) und Praktiken (keine Finanzausgaben tätigen) einschreibt.

Allerdings spielt Hans-Werner Sinn seine eigentliche Stärke weder im akademischen noch im politischen Feld aus. Vielmehr sind seine Diskurse durch eine prägnante mediale Komponente charakterisiert. Der Mediendiskurs adressiert in der Regel die politische Öffentlichkeit und nicht nur Strateg_innen in der Politik und Expert_innen in der Wissenschaft. Ebendiese Öffentlichkeit verständigt sich in aller Regel über moralische Normen und Werte. »Zu sparen« kann vor dem Hintergrund dieses Registers als eine normative Aufforderung zu regelkonformen Verhalten gedeutet werden. »Sparen« oder »verschwenden« sind dann nicht nur wirtschaftswissenschaftliche Metaphern und politisch-strategische Positionierungsweisen in der Finanz- und Wirtschaftspolitik. Es sind vielmehr Insignien moralischen Fehlverhaltens, die vor allem in den sozialstrukturellen Milieus der Mittelschichten auf große Zustimmung stoßen (während die Unterschichten kein Geld haben, das sie sparen könnten, haben dies die wohlhabenden Oberschichten schlicht nicht nötig).

Diese moralisierende Positionierungsstrategie scheint auf den ersten Blick eine imaginäre Positionierung zu sein. Dies träfe dann zu, wenn es darum ginge, mit dem Bild moralisch korrekten Verhaltens in einem Kontext zu spielen, der durch ganz andere Ziele geprägt ist. Insofern wäre dies dann eine rein imaginäre Positionierungsstrategie, wenn es etwa um politische Entscheidungen ginge. Allerdings zielt Hans-Werner Sinns Diskurs nicht in erster Linie darauf, für bestimmte institutionelle Entscheidungsträger_innen nur die Begleitmusik zu spielen. Vielmehr betreibt dieser Diskurs selbst eine Skandalisierung und trägt dazu bei, eine spezifische moralische Haltung zu institutionalisieren. Sinns Diskurs provoziert Empörung und Entrüstung. In diesem Sinne würde es sich um eine sedimentierte oder institutionelle Positionierungsstrategie handeln, die sich in den Medien vollzieht und auf den Aufbau einer populistischen Hegemonie rechts-konservativer Wutbürger zielt.

III. Konklusion

Das Ziel des Beitrags war es, am Beispiel der Wirtschaftswissenschaften zu zeigen, dass Expert_innen keine eindimensionalen Rollenspieler sind, die auf Grundlage rationalen Wissens als Ratgeber_innen agieren. Sie sind vielmehr hybride Konstrukte, die sich über komplexe Diskursstrategien in trans-epistemischen Feldern positionieren und vielfältige Formen von Wissen mit diversen Machtstrategien verbinden. Gegenüber funktionalistischen Expertentheorien und ökonomischen Selbstbeschreibungen zur Rolle ökonomischer Expertise plädierte der Beitrag dafür, den gesellschaftlichen Rahmen, in denen Expert_innen agieren, als eine heterogene Konflikt- und Deutungsarena zu erfassen. Die Gesellschaft ist kein funktional ausdifferenziertes Ensemble homogener und in sich konsistenter Sinn- und Kommunikationseinheiten. Sie ist vielmehr das inkonsistente Resultat sozialer Auseinandersetzungen um Macht, Einfluss, Ressourcen und Sinn. Vor diesem Hintergrund sind Institutionen keine festgefügten Sozialordnungen, sondern sie bilden den Rahmen für diskursive Positionierungskonflikte. Diskurse sind dann auch keine semantischen Totalitäten, in denen der Sinn schlussendlich auf irgendwelche Verbindlichkeiten fixiert werden kann. Diskurse sind vielmehr Praktiken, in denen komplexe, vielfältige, oft widersprüchliche und in sich inkonsistente Bedeutungsreste verhandelt werden. Einige Diskurspositionen verbleiben in einem imaginären Raster, während andere materielle Konsequenzen nach sich ziehen. Expert_innen sind in diesem diskursivierten Konfliktfeld Akteure und Projektionsflächen für Reputation und Deutungsmacht. Vor diesem Hintergrund ermöglichen sie gerade aufgrund ihres hybriden Charakters die Konstruktion komplexer Sinngebilde.

III. Grenzen der Expertise

Klaus Oschema

Irren ohne zu scheitern

Warum (spät-)mittelalterliche Astrologen nicht
immer Recht haben mussten

I. Einstieg mit Versagen – Paul von Middelburg irrt sich

Wie sollte man der Versuchung widerstehen, einen Beitrag zu den »Grenzen der
Expertise« anders einzuleiten als mit einer Geschichte offensichtlichen Versagens? Der Mediziner und Astrologe Paul von Middelburg zählte in der zweiten
Hälfte des 15. Jahrhunderts zweifelsfrei zu den ambitioniertesten und bald auch
berühmtesten Vertretern seiner Kunst.[1] Wohl 1445 im seeländischen Middel-
burg geboren, durchlief Paul nach einem Studium an der Universität Löwen
und anfänglichen Rückschlägen eine beeindruckende Karriere: Er unterrichtete
an der Universität Padua und erhielt bald eine einträgliche Stellung am Hof des
Herzogs von Urbino. Schließlich gelang ihm sogar der Aufstieg zu klerikalen
Würden, als er 1494 zum Bischof von Fossombrone (bei Urbino) ernannt wurde.
Im Rückblick kann diese Karriere folglich als erfolgreich eingeschätzt werden.
Darüber sollte aber nicht vergessen werden, dass die ersten Jahre von Unsicher-
heit geprägt waren.

Vor dem Aufstieg auf den Bischofsthron – und vor dem erfolgreichen Schritt
an den Hof von Urbino – war Paul daher darum bemüht, sich einen Namen als
Astrologe zu machen. Dabei scheute er auch vor polemischer Kritik gegenüber
weniger qualifizierten Kollegen (wie er meinte) nicht zurück. Wie jüngst von
Stephan Heilen unterstrichen, enthielten seine Prognostiken auf die Jahre 1480
und 1481 heftige Anwürfe, insbesondere gegenüber Giovanni Bianchini, dessen
astrologische Tafeln Paul als ungenau kritisierte.[2] Dass seine eigenen Bemühungen um Anerkennung und Durchsetzung schließlich von Erfolg gekrönt waren,
demonstriert wohl nichts besser als ein berühmter ›Plagiatsfall‹: Im Jahr 1488
publizierte Johannes Lichtenberger seine äußerst erfolgreiche »Prognosticatio«,
die zu einem wahren ›Renner‹ der astrologischen Literatur wurde. Der ursprünglich lateinische Text wurde bald in das Deutsche übertragen und durch die junge

---

1 Zu Leben und Werk Pauls von Middelburg siehe die Hinweise bei Heilen, Stephan: Astrology at the Court of Urbino under Federico and Guidobaldo da Montefeltro, in: Boudet,
Jean-Patrice u. a. (Hg.): De Frédéric II à Rodolphe II. Astrologie, divination et magie dans
les cours (XIIIᵉ–XVIIᵉ siècle), Florenz 2017, S. 313–368, hier S. 336, Anm. 100.
2 Vgl. ebd., S. 340–344.

Kunst des Buchdrucks weit verbreitet. Bis zum Jahr 1810 – ein Zeichen für die Langlebigkeit der Rezeption – erschienen über vierzig Drucke dieses Texts.[3] Paul von Middelburg aber ereiferte sich immens, denn ›es war alles nur geklaut‹ – und zwar zu einem großen Teil von ihm.[4]

Letztlich darf man retrospektiv auch diese Episode als Zeichen von Pauls Erfolg deuten, erfuhr er doch nicht nur die (zweifelhafte) Ehre, plagiiert worden zu sein. Vielmehr erwies sich der Text, der auf der Grundlage seiner eigenen Prognostik zu den Auswirkungen einer Konjunktion des Jahres 1484 und weiterer Werke entstanden war, als absoluter Verkaufsschlager. All dessen ungeachtet, war aber auch Paul vor Missgeschicken und Fehlschlägen auf seinem ureigensten Gebiet nicht gefeit: Angesichts einer Sonnenfinsternis, die sich am 17. Mai 1482 ereignen sollte,[5] schloss er nämlich auf gefährliche Auswirkungen auf die Gesundheit Federicos II. da Montefeltro, des Herzogs von Urbino. Allerdings, so fügte Paul hinzu, könne Federico diese Effekte überleben, erhielte er nur eine angemessene medizinische Behandlung. Unglücklicherweise verstarb der Herzog am 10. September 1482. Für Paul, der ihn nicht nur astrologisch beriet, sondern zugleich sein Arzt war, »muss dies peinlich gewesen sein«, wie Heilen knapp festhielt.[6] Diese Einschätzung wird man zweifellos nachvollziehen können. Mindestens ebenso wichtig erscheint mir aber, dass trotz des offensichtlichen Versagens – als Astrologe, als Arzt oder beides – Pauls Karriere anscheinend keinen dauerhaften Schaden litt.

3 Heitzmann, Christian: Hüte dich vor Pfeil und Gift! Johannes Lichtenbergers Vorhersagen und seine bisher unbekannten Horoskope, in: Zeitschrift für Ideengeschichte 3/2 (2009), S. 103–112, hier S. 104, spricht von »mindestens 46 Ausgaben«. Die bislang intensivste Untersuchung von Lichtenbergers Werk bietet Kurze, Dieter: Johannes Lichtenberger († 1503). Eine Studie zur Geschichte der Prophetie und Astrologie, Lübeck 1960, der 57 vollständige und 31 Teildrucke erwähnt, siehe ebd., S. 47 und 81–87 (Katalog); insgesamt zur Wirkungsgeschichte siehe ebd., S. 47–73.

4 Knapp zu Pauls »Praenostica« als Grundlage Vanden Broecke, Steven: The Limits of Influence: Pico, Louvain, and the Crisis of Renaissance Astrology, Leiden 2003, S. 61–65. Nach Vanden Broecke sei es Paul nicht so sehr um den geistigen Diebstahl gegangen, sondern vielmehr um die Vermischung von Prognose und Prophetie in Lichtenbergers Kompilation; seine Reaktion wurde damit zu »an exercise in boundary-work between prognostication and prophecy« (ebd., S. 63 f.). Zum Umgang Lichtenbergers mit Pauls Vorlage siehe Kurze, Johannes Lichtenberger (wie Anm. 3), S. 34 f.

5 Diese Finsternis fand tatsächlich statt, konnte allerdings im europäischen Raum nicht beobachtet werden, siehe die über die »Solar Eclipse Search Engine« der NASA einsehbaren Verlaufsdaten unter https://eclipse.gsfc.nasa.gov/SEsearch/SEsearchmap.php?Ecl=14820517 (letzter Zugriff am 31.05.2018). Die korrekte Berechnung des Zeitpunkts zeugt mithin ebenfalls von den einschlägigen Fähigkeiten Pauls von Middelburg.

6 Heilen, Astrology (wie Anm. 1), S. 344 f.

II. Astrologie im Spätmittelalter:
Hinführung zu einem Grenzfall des Expertentums

Ausgehend von diesem und ähnlich gelagerten Fällen, möchte ich im vorliegenden Beitrag fragen, welche Rolle ›Versagen‹ im Sinne der Erstellung und Publikation fehlerhafter Prognosen für Astrologen des späten Mittelalters spielte. Diese thematische Ausrichtung mag auf den ersten Blick gleich mehrfach randständig erscheinen: Schon die hier zentralen Akteure, also spätmittelalterliche Astrologen, und die Beschäftigung mit ihnen stoßen aus der Warte des mediävistischen Mainstreams oftmals noch auf eine merkliche innerliche Distanznahme. Hinzu kommt, dass ich mich keinesfalls als Fachmann für die Untersuchung vormoderner Experten verstehe, wie sie hier überwiegend im Fokus dieses Bandes stehen. Wenn ich mich also dennoch auf ein schwieriges Terrain wage, um einen Diskussionsbeitrag zu leisten, so bedarf dies eigentlich weitergehender Rechtfertigung. Die eben formulierten Einwände bieten hierfür einen guten Ausgangspunkt: Denn zum einen soll es um die Grenzen der Expertise gehen, so dass ein gewissermaßen ›exzentrischer‹ Blick durchaus willkommen sein mag. Zum anderen aber gilt es, im Hinblick auf meine Protagonisten die in der Forschung weiterhin spürbare Zurückhaltung zu überwinden, da sie auf irrigen oder zu kurz greifenden Annahmen beruht – hierzu gleich noch mehr. Schließlich aber, und dies erscheint mir am wichtigsten, erwächst dieser Beitrag (wie schon der ihm zugrundeliegende Vortrag in Göttingen) aus einem konkreten Problem, das hier ebenso vorgestellt sein soll wie mein Versuch, eine angemessene Antwort zu finden. Dieses Problem reiht sich in eine weiter ausgreifende Fragestellung ein, die ich nur kurz umreißen will, die mir aber bedeutend genug erscheint, um eine nähere Beschäftigung damit zu rechtfertigen.

Den angesprochenen weiteren Rahmen bietet meine aktuelle Forschung zu Astrologen als Experten und wissenschaftlichen Politikberatern im späten Mittelalter.[7] Natürlich würde jeder der eben verwendeten Begriffe seinerseits eine nähere Auseinandersetzung und Rechtfertigung erfordern: Nicht nur unter-

---

7 Diese Fragestellung beschäftigt mich seit einiger Zeit und die Arbeit an einer monographischen Darstellung stand unter anderem im Zentrum eines einjährigen Forschungsaufenthalts als Gerda-Henkel-Member am Institute for Advanced Study in Princeton, NJ (2016–17). Ich möchte der Gerda-Henkel-Stiftung und dem IAS an dieser Stelle für die Unterstützung herzlich danken. Erste Publikationen umfassen Oschema, Klaus: Zukunft gegen Patronage? Spätmittelalterliche astrologische Prognostiken und die Kontaktaufnahme mit Mäzenen, in: Bastert, Bernd u. a. (Hg.): Mäzenaten im Mittelalter aus europäischer Perspektive. Von historischen Akteuren zu literarischen Textkonzepten, Göttingen 2017, S. 267–291; Ders.: Entre superstition et expertise scientifique: l'astrologie et la prise de décision des ducs de Bourgogne, in: Marchandisse, Alain u. a. (Hg.): Les cultures de la décision dans l'espace bourguignon: acteurs, conflits, représentations, Neuchâtel 2017, S. 89–103; Ders.: Unknown or Uncertain? Astrologers, the Church, and the Future in the late Middle Ages, in: Baumbach, Sibylle u. a. (Hg.): The Fascination with Unknown Time, Basingstoke 2017, S. 93–114.

schieden die Autoren des späten Mittelalters, anders als der moderne Sprachgebrauch, nicht klar und konsequent zwischen Astrologie und Astronomie,[8] so
dass durchaus kontrovers zu diskutieren wäre, ob die Bezeichnung als »Astrologe« tatsächlich stets adäquat ist. Darüber hinaus ist auch die Anwendung des
Experten-Begriffs auf die Zeit vor dem 16. Jahrhundert keineswegs unumstrit-
ten – im vorliegenden Band bietet der Beitrag von Eric Ash wichtige Hinweise.[9]
Schließlich sind auch die Begriffe »Wissenschaft« und »Politikberatung« weit
von konzeptioneller Schärfe und Eindeutigkeit entfernt: Während etwa ein weit
verbreiteter Wissenschaftsbegriff vor allem die gegenwärtig gültigen Paradigmen des Arbeitens in den (Natur-)Wissenschaften zur Grundlage nimmt, zeigt
ein Blick in die Geschichte der Techniken von Wissensproduktion und des be-
gleitenden Vokabulars, dass die jeweiligen Vorverständnisse erhebliche Wand-

8 Für einen kurzen, kenntnisreichen Überblick siehe Vanden Broecke, Limits (wie Anm. 4),
   S. 7–27; Ansätze zur Differenzierung finden sich bereits bei Isidor von Sevilla, ohne aber zu
   einer Klärung zu führen, da der Autor an späterer Stelle die Begriffe genau entgegengesetzt
   verwendet, siehe Isidor von Sevilla: Etymologiarum sive Originum libri XX., 2 Bde., hg.
   v. Wallace M. Lindsay, Oxford 1911, III xxiv–xxvii und IV xiii 4. Im frühen 15. Jahrhundert
   bezeichnet Pierre d'Ailly die Astrologie (im heute landläufigen Sinne) als *astronomia*, siehe
   Ribordy, Olivier: Das Ende im Blick. Pierre d'Ailly, das Konstanzer Konzil und das Welt-
   ende, in: Historisches Jahrbuch 137 (2017), S. 183–217, hier S. 186; vgl. Smoller, Laura A.:
   History, Prophecy, and the Stars. The Christian Astrology of Pierre d'Ailly, 1350–1420,
   Princeton, NJ 1994, *passim* (mit zahlreichen Verweisen auf d'Aillys Wortgebrauch, unter
   anderem S. 38, 52 f., u. ö.).
9 Siehe den Beitrag von Eric Ash im vorliegenden Band sowie Ders.: Introduction: Expertise
   and the Early Modern State, in: Ders. (Hg.): Expertise: Practical Knowledge and the Early
   Modern State (= Osiris 25), Chicago 2010, S. 1–24. Vgl. auch die Hinweise bei Knäble,
   Philip: Einleitung, in: Füssel, Marian u. a. (Hg.): Wissen und Wirtschaft. Expertenkulturen und Märkte vom 13. bis 18. Jahrhundert, Göttingen 2017, S. 9–30, hier S. 11 f. Für das
   Mittelalter wurde die Anwendbarkeit des Begriffs in den vergangenen Jahren mehrfach
   diskutiert, wobei zahlreiche Beiträge stark auf das Wortfeld »expertus« und »experientia«
   fokussierten, weniger auf die Entwicklung eines analytischen Konzepts, vgl. Bénatouïl,
   Thomas / Draelants, Isabelle (Hg.): *Expertus sum*. L'Expérience par les sens dans la philosophie médiévale, Florenz 2011; Röckelein, Hedwig / Friedrich, Udo (Hg.): Experten der
   Vormoderne zwischen Wissen und Erfahrung (= Das Mittelalter 17/2), Berlin 2012. Die
   Figur des Experten und einschlägige Praktiken stehen stärker im Zentrum von Société
   des historiens médiévistes de l'Enseignement supérieur public (Hg.): Experts et expertise
   au Moyen Âge. *Consilium quaeritur a perito*, Paris 2012. Auf die wichtigen Publikationen, die aus der Arbeit des Göttinger Graduiertenkollegs 1507 »Expertenkulturen des
   12. bis 18. Jahrhunderts« hervorgegangen sind, sei hier lediglich summarisch verwiesen.
   Hilfreich für die hier entwickelte Perspektive ist die (systematisch, nicht historisch ausgerichtete) Synthese bei Gobet, Fernand: Understanding Expertise. A Multi-Disciplinary
   Approach, London 2016. Ich gehe mithin davon aus, dass auch in der spätmittelalterlichen
   Lebenswelt einzelne Kontexte bereits eine solche Komplexität entwickelt haben, dass der
   Rückgriff auf »Experten« unausweichlich wurde; die Bedeutung dieses Effekts würde mit-
   hin bestenfalls in quantitativer Hinsicht eine Signatur der Moderne darstellen, vgl. hierzu
   Giddens, Anthony: The Consequences of Modernity, Cambridge 1990.

lungen durchliefen.[10] Letztlich verschaffen damit weder die Bezugnahme auf gegenwärtige Praktiken noch ein Fokus auf den Begriff eine sichere Grundlage; stattdessen kann es nur darum gehen, eine strukturell ausgerichtete, heuristisch fruchtbare Arbeitsdefinition anzunehmen. Begriff und Phänomen der »Politikberatung« schließlich stellen für die Epoche des Mittelalters weitgehend Neuland dar, nicht zuletzt aufgrund der Schwierigkeiten, sich den entsprechenden Zusammenhängen quellengestützt anzunähern.[11]

Diese knappen Hinweise machen bereits klar, dass die eigentlich nötigen Grundlagen im Rahmen des vorliegenden Beitrags keinesfalls im Detail gelegt werden können – insbesondere, um den eigentlichen Gegenstand nicht unnötig mit ausgefeilten Konstruktionen zu seinen Voraussetzungen zu überwuchern. Im Sinne der Konzentration auf die eigentliche Kernfrage seien die Leserin und der Leser hiermit daher eingeladen, mögliche Bedenken zunächst zurückzustellen und sich auf die folgende Problemskizze einzulassen.

Als Ausgangspunkt des gemeinsamen Gangs durch das untersuchte Problem sollen einige Bemerkungen zur Rolle der Astrologie und der Astrologen im späten Mittelalter dienen: Wie bereits erwähnt, hielt und hält sich der Mainstream der mediävistischen Forschung von diesem Thema weitgehend fern. Tauchen dennoch Verweise in breiter angelegten Untersuchungen auf (und bleiben dann recht kurz), so dienen sie zumeist der Herausstellung der mittelalterlichen Alterität und charakterisieren damit die Epoche oder einzelne Protagonisten und Sachverhalte als genuin vormodern: Ein Fürst, der sich von Astrologen beraten ließ, erscheint modernen Historikern zumeist in erster Linie als abergläubisch und damit vielleicht als typischer Vertreter seiner Epoche; kaum jemals aber wird dieser Wesenszug zur Grundlage für eine eingehendere Auseinandersetzung gemacht, wirkt er doch zu zeitgebunden und einer kritischen Analyse unzugänglich.[12]

---

10 Instruktiv hierzu Meier-Oeser, Stephan u.a.: Art. Wissenschaft, in: Historisches Wörterbuch der Philosophie 12 (2004), Sp. 902–948.

11 Eine Ausnahme stellt dar: Miethke, Jürgen: Wissenschaftliche Politikberatung im Spätmittelalter. Die Praxis der scholastischen Theorie, in: Ders.: Theoretische Reflexion in der Welt des späten Mittelalters, hg. v. Martin Kaufhold, Leiden 2004, S. 337–357; vgl. mit Blick auf die Astrologie Pangerl, Daniel Carlo: Sterndeutung als naturwissenschaftliche Methode der Politikberatung. Astronomie und Astrologie am Hof Kaiser Friedrichs III. (1440–1493), in: Archiv für Kulturgeschichte 92/2 (2010), S. 309–327. Bezeichnenderweise fokussiert Rudloff, Wilfried: Geschichte der Politikberatung, in: Bröchler, Stephan / Schützeichel, Rainer (Hg.): Politikberatung, Stuttgart 2008, S. 83–103, auf das 20. Jahrhundert.

12 So bleiben etwa die Hinweise auf die astrologische Beratung der burgundischen Herzöge aus dem Haus Valois im 14. und 15. Jahrhundert in den einschlägigen Studien meist recht kurz, vgl. knapp Oschema, Entre superstition (wie Anm. 7), S. 93 f. Auch zu König Karl VII. von Frankreich, in dessen Regierungszeit immerhin erstmals ausdrücklich ein königlicher *astrologien* in den Rechnungen belegt ist, bleibt dieser Aspekt häufig unterbelichtet; siehe aber Boudet, Jean-Patrice: Les astrologues et le pouvoir sous le règne de Louis XI, in: Ribémont, Bernard (Hg.): Observer, lire, écrire le ciel au Moyen Âge. Actes du colloque d'Orléans (22–23 avril 1989), Paris 1991, S. 7–61, hier S. 15 f. (zu Arnaud de la Palu).

Hinweise auf Momente der astrologischen Beratung dienen damit nur zu oft
der Markierung einer mittelalterlichen Andersartigkeit, bevor die betreffenden
Historikerinnen und Historiker dann dazu übergehen, ihren jeweiligen Gegenstand – die Geschichte eines Hofs, eines Fürsten oder ähnliches – nach den
›eigentlich‹ relevanten Maßstäben und Aspekten zu untersuchen: Zu diesen zählen traditionell Momente der politischen Ereignisgeschichte, der Entwicklung
von Verfassung und/oder Verwaltung sowie des Regierungshandelns im engeren
Sinne. Eine markante Weitung des Blicks markieren demgegenüber Studien,
die im Sinne einer kulturwissenschaftlichen Öffnung jüngst vermehrt die Erziehung am Hof untersuchen, wobei sich hier zugleich ›klassische‹ Relevanz im
Sinne der sozialen Integration behaupten lässt.[13]

Ironischerweise ist dieser spezifische blinde Fleck in der Erforschung und
Darstellung der mittelalterlichen Kulturen nicht zuletzt mit der Ausprägung des
westlich-modernen Wissenschaftsverständnisses zu erklären, das auf einer eng-
geführten Auffassung von Rationalität basiert. Ausschlaggebend wurde hier die
Herausbildung auch der mittelalterlichen Geschichte als akademisch-wissen-
schaftliche Disziplin im Verlaufe des 19. Jahrhunderts: Seit dieser Phase wurden
vorrangig solche Phänomene, Strukturen und Verhaltensweisen als ›geschichtswürdig‹ wahrgenommen, die sich einer ›modernen‹ Rationalität erschlossen.
Am deutlichsten wird dies wohl bei den frühen Akzentsetzungen, welche die
politische und Ereignisgeschichte sowie die Verfassungsgeschichte in den Mittelpunkt rückten. Tatsächlich folgen aber auch jüngere und eigentlich offener
gestaltete Zugänge ähnlichen Parametern des Rationalen, wie etwa in Studien
zur Untersuchung rituellen Handelns in der Vormoderne zu erkennen ist.[14] Ku-
rioserweise trifft sich im Ergebnis die ›Astrologiefeindlichkeit‹ (oder zumindest
die innere Distanz zur Rolle der Astrologie) des mediävistischen Mainstreams
mit einer lange eingeschliffenen kritischen Haltung der römisch-katholischen
Kirche, die seit der Zeit des Kirchenvaters Augustinus eine Tradition der Astrologiekritik kannte.[15]

---

13 Exemplarisch seien hier genannt Müsegades, Benjamin: Fürstliche Erziehung und Aus-
    bildung im spätmittelalterlichen Reich, Ostfildern 2014; Deutschländer, Gerrit: Dienen
    lernen, um zu herrschen. Höfische Erziehung im ausgehenden Mittelalter (1450–1550),
    Berlin 2012. Deutlich weniger gelungen ist Bischof, Anthea: Erziehung zur Männlichkeit.
    Hofkarriere im Burgund des 15. Jahrhunderts, Ostfildern 2008, die mehrfach nicht auf
    dem aktuellen Forschungsstand aufbaut.
14 So werden etwa die äußerst verdienstvollen Beiträge von Gerd Althoff, der sich seit länge-
    rer Zeit der »symbolischen Kommunikation« in der Vormoderne widmet, durch die Suche
    nach der ›eigenen Rationalität‹ des Mittelalters dominiert, die sich entweder in Form von
    »Spielregeln« oder einer »Grammatik« manifestiere, siehe etwa Althoff, Gerd: Spielregeln
    der Politik im Mittelalter. Kommunikation in Frieden und Fehde, Darmstadt 1997; Ders.:
    Das Grundvokabular der Rituale. Knien, Küssen, Thronen, Schwören, in: Ders. u. a. (Hg.):
    Spektakel der Macht. Rituale im Alten Europa 800–1800, Darmstadt 2008, S. 149–154,
    hier S. 149.
15 Knapp zu den spätantiken Umbrüchen Metzler, Karin: Konstanz von Weltbildern am
    Beispiel der Astrologie, in: Markschies, Christoph / Zachhuber, Johannes (Hg.): Die Welt

Allerdings existieren Ausnahmen: Im früheren 20. Jahrhundert hatten sich vorrangig Wissenschaftshistoriker, insbesondere aus dem Umfeld der Warburg-Schule, für die Geschichte der Astrologie interessiert.[16] Deren Bedeutung für die Entwicklung der europäischen Wissenschaften ist etwa daran abzulesen, dass die jüngste Ausgabe der »Cambridge History of Science« ganz selbstverständlich einen Abschnitt zu »Astronomy and Astrology« enthält.[17] Schließlich kam es dann vor allem ab den 1990er Jahren unter dem verstärkten Einfluss kulturwissenschaftlicher Zugriffe zu intensivierten Forschungen, aus denen eine Reihe grundlegender Werke hervorging, welche die Bedeutung von Astrologie und Astronomie für die Kulturen des späten Mittelalters klar herausstellten. Die Rezeption der erarbeiteten Inhalte im Kontext allgemeiner ausgerichteter Untersuchungen zur Epoche des Mittelalters erfolgt allerdings relativ zögerlich. Dies liegt keineswegs daran, dass der Gegenstand bei einer solchen Öffnung des Fokus weniger bedeutsam würde: Ganz im Gegenteil zeigte eine ganze Reihe jüngerer Beiträge[18] deutlich, welch zentrale Rolle der Astrologie und den Astrologen weit über den engeren Rahmen einer Gelehrten- und Wissenschaftsgeschichte hinaus zukommt.[19] Einen eindrücklichen Zwischenstand bilanziert etwa der 2014 durch Brendan Dooley herausgegebene »Companion to Astrology in the Renaissance«, der mit seinen Abschnitten zu »Astrologie und Gesellschaft« oder »Astrologie und Politik« hier stellvertretend für viele weitere genannt sei.[20]

als Bild. Interdisziplinäre Beiträge zur Visualität von Weltbildern, Berlin 2008, S. 81–90, hier vor allem S. 85–88; siehe auch den vorzüglichen Überblick bei Smoller, History (wie Anm. 8), S. 25–42. Als Gesamtdarstellung zur Astrologie im europäischen Mittelalter siehe Tester, Jim: A History of Western Astrology, Woodbridge 1990 [orig. 1987].

16 Neben den wichtigen Beiträgen von Neugebauer, der sich besonders für die altorientalischen Grundlagen interessierte (siehe Neugebauer, Otto: Astronomy and History. Selected Essays, New York 1983), sei hier verwiesen auf Boll, Franz u. a.: Sternglaube und Sterndeutung. Die Geschichte und das Wesen der Astrologie, Stuttgart ⁷1977 [1. Auflage: Leipzig 1918], und Wedel, Theodore O.: The Medieval Attitude toward Astrology, particularly in England, New Haven 1920.

17 North, John D.: Astronomy and Astrology, in: Lindberg, David C. / Shank, Michael H. (Hg.): The Cambridge History of Science, Bd. 2: Medieval Science, New York 2013, S. 456–484.

18 Zu den Pionieren dieser jüngeren Tradition zählen unter anderem Ders.: Chaucer's Universe, Oxford 1988, und Curry, Patrick: Prophecy and Power. Astrology in Early Modern England, Princeton 1989. Wichtige Anregungen bot auch Garin, Eugenio: Astrologie in der Renaissance, Frankfurt a. M. 1997 [ital. orig. 1976].

19 Unter den einschlägigen Studien sei hier nur eine Auswahl herausgegriffen: Smoller, History (wie Anm. 8); Carey, Hilary M.: Courting Disaster. Astrology at the English Court and University in the Later Middle Ages, London 1992; Veenstra, Jan R.: Magic and Divination at the Courts of Burgundy and France. Text and Context of Laurens Pignon's Contre les devineurs (1411), Leiden 1998; Mentgen, Gerd: Astrologie und Öffentlichkeit im Mittelalter, Stuttgart 2005; Boudet, Jean-Patrice: Entre science et nigromance. Astrologie, divination et magie dans l'occident médiéval, XIIᵉ–XVᵉ siècle, Paris 2006; Azzolini, Monica: The Duke and the Stars. Astrology and Politics in Renaissance Milan, Boston 2012; Hayton, Darin: The Crown and the Cosmos. Astrology and the Politics of Maximilian I, Pittsburgh, PA 2015.

20 Dooley, Brendan (Hg.): A Companion to Astrology in the Renaissance, Leiden 2014.

Insgesamt, so ist auf dieser Grundlage festzuhalten, kann die Bedeutung der
Astrologie für die Kulturen des späten Mittelalters kaum überschätzt werden –
und zwar in ganz unterschiedlichen sozialen Kontexten: An Universitäten wurden einschlägige Inhalte im Curriculum der Artes-Fakultäten vermittelt, waren
aber auch im Bereich der Medizin von grundlegender Bedeutung.[21] An Höfen
des 13. bis 15. Jahrhunderts finden wir regelmäßig Astrologen als Berater von
Fürsten und anderen politischen Entscheidungsträgern, wenngleich die individuellen Vorlieben und Neigungen dieser Auftraggeber stark variieren konnten.[22]
Auch im städtischen Kontext wollte man den Rat auf der Grundlage astrologischer Expertise nicht missen, wenngleich diese Dimension bislang deutlich am
schwächsten untersucht wurde. An einschlägigen Indizien mangelt es jedoch
nicht,[23] bis hin zur Tätigkeit eines Astrologen wie Richard Trewythian, zu dessen Klienten in der Mitte des 15. Jahrhunderts offensichtlich auch Angehörige
der einfachen Stadtbevölkerung Londons zählten (sofern sie sich Trewythians
Dienste leisten konnten).[24] Kurz zusammengefasst lässt sich auf der Basis der
einschlägigen Forschung damit festhalten, dass ein adäquates Verständnis der

---

21 Vgl. bereits die (noch zurückhaltende) Einschätzung bei Grant, Edward: The Foundations
    of Modern Science in the Middle Ages: Their Religious, Institutional, and Intellectual
    Contexts, Cambridge 1996, S. 137, sowie Lemay, Richard: The Teaching of Astronomy in
    Medieval Universities, Principally at Paris in the Fourteenth Century, in: Manuscripta
    20/3 (1976), S. 197–217. Die Verankerung an den Universitäten belegt auch die Auf-
    gabe von Professoren mit einschlägigem Lehrgebiet, jährliche Prognostiken zu verfassen
    (sogenannte *judicia anni*), siehe knapp Juste, David (Hg.): Les manuscrits astrologiques
    latins conservés à la Bayerische Staatsbibliothek de Munich, Paris 2011, S. 33. Zur Verbin-
    dung von Astrologie und Medizin siehe auch Akasoy, Anna u. a. (Hg.): Astro-Medicine.
    Astrology and Medicine, East and West, Florenz 2008.
22 Eine Sammlung zahlreicher Beispiele bietet Mentgen, Astrologie (wie Anm. 19), S. 159–259;
    vgl. daneben Fallstudien zu einzelnen Höfen, etwa Azzolini, Duke (wie Anm. 19) (Mai-
    land); Heilen, Astrology (wie Anm. 1) (Urbino); Boudet, Astrologues (wie Anm. 12)
    (Frankreich); Carey, Courting Disaster (wie Anm. 19) (England); Oschema, Entre super-
    stition (wie Anm. 7) (Burgund).
23 So kaufte etwa der Rat von Frankfurt am Main im Jahr 1430 einen astrologischen Alma-
    nach, siehe Stadtarchiv Frankfurt am Main (Institut für Stadtgeschichte), A6: Extrakte
    aus Rechen- und Ratsbüchern, 1 (1341–1618), fol. 72ʳ; ich danke Dr. Michael Matthäus
    (Frankfurt a. M.) für seine wertvollen Hinweise. Zum Frankfurter Beispiel siehe auch
    Mentgen, Astrologie (wie Anm. 19), S. 258 f. (mit Hinweis auf Johann Reyer von Amor-
    bach, der um 1430 im Dienst der Stadt Frankfurt stand).
24 Zur Tätigkeit des 1393 geborenen Trewythian siehe Page, Sophie: Richard Trewythian
    and the Uses of Astrology in Late Medieval England, in: Journal of the Warburg and
    Courtauld Institutes 64 (2001), S. 193–228, hier vor allem S. 204–211. Das Phänomen spielt
    bis weit in die Neuzeit hinein eine bedeutende Rolle, siehe etwa Kassell, Lauren: Medicine
    and Magic in Elizabethan London. Simon Forman: Astrologer, Alchemist, and Physician,
    Oxford 2005. Das von Kassell in Cambridge geleitete »Casebooks Project« baut auf den
    ca. 80.000 Konsultationen auf, die Simon Forman und Richard Napier zwischen 1596 und
    1634 anfertigten, siehe http://www.magicandmedicine.hps.cam.ac.uk/ (letzter Zugriff
    am 31.05.2018).

Kulturen des europäischen Spätmittelalters (und weit darüber hinaus)[25] nicht möglich ist, ohne den Astrologen, ihrer Rolle und ihrer Tätigkeit angemessenen Raum zu bieten.

Viele der Arbeiten, die dem heutigen Wissensstand zugrunde liegen, zielten darauf ab, die zentrale Rolle der Astrologie für die spätmittelalterlichen Kulturen aufzuzeigen. Ich möchte hier auf dieser Grundlage aufbauen; damit setze ich die Einsicht in die Bedeutung der Astrologie voraus und nutze sie als Ausgangspunkt meiner Überlegungen. Das mittlerweile verfügbare Material ist zudem so vielfältig und quantitativ bedeutsam, dass ich zur Entwicklung meines Arguments aus der Vielzahl der sozialen Rollen und Orte der Astrologen eine einzige herausgreifen möchte, nämlich jene des Experten – die alleine bereits vielfältig und schillernd genug ist. Als zusätzliche Engführung (die allerdings nicht im Sinne der Fokussierung auf eine detaillierte Fallstudie zu verstehen ist), werde ich mich auf das Aktivitätsfeld des ›spätmittelalterlichen Hofs‹ konzentrieren – wohl wissend, dass dieser bestenfalls als idealtypische Konfiguration zu denken ist, deren reale Ausprägungen eine immense Bandbreite aufweisen.[26] Meine konkrete Materialgrundlage, soviel wird rasch deutlich werden, stellt lediglich eine knappe Blütenlese dar, die auf den publizierten Studien aufbaut, deren Verfasserinnen und Verfassern ich zu Dank verpflichtet bin. Wenn ich mich hier auf bereits verfügbare Materialien beschränke, so ist dies insbesondere damit zu rechtfertigen, dass ich keineswegs neue Fallbeispiele präsentieren möchte, sondern vielmehr eine systemische Frage diskutieren will, die sich unmittelbar aus den bekannten Befunden ergibt und die für eine Diskussion der Grenzen der Expertise von zentraler Bedeutung zu sein scheint.

Gehen wir also zunächst davon aus, dass im späten Mittelalter zahlreiche Astrologen in Kontexten begegnen, die wir als hochgradig politisch und nahe an den Zentren der Macht beschreiben können. Insbesondere für viele Höfe ist das Phänomen gut belegt und stellenweise auch in seinen Abläufen detailliert nachvollziehbar. Wichtig ist zudem, dass es sich bei den hier interessierenden Protagonisten keineswegs – wie es ein modernes Vorurteil gerne will – um betrügerische Scharlatane und Hochstapler handelte, welche die Leichtgläubigkeit und den Aberglauben ihrer Klienten ausnutzten. Vielmehr konnten viele von ihnen auf ein absolviertes Universitätsstudium verweisen: In der Mehrzahl handelte es sich um qualifizierte Mediziner (Mathematiker waren an Höfen eher

---

25 Zur Entwicklung in der Frühen Neuzeit siehe bereits Garin, Astrologie (wie Anm. 18); vgl. auch Curry, Prophecy (wie Anm. 18); Grafton, Anthony: Cardanos Kosmos. Die Welten und Werke eines Renaissance-Astrologen, Berlin 1999; Brosseder, Claudia: Im Bann der Sterne. Caspar Peucer, Philipp Melanchthon und andere Wittenberger Astrologen, Berlin 2004.

26 Zur Vielgestaltigkeit der Zugänge, in der sich die Vielfalt der Facetten des Objekts »Hof« spiegelt, siehe Bihrer, Andreas: *Curia non sufficit*. Vergangene, aktuelle und zukünftige Wege der Erforschung von Höfen im Mittelalter und in der Frühen Neuzeit, in: Zeitschrift für Historische Forschung 35/2 (2008), S. 235–272, vor allem S. 248 (Bedeutung der »idealtypischen Beschreibung«).

seltener zu finden), die zur Ausübung ihrer Kunst gemäß der Wahrnehmung ihrer Zeit auch über astrologische Kenntnisse verfügen mussten.[27] Sie besaßen gute Fähigkeiten in der empirischen Beobachtung von Himmelsphänomenen und konnten diese in ihrer Regelhaftigkeit mathematisch erfassen und beschreiben.[28] Auf der somit gewonnenen empirischen Grundlage, die sie gemäß spezifischer Methoden verarbeiteten, war es den Astrologen dann möglich (zumindest reklamierten sie dies für sich selbst), Einblicke in gegenwärtige und zukünftige Erscheinungen auf der Erde zu entwickeln: das Produkt ihrer Tätigkeit bestand also in einem ›Wissensobjekt‹, das sie ihren Klienten für eine Gegenleistung beratend zur Verfügung stellen konnten. Kurz: Diese Astrologen lassen sich sinnvoll als Experten fassen. Oftmals fungierten sie als ›wissenschaftliche Politikberater‹, deren Stimme wahrgenommen wurde und die für ihre Dienste eine Bezahlung erhielten.

In den tradierten Quellen ist die Tätigkeit dieser Experten vermutlich systematisch unterrepräsentiert: Noch im 15. Jahrhundert dürften sie vielen Chronisten schlicht nicht als ›geschichtswürdig‹ erschienen sein, sofern sie nicht Anlass für außergewöhnliche Skandalmomente und daraus resultierende Kritik boten.[29] Aber auch die überlieferte Rechnungslegung vieler Höfe verschleiert

27 Vgl. die Hinweise in Anm. 21 und French, Roger: Astrology in Medical Practice, in: García-Ballester, Luis u. a. (Hg.): Practical Medicine from Salerno to the Black Death, Cambridge 1994, S. 30–59. Hirai, Hiro: The New Astral Medicine, in: Dooley (Hg.), Companion (wie Anm. 20), S. 267–286, unterstreicht die Neukonfigurationen ab dem späten 15. Jahrhundert, die den Konnex zwischen Astrologie und Medizin damit aber keineswegs auflösen. Vgl. als zeitgenössische Einschätzung aus dem 14. Jahrhundert zur Bedeutung der Astrologie für die medizinische Praxis, die auf einer weit verbreiteten Tradition aufbauen konnte, Agostino da Trento: Opusculum de astrologia et medicina, in: Ders.: Astrologia e medicina, hg. v. Domenico Gobbi, Trient 2009, S. 29–60, hier S. 40: »Concludo igitur breviter me expediendo quantum ad istam conclusionem quod ›medicus sine astrologia est sicut cecus sine baculo‹.«
28 Tatsächlich machten Tafelwerke, wie etwa die berühmten »Alfonsinischen Tafeln«, die empirische Beobachtung der Gestirne teils überflüssig. Im Gegenzug verlangte die korrekte Aktualisierung der in diesen Werken notierten Angaben umso größere mathematische Fähigkeiten. Vgl. etwa Poulle, Emmanuel: Les tables alphonsines et Alphonse X de Castille, in: Comptes rendus des séances de l'Académie des Inscriptions et Belles-Lettres 131/1 (1987), S. 82–102, hier S. 86: »Le maniement des tables est évidemment assez compliqué: c'est une affaire de spécialiste.«
29 So berichtete der Florentiner Chronist Giovanni Villani wohl insbesondere deshalb über Cecco d'Ascoli, der als Astrologe im Dienst Karls von Kalabrien stand, weil er als Häretiker verurteilt und 1327 auf dem Scheiterhaufen verbrannt wurde, siehe Giovanni Villani: La nuova cronica, Bd. 2, hg. v. Giuseppe Porta, Parma 1991, S. 570 f. (XI xli): »Come in Firenze fu arso maestro Cecco d'Ascoli astrolago per cagione di resia.« Zuletzt zu Ceccos Leben und Werk siehe die Beiträge in Rigon, Antonio (Hg.): Cecco d'Ascoli. Cultura scienza e politica nell'Italia del trecento, Rom 2007, insbesondere Giansante, Massimo: La condanna di Cecco d'Ascoli: fra astrologia e pauperismo, in: Ebd., S. 183–199. Ähnlich kritisierte der französische Historiograph Jean de Roye die (nicht namentlich genannten) Astrologen in Paris, die offensichtlich für 1481 kälteres Wetter vorhergesagt hatten als

wohl an vielen Stellen die astrologische Beratungspraxis. Nur zu häufig dürften
einschlägig tätige Experten nämlich als Inhaber ihres primären Amtes genannt
worden sein, also als Ärzte, während ihre zusätzliche Tätigkeit als Astrologe oft
keinen Niederschlag fand und bestenfalls vermutet werden kann.[30] Hier muss
folglich die Rolle des Überlieferungszufalls in Anschlag gebracht werden;[31] zugleich ist aber hervorzuheben, dass gerade angesichts der skizzierten Effekte
der Umfang des noch existierenden Materials umso eindrucksvoller von der
immensen Bedeutung der Astrologen zeugt.

III. Das Problem: Irren ohne Scheitern?

Angesichts dieser Ausgangssituation drängt sich eine an sich banale, aber
dennoch theoretisch gelagerte Frage unweigerlich auf: Geht man nämlich aus
modern-westlicher Perspektive davon aus, dass die Vorhersage zukünftiger Ereignisse (abgesehen von strikt stellaren Phänomenen wie etwa Sonnen- und
Mondfinsternissen) mit Hilfe astrologischer Verfahren nicht möglich ist, weil
keine einschlägigen Kausalbeziehungen existieren (zumindest keine, die wir
nachweisen könnten),[32] so stehen diese Experten vor einem Problem, das auch
die Analyse ihres Erfolgs schwierig macht: Entweder trafen sie nämlich nur allgemeine oder gar mehrdeutige Aussagen, die keine spezifischeren Einblicke in
die Zukunft eröffneten, oder aber sie riskierten regelmäßig ihr Scheitern.

Tatsächlich war die Gesamtsituation, in der astrologische Gutachten im hier
interessierenden Kontext eingeholt wurden, so gelagert, dass die Klienten möglichst präzise Aussagen wünschten, um ihr Handeln entsprechend ausrichten
zu können: Sollten sie eine bestimmte Frau heiraten?[33] Wann sollten sie in den

dann tatsächlich eintrat, siehe Jean de Roye: Journal, connu sous le nom de Chronique
Scandaleuse (1460–1483), Bd. 2, hg. v. Bernard de Mandrot, Paris 1894, S. 105: »Et eust esté
ledit bois plus chier se les astrologiens de Paris eussent dit vérité«.

30 Für knappe Hinweise siehe Oschema, Entre superstition (wie Anm. 7), S. 102 f.
31 Grundlegend hierzu Esch, Arnold: Überlieferungschance und Überlieferungszufall als
    methodisches Problem des Historikers, in: Historische Zeitschrift 240 (1985), S. 529–570.
32 Dass man hier nicht vorschnell zu vorurteilsgesteuerten Schlussfolgerungen springen
    sollte, betonte auf launische Weise Feyerabend, Paul: The Strange Case of Astrology, in:
    Ders.: Science in a Free Society, London 1978, S. 91–96.
33 Astrologische Gutachten über die Eignung einer potentiellen Ehefrau sind mehrfach
    belegt: Vor seinem Eheschluss mit Eleonore von Portugal im Jahr 1452 forderte ver-
    mutlich Friedrich III. ein entsprechendes Gutachten an, siehe Pangerl, Sterndeutung
    (wie Anm. 11), S. 318 f. Für Dorotea Gonzaga, die als Braut für Galeazzo Maria Sforza
    vorgesehen war, bestellte ihre eigene Mutter Barbara ein Gutachten beim Mantuaner
    Astrologen Bartolomeo Manfredi (der allerdings nicht vorhersagen konnte, dass Dorotea
    später einen Buckel entwickeln würde), siehe Azzolini, Duke (wie Anm. 19), S. 91–95. Im
    Übrigen ließ Barbara Gonzaga auch einschlägige Informationen über den zukünftigen
    Bräutigam ihrer Tochter einholen, siehe ebd., S. 90.

Krieg ziehen oder eine Reise antreten?[34] Mit solchen Fragen konfrontiert, hatten die Astrologen ein Interesse daran, möglichst klare Antworten zu bieten, um ihre Relevanz und ihre Rolle als kompetente Ratgeber zu behaupten (sofern sie nicht schlicht unter dem Druck standen, sich klar zu äußern). Dass diese auf die pragmatische Funktionalität gerichtete Einschätzung keineswegs eine Projektion moderner Vorstellungen auf die Welt des späten Mittelalters darstellt, belegt unter anderem die eindrucksvolle Auflistung zahlreicher (darunter auch vieler erfundener) Astrologen, die Simon de Phares in seinem »Recueil des célèbres astrologues« am Ende des 15. Jahrhunderts bot: Folgt man Simon, so wurden die Protagonisten seiner Geschichte gerade deswegen geschätzt, weil sie erfolgreich bestimmte Ereignisse vorhergesagt hatten.[35]

Vor diesem Hintergrund müssen wir aber davon ausgehen, dass Astrologen zwangsläufig immer wieder fehlerhafte Prognosen und Einschätzungen vortrugen. Damit stellt sich die Frage, wie angesichts des wiederholten und unausweichlichen Scheiterns die anhaltende Präsenz dieser Experten an den europäischen Höfen des späten Mittelalters und bis weit in die Neuzeit zu erklären ist. Schließlich kennen wir eine ganze Reihe von Beispielen, in denen Astrologen den Mächtigen nahe waren, von ihnen gehört sowie – noch wichtiger – bezahlt wurden und entsprechend wohl auch Entscheidungen beeinflussten.

Gewiss steht dieser beeindruckenden Präsenz eine ebenso manifeste Tradition der schmähend-komischen Kritik gegenüber: Immer wieder finden wir in Chroniken und literarischen Werken der Zeit die Figur des Astrologen, über den man sich lustig macht, aber auch Anekdoten über die Klienten.[36] Was erstere betrifft, so räumte selbst der erwähnte Simon de Phares ein, der ja eigentlich zur Verteidigung und Rechtfertigung seiner Kunst schrieb, dass sie notorische

---

34 Ein notorisches frühes Beispiel für die Kriegsplanung bietet Ezzelino da Romano, der vor seinem (letztlich desaströsen) Zug gegen Mailand im Jahr 1259 gleich mehrere Astrologen konsultiert haben soll, siehe knapp Mentgen, Astrologie (wie Anm. 19), S. 191 f. Zur ›astrologischen Reiseplanung‹ des mailändischen Herzogs Ludovico ›il Moro‹, siehe Azzolini, Duke (wie Anm. 19), S. 174 und 176–181.

35 Siehe etwa Simon de Phares: Le Recueil des plus celebres astrologues, 2 Bde., hg. v. Jean-Patrice Boudet, Paris 1997, Bd. 1, S. 249 (zu einem gewissen Anaxalides): »Cestui prenostica moult de choses qui advindrent en ce temps, dont il fut moult estimé.« Im Gegenzug lässt sich aus systematisch-moderner Perspektive festhalten, dass das »Scheitern« zu den Kernproblemen moderner Expertenkulturen zählt, die unter anderem auf der »Performanz« der Experten beruhen, siehe etwa Gobet, Understanding Expertise (wie Anm. 9), S. 85–91, 185–192 und 237 f.

36 Einschlägige Passagen wurden bereits in der älteren Forschung gesammelt, vgl. etwa Wedel, Medieval Attitude (wie Anm. 16), S. 83, mit dem Verweis auf eine Anekdote, in der sich Petrarca über die Astrologiegläubigkeit Galeazzos II. Visconti lustig machte: Dieser habe den Zeitpunkt seines Zugs gegen Pavia auf Ratschlag seines Astrologen gewählt – und als der günstige Moment schließlich kam, vereitelte starker Regen das Unternehmen, siehe Francesco Petrarca: Res seniles. Libri I–IV, hg. v. Silvia Rizzo u. Monica Berté, Florenz 2006, S. 180–217 (III i: »Ad Iohannem Boccacium, de hac peste ultime etatis et astrologorum nugis«), hier S. 198.

Schwierigkeiten hatten, ihr eigenes Ende korrekt vorherzusagen.[37] Eines der berühmtesten Beispiele hierfür bietet der Tod des Nectanabo in der Alexander-Tradition: Alexander habe den Magier und Sternkundigen in eine Grube gestürzt, dort seinem Tod überlassen und zudem spöttisch gefragt, weshalb er denn sein eigenes Ende nicht habe vorhersehen können.[38] Die entsprechende Passage erschien mehreren Illustratoren wichtig genug, um sie im Bild zu fassen.[39]

Es mangelte also nicht an Spott und Distanznahme – und das Scheitern von Vorhersagen unterstützte die Astrologiekritik, die vor allem von klerikalen Autoren immer wieder vorgetragen wurde.[40] Aber wenn diese Haltung und auch das Wissen um das wiederholte Scheitern der Astrologen so prominent nachzuweisen sind, wie erklären wir dann deren sozialen Erfolg, wenn sie doch stets aufs Neue versagten und versagen mussten?

IV. Wege zur Antwort: Historische Kontextualisierung und sozialwissenschaftliche Inspiration

Eine angemessene Antwort kann – eine Binsenweisheit – nicht auf einem einzigen Grund aufbauen. Vielmehr muss es darum gehen, ein Erklärungsbündel zu erstellen, dem wir uns aber nur dann erfolgreich annähern können, wenn wir die Einsichten der modernen Sozialwissenschaften für unser Problem fruchtbar machen. Aus der Warte einschlägiger Untersuchungen zur Qualität und Wahrnehmung moderner Prognosen (insbesondere im Wirtschafts- und Finanzsektor, aber auch darüber hinaus) lässt sich nämlich eine Perspektivierung entwickeln, die meinem kleinen Problemaufriss in letzter Instanz das Fundament seiner naiven Herangehensweise entziehen könnte. Ausgehend von den Arbeiten etwa Philip E. Tetlocks zur Bewertung der Qualität von Prognosen,[41] aber auch

---

37 Simon de Phares, Le Recueil (wie Anm. 35), Bd. 1, S. 145 (zu Arion Lesbius): »il preveut mal a son cas comme plusieurs font«. Eine weiterführende Erklärung für dieses Phänomen liefert Simon nicht.

38 Vgl. ebd., S. 203 f.

39 Vgl. etwa die wohl in Süditalien im späten 13. Jahrhundert entstandene Handschrift Paris, Bibliothèque nationale de France, ms. lat. 8501, fol. 6ᵛ, oder den um 1420 angefertigten »Le Livre et le vraye hystoire du bon roy Alixandre« in London, British Library, Royal 20 B XX, fol. 11ʳ.

40 Siehe zuletzt knapp Nothaft, C. P. E.: *Vanitas vanitatum et super omnia vanitas*. The Astronomer Heinrich Selder and A Newly Discovered Fourteenth-Century Critique of Astrology, in: Erudition and the Republic of Letters 1 (2016), S. 261–304, hier S. 279–285, sowie Smoller, History (wie Anm. 8), S. 25–42.

41 Hier sei lediglich auf zwei wichtige Monographien verwiesen, siehe Tetlock, Philip E. / Gardner, Dan: Superforecasting. The Art and Science of Prediction, New York 2015; Tetlock, Philip E.: Expert Political Judgment. How Good Is It? How Can We Know?, Princeton 2005. Vgl. zu Tetlocks Zugang und zur Bedeutung seiner Untersuchungen auch Gobet, Understanding Expertise (wie Anm. 9), S. 87 und 190–192. Ich danke den Teilnehmerinnen und Teilnehmern der Diskussion in Göttingen, die nachdrücklich auf

von Studien E. Johanna Hartelius' zur Rolle der Rhetorik bei der Konstruktion von Expertenrollen,[42] lässt sich der Versuch wagen, eine Deutungstypologie zu entwickeln, deren Umrisse ich auf den verbleibenden Seiten skizzieren möchte, um sie damit zur weiteren Diskussion zu stellen.

IV.1. Prognosen für die Gegenwart

In erster Instanz empfiehlt es sich, eine Einsicht deutlich zu markieren, die in der einschlägigen Forschung längst breit anerkannt sein dürfte, die aber dennoch oft nicht hinreichend Beachtung findet: Gemeinhin geht man ja davon aus, dass Prognosen auf Aussagen über die Zukunft abzielen. Rein sprachlich-formal betrachtet, trifft diese Einschätzung zweifellos zu; dies bedeutet aber keineswegs, dass der primäre Nutzen, den die Klienten von Prognostikern aus einer einschlägigen Aussage ziehen, tatsächlich mit dem realen Eintreffen oder Ausbleiben des Prognostizierten steht und fällt.[43]

Zwar ist nicht von der Hand zu weisen, um nur dieses Beispiel aufzugreifen, dass etwa Friedrich III. im Jahr 1451 das astrologische Gutachten über seine zukünftige Gemahlin angefordert haben dürfte, um sich der zukünftigen Entwicklung dieser Ehe und vor allem auch der Qualität der daraus entspringenden Nachkommen zu versichern. Tatsächlich mag es dem Herrscher bei diesem Vorgehen aber zugleich darum gegangen sein, sich über das Handeln in der eigenen Gegenwart zu vergewissern, und nicht nur um die zutreffenden Aussagen über die Zukunft. Damit käme dem Einholen prognostischer Aussagen zuvorderst eine quasi psychologische Funktion zu, indem die Prognostiken die handelnden Individuen in ihren Entscheidungen bestärken.[44]

Es hieße allerdings, die Dinge allzu sehr zu verkürzen, wollte man lediglich den stabilisierend-versichernden Effekt unterstreichen. Vielmehr sollte nicht aus dem Blick verloren werden, dass die vorgängige Bestandsaufnahme und die ausführliche methodisch-interpretatorische Diskussion, die zahlreichen astrologischen Gutachten eigen ist, durchaus auch aktive Orientierungsleistung bei

---

die Notwendigkeit hinweisen, die Übertragbarkeit moderner sozialwissenschaftlicher Befunde auf vormoderne Kulturen (oder überhaupt Kulturen, die sich von den jeweiligen Probanden unterscheiden) kritisch zu diskutieren. Dies gilt umso mehr, als sich auch das individuelle Gehirn (unter anderem durch den langjährigen Erwerb von Expertise) als formbar erwiesen hat, siehe knapp Gobet, Understanding Expertise (wie Anm. 9), S. 170–185. Demgegenüber wären statistisch nachweisbare Effekte, die auf den Resultaten evolutionärer Entwicklung beruhen, allerdings tragfähiger.

42 Hartelius, E. Johanna: The Rhetoric of Expertise, Lanham, MD 2011; vgl. auch Slawinski, Maurice: Rhetoric and Science / Rhetoric of Science / Rhetoric as Science, in: Pumfrey, Stephen u. a. (Hg.): Science, Culture and Popular Belief in Renaissance Europe, Manchester 1991, S. 71–99.

43 Diese Ansicht bildet letztlich ein Kernargument bei Minois, Georges: Geschichte der Zukunft. Orakel – Prophezeiungen – Utopien – Prognosen, Düsseldorf 1998 [frz. orig. 1996].

44 Minois spricht von einer »therapeutischen Funktion« (ebd., S. 712, vgl. auch S. 716).

der Vorbereitung von Entscheidungen bieten kann, indem sie durch ihren systematischen Zugriff auf Aspekte und Zusammenhänge aufmerksam macht, die ansonsten außer Acht gelassen worden wären.

Nimmt man etwa das astro-medizinische Gutachten als Beispiel, das Conrad Heingarter im Jahr 1469 für Jean de la Goutte verfasste, der ebenso wie er selbst im Dienst des Herzogs Johann II. von Bourbon stand,[45] so fällt auf, dass Heingarter die Neigung des Empfängers zu ausgiebigem Essen mit der Gestirnkonstellation bei seiner Geburt erklärt.[46] Der Verweis auf die Konsequenzen, nämlich die Fettleibigkeit des Empfängers und eine gewisse daraus resultierende Schwerfälligkeit in den Bewegungen, legt anschließend aber den Finger auf einen wunden Punkt, ohne dass hierfür ein wie auch immer gearteter Glaube an die Sterne und ihren Einfluss nötig wäre. Wagt man, um nur ein zweites Beispiel anzufügen, den vergleichenden Sprung in das 20. Jahrhundert, so kann man mit Jens Becker festhalten, dass der Wert der immer wieder scheiternden Finanz- und Wirtschaftsprognosen in den vergangenen Jahrzehnten keineswegs in ihren Aussagen über die jeweils zukünftige Entwicklung zu suchen ist. Vielmehr besteht er darin – und dies sei eine Signatur des modernen Kapitalismus –, in der jeweiligen Gegenwart expansiv ausgerichtetes Handeln zu motivieren, das sich an dynamisierten Zukunftserwartungen orientiert.[47]

In all diesen Fällen, so ist zu konstatieren, geht der Wert der Prognosen weit über deren konkrete Sachaussagen zu zukünftigen Entwicklungen hinaus: Vielmehr beeinflussen und ermöglichen sie Entscheidungen in der jeweiligen Gegenwart. Wird anschließend der Zeithorizont des Prognostizierten erreicht, so ist die ursprüngliche Vorhersage streng genommen gar nicht mehr von Belang, weil sie ja vorrangig dazu diente, eine Entscheidung zu generieren, die bereits in der Vergangenheit liegt und die (inklusive ihrer Konsequenzen) damit auch nicht mehr zu revidieren ist.

---

45 Der Text ist überliefert in: Paris, Bibliothèque nationale de France, ms. lat. 7446, fol. 1ʳ–14ʳ. Eine Biographie Heingarters, der seit etwa 1463 als Arzt im Dienst Herzog Johanns II. von Bourbon stand, ist weiterhin ein Desiderat; vgl. vorerst Préaud, Maxime: Les astrologues à la fin du Moyen Age, Paris 1984, S. 71–94 und 141–155 (ohne Nachweise), und die knappen Hinweise in Oschema, Zukunft (wie Anm. 7), S. 285, Anm. 65.

46 Paris, Bibliothèque nationale de France, ms. lat. 7446, fol. 5ᵛ–6ʳ: »Gustus eius delectabitur in dulcibus et suavibus et bonis et temperatis rebus; non solum in illis delectabitur, sed eciam in acutis et amaris rebus, et vino turbido pluries delectabitur. Longitudo sui corporis mediocritatem obtinebit propter contrarios duos dominatores, quorum alter longitudinem alter brevitatem dedit, scilicet [6ʳ] Venus, et Mars tamen adhuc longitudo eius magis apparebit; propter Venerem principalem significatorem et propter latitudinem significatorum erit longus et pinguis et tardi motus.«

47 Vgl. Becker, Jens: Imagined Futures. Fictional Expectations and Capitalist Dynamics, Cambridge, MA 2016. Man ist versucht, an das Bild der Möhre zu denken, die man einem Zugtier vorhält. Vgl. auch Gobet, Understanding Expertise (wie Anm. 9), S. 192, mit dem auf Expertise im Allgemeinen bezogenen Hinweis auf die Orientierungsleistung und Unterstützung beim Treffen von Entscheidungen.

Während diese Erwägungen gewissermaßen epochenübergreifend in Anschlag zu bringen sind, rücken im spezifischen Kontext der spätmittelalterlichen
Hofkultur noch ganz andere Wirkungszusammenhänge in den Blick. Diese
werden vor allem in zwei Richtungen hin deutlich: Wie bereits erwähnt, boten
die Astrologen ja nicht nur Aussagen über die Zukunft, sondern bezogen zu
deren Ausarbeitung zugleich eine Bestandsaufnahme der Gegenwart mit ein.
Während diese Variante der empirischen Bestandsaufnahme im heutigen, stark
durch naturwissenschaftliche und statistische Methoden geprägten Umfeld der
Erstellung von Prognosen kaum konkurrenzfähig erscheinen mag, ist ihr Wert
vor dem Hintergrund der im Spätmittelalter verfügbaren Mittel sicher anders
einzuschätzen. Nicht nur besaß die lebensweltlich ausgerichtete Bestandsaufnahme im Kontext astrologischer Gutachten – wie auch heute noch jede sorgfäl-
tige Lagebeurteilung[48] – einen eigenen Informationswert, sondern sie mag unter
den Bedingungen des 14. oder 15. Jahrhunderts in vielerlei Hinsicht oftmals
tatsächlich die beste verfügbare Datengrundlage für anstehende Entscheidungen
dargestellt haben. Daneben ist nachdrücklich an die politischen und sozialen
Wirkungen der ostentativen Konsultation der Experten zu erinnern. Indem er
sie in den Prozess seiner Entscheidungsfindung einbezog, demonstrierte ein
Fürst seinen Willen, einem alten Ideal gerecht zu werden, das in Fürstenspiegeln
und weiteren Schriften immer wieder eingefordert wurde: Entscheidungen sollten keinesfalls alleine und ›unberaten‹ getroffen werden, sondern erst nach der
Konsultierung weiser Männer.[49] Bei aller Kritik, die den Astrologen aus unterschiedlichen Richtungen entgegenschlug, bot ihre Tätigkeit damit den Mächtigen eine Option der faktischen Herrschaftsstabilisierung. Die ostentative Her-
anziehung unterschiedlicher Berater im Vorfeld einer Entscheidung, darunter

---

48 Hierin mag tatsächlich ein epochenübergreifender Zug zu suchen sein, vgl. etwa vor dem
    Hintergrund altorientalischer Beispiele Maul, Stefan M.: Die Wahrsagekunst im Alten
    Orient. Zeichen des Himmels und der Erde, München 2013, S. 302.
49 Mit Blick auf die Beratung durch Astrologen formuliert dies am klarsten das ab dem
    13. Jahrhundert breit rezipierte, pseudo-aristotelische »Secretum Secretorum«, siehe
    Hiltgart von Hürnheim: Mittelhochdeutsche Prosaübersetzung des »Secretum Secreto-
    rum«, hg. v. Reinhold Möller, Berlin 1963, S. 54 (c. 26: »De hora eligenda in astronomia«):
    »O rex clementissime, si fieri possit, non surgas nec sedeas nec comedas nec bibas et
    nihil penitus facias sine concilio viri periti in arte astrorum.« Zur Rezeption des »Secre-
    tum« siehe zuletzt die Beiträge in Gaullier-Bougassas, Catherine u. a. (Hg.): Trajectoires
    européennes du »Secretum secretorum« du Pseudo-Aristote (XIIIᵉ–XVIᵉ siècle), Turn-
    hout 2015, sowie Forster, Regula: Das Geheimnis der Geheimnisse. Die arabischen und
    deutschen Fassungen des pseudo-aristotelischen *Sirr al-asrar*/Secretum secretorum,
    Wiesbaden 2006. Zur Forderung nach Beratung siehe Ruhe, Doris: Ratgeber. Hierarchie
    und Strategien der Kommunikation, in: Spieß, Karl-Heinz (Hg.): Medien der Kommu-
    nikation im Mittelalter, Wiesbaden 2003, S. 63–82, sowie die Beiträge in Casagrande,
    Carla u. a. (Hg.): Consilium. Teorie e pratiche del consigliare nella cultura medievale,
    Florenz 2004. Weiterhin zentral ist Krynen, Jacques: Idéal du prince et pouvoir royal en
    France à la fin du Moyen Âge (1380–1440). Étude de la littérature politique du temps, Paris
    1981, hier vor allem S. 144–154.

gegebenenfalls eben auch Astrologen, führte allen vor Augen, dass der Fürst seine Entscheidungen nicht übereilt und buchstäblich ›ratlos‹ traf.[50]

Zugleich eröffnete der Rückgriff auf astrologische Berater aber auch neue politische Optionen, die sich aus der resultierenden sozialen Dynamik ergaben: In einem langgestreckten Prozess wandelten sich die fürstlichen Räte vom Hoch- zum Spätmittelalter von einem Instrument, das vorrangig der Ausgleichsbildung und Integration im Rahmen einer ›konsensualen Herrschaft‹ diente, hin zu einem fachlich und sachlich qualifizierten Beratungsorgan. Deutlich erkennbar wird dieser Wandel etwa auf der Ebene der personellen Zusammensetzung der Räte, in denen ab dem späten 13. Jahrhundert in Frankreich Juristen zunehmend präsenter waren und größere Bedeutung erhielten.[51] Astrologen traten in diesem sozialen Geflecht als neue Komponente hinzu, die dem Fürsten weiteren Spielraum eröffnete, da sie innerhalb des Beraterkreises neue Konkurrenzen mit sich brachten.[52] Für das höfische Umfeld Karls V. von Frankreich hat dies vor einiger Zeit bereits Joan Cadden plausibel gemacht und vor diesem Hintergrund auch die wiederholte und dabei variierte Astrologiekritik Nicole Oresmes erläutert.[53] Flankierend bietet auch hier Simon de Phares einen ausdrücklichen Beleg, der natürlich *pro domo* argumentiert, indem er unterstreicht, dass Fürsten gut beraten seien, wenn sie auf die wissenschaftlich arbeitenden Astrologen hörten und nicht auf die ungebildeten Nichtswisser, denen sie bedauerlicherweise so häufig ihre Aufmerksamkeit schenkten.[54] Die Heftigkeit dieser Kommentare ist

---

50 Dass die offensichtliche Beratung zum positiven Bild eines Herrschers beitragen konnte, zeigt am Beispiel Karls VII. von Frankreich Contamine, Philippe: Le sang, l'hotel, le conseil, le peuple: l'entourage de Charles VII selon les récits et les comptes de ses obsèques en 1461, in: Marchandisse, Alain / Kupper, Jean-Louis (Hg.): A l'ombre du pouvoir. Les entourages princiers au Moyen Âge, Genf 2003, S. 149–167, hier S. 150 f.

51 Siehe bereits Favier, Jean: Les légistes et le gouvernement de Philippe le Bel, in: Journal des Savants 1969, S. 92–108; zu den resultierenden Debatten im späteren 14. Jahrhundert siehe Krynen, Jacques: Les légistes »idiots politiques«. Sur l'hostilité des théologiens à l'égard des juristes, en France, au temps de Charles V, in: Théologie et droit dans la science politique de l'Etat moderne. Actes de la table ronde de Rome (12–14 novembre 1987), Rom 1991, S. 171–198. Mit Fokus auf der Rolle der »chambellans« in der Zeit um 1300 siehe Canteaut, Olivier: Hôtel et gouvernement sous les derniers Capétiens directs, in: Bibliothèque de l'École des chartes 168/2 (2010), S. 373–410, der die Institutionalisierungs-Tendenz des Rats in dieser Zeit unterstreicht (vgl. ebd., S. 400).

52 Für analoge Effekte und Praktiken im Kontext des Alten Orient siehe Maul, Wahrsagekunst (wie Anm. 48), S. 243.

53 Cadden, Joan: Charles V, Nicole Oresme, and Christine de Pizan: Unities and Uses of Knowledge in Fourteenth-Century France, in: Sylla, Edith / McVaugh, Michael (Hg.): Texts and Contexts in Ancient and Medieval Science. Studies on the Occasion of John E. Murdoch's Seventieth Birthday, Leiden 1997, S. 208–244, hier S. 235 f.; vgl. auch Grant, Edward: Nicole Oresme, Aristotle's ›On the Heavens‹, and the Court of Charles V, in: Ebd., S. 187–207.

54 Simon de Phares, Le Recueil (wie Anm. 35), Bd. 1, S. 441 f.: Simon bezeichnet die Gegner der Astrologie offen als »Esel« (»asnes«), »scheinheilige Verleumder« (»detracteurs hypocrites«) sowie als »stumpfsinnig und mehr als unwissend« (»ebethés, et plus que ignorans«).

zwar einerseits vor dem Hintergrund seiner eigenen Biographie zu verstehen,[55] spiegelt andererseits aber zweifelsohne auch die Konkurrenz auf dem Marktplatz der Beratung und Expertise.[56]

IV.2. Wahrnehmung und Bewertung – zum Erklärungswert sozialwissenschaftlicher und wahrnehmungspsychologischer Studien

Neben dieser ersten Kategorie, die sich zum einen auf den Wert der jeweils gegenwartsorientierten Bestandsaufnahme bezieht sowie zum anderen auf die unterschiedlich gelagerten Auswirkungen der ostentativen Beratung, sollte eine zweite Dimension nicht aus dem Blick geraten, welche vor allem jüngere sozialwissenschaftliche und wahrnehmungspsychologische Untersuchungen zur Rolle von Prognosen und Vorhersagen herauszuarbeiten erlauben.[57] Dabei, dies sei in Erinnerung gerufen, soll es hier nicht um eine allgemeine Theorie zur Rolle der Vorhersage gehen, sondern schlicht darum, zu erklären, warum die ›irrenden Astrologen‹ des späten Mittelalters eindrucksvoll langfristig erfolgreich waren.

Kategorisiert man die sich ergebenden Möglichkeiten im Sinne eines typologischen Verzweigungsbaums, so ergibt sich eine erste Unterkategorie anhand der Frage, ob der in historischer Retrospektive identifizierte Irrtum von den Beteiligten überhaupt als solcher wahrgenommen wurde – denn hierin besteht ja letztlich die Grundlage dafür, ihn entsprechend argumentativ zu wenden, so dass er überhaupt Folgen nach sich ziehen kann. Welche Befunde lassen sich in dieser Hinsicht für die Astrologen des späten Mittelalters versammeln?

Lässt man die in der Historiographie und Literatur zahlreich überlieferten anekdotischen Befunde außer Acht, deren realhistorische Hintergründe oft nicht genauer zu durchdringen sind, so erscheint die verfügbare Materialgrundlage tatsächlich beeindruckend schmal.[58] Zur Erläuterung ist aber zugleich festzu-

---

55 Simon de Phares wurde erstmals im Jahr 1490 in Lyon divinatorischer (und damit implizit häretischer) Praktiken angeklagt; zusammen mit einer zweiten Anklage in Paris musste er sich in einem mehrjährigen Prozess verteidigen, siehe die Darstellung von J.-P. Boudet in Simon de Phares, Le Recueil (wie Anm. 35), Bd. 2, S. 85–120.

56 Näher zum heuristischen Wert der Denkfigur des Marktes in Bezug auf Experten siehe die Beiträge in Füssel u. a. (Hg.), Wissen (wie Anm. 9); siehe auch Schütte, Jana-Madlen: Medizin im Konflikt. Fakultäten, Märkte und Experten in deutschen Universitätsstädten des 14. bis 16. Jahrhunderts, Leiden 2017, S. 12–28.

57 Siehe neben den erwähnten Beiträgen von Tetlock (siehe Anm. 41) oder Gobet, Understanding Expertise (wie Anm. 9), etwa Sorensen, Tony: Forecasting in Social Science Research: Imperatives and Pitfalls, in: Stimson, Robert (Hg.): Handbook of Research Methods and Applications in Spatially Integrated Social Science, Cheltenham 2014, S. 210–235, sowie einzelne Publikationen im seit 1982 erscheinenden »Journal of Forecasting«.

58 Tatsächlich scheint Ambrogio Varesi, der als Astrologe im Dienst von Ludovico ›il Moro‹ stand, kaum für (in der Retrospektive) nachweisbare fehlerhafte Vorhersagen kritisiert worden zu sein, siehe Azzolini, Duke (wie Anm. 19), S. 184f.; vgl. aber ebd., S. 207: »the fact that Varesi was contradicting himself irritated the duke deeply.«

halten, dass es geradezu zur Kernkompetenz der Astrologen gehörte, sich angemessen ›deutungsoffen‹ – oder polemisch formuliert: vage – auszudrücken.[59]
Bedauerlicherweise verfügen wir über kein Handbuch, das diese Dimension der
praktischen Beratungstätigkeit erläutern würde.[60] Einige Eindrücke vermittelt
aber die detaillierte Kritik Nicole Oresmes, der sich als feiner psychologischer
Beobachter erweist: Ohne dass dies hier im Detail vertieft werden könnte, wirft
Oresme den Astrologen nämlich vor, entweder ambivalent-vage Aussagen zu
treffen, die es ihnen bei jedem Ereignisverlauf erlauben würden, diesen vorhergesagt zu haben,[61] oder aber Hintergrundwissen nicht-astrologischer Herkunft
so einzusetzen, dass sie zutreffende Aussagen tätigen können, die aber nicht auf
Erkenntnissen aus den Sternen beruhen.[62]

   Während das zweite Phänomen nicht ›wegerklärt‹ werden kann, ist hinsichtlich der ersten Kritik doch festzuhalten, dass sie ein wenig unfair angelegt war:
Tatsächlich insistierte ja gerade die verbreitete Haltung der Amtskirche (durchaus im Verein mit astrologischen Autoritäten wie Ptolemäus) darauf, dass lediglich generelle Vorhersagen legitim seien, während spezielle, also das individuelle
menschliche Handeln als solches betreffende Vorhersagen weder möglich noch

---

59 Für ein konkretes Beispiel einer präzisen Vorhersage, die zugleich mit bestimmten Kau-
    telen versehen wurde, siehe ebd., S. 123.
60 Am nächsten käme hier der auf Astralmagie ausgerichtete Picatrix, der aber vor allem
    unterstreicht, dass derjenige, der entsprechende Praktiken effizient ausüben möchte,
    tatsächlich von den abgerufenen Wirkmächten überzeugt sein müsse, siehe Picatrix: Un
    traité de magie médiéval, hg. v. Béatrice Bakhouche u. a., Turnhout 2003, S. 61 (I 4,32):
    »Et il faut que le praticien en magie croie dans ses actions sans le moindre doute sur sa
    pratique, parce que c'est là la disposition de l'agent qui est bien disposé pour recevoir les
    opérations susdites et les effets qu'il veut en tirer.«
61 Nicole Oresme: Livre de divinacions, in: Nicole Oresme and the Astrologers: A Study of
    His Livre de Divinacions, hg. u. übers. v. George W. Coopland, Liverpool 1952, S. 50–121,
    hier S. 92 (c. 12): »Item, leurs paroles sont aucunefois doubles, amphiboliques, a deux vi-
    sages, comme on trouve en plusieurs hystoires, et aucunefois sont obscures et peuent estre
    appliquees a plusieurs effects ou personnes, comme sont aucunes prophecies des papes et
    plusieurs autres.« Interessanterweise wirft Oresme den Astrologen damit eine »Dunkel-
    heit« vor, die im späteren 15. Jahrhundert Matthias von Kemnat zur Rechtfertigung der
    Astrologen wendet, die alleine in der Lage seien, die Qualität prophetischer Vorhersagen
    kritisch zu durchleuchten, siehe Matthias von Kemnat: Epistola astrologica anno 1460,
    München, Bayerische Staatsbibliothek, Clm 1817, fol. 3ʳ: »Proch ydiota talia discernere,
    iudicare ac praesummere debet, cum philosophia plena sint, que non simplicem ac purum
    laycum, seu astrologum uanum et superstitiosum diiudicare oportet.« Ich danke Friede-
    rike Pfister (Bochum) für diesen Hinweis. Vgl. zur Spannung zwischen der grundsätz-
    lichen »Unbekanntheit« des Zukünftigen und der einfachen »Unsicherheit« einschlägiger
    Aussagen auch Oschema, Unknown (wie Anm. 7), S. 102–107.
62 Nicole Oresme, Livre de divinacions (wie Anm. 61), S. 98 (c. 12): »Item, ilz enquierent
    aucunefois secretement de l'estat des personnes et des choses celees, et puis ce que ilz
    scevent pour oir dire, ou qu'ilz presument par conjecture humainne, ilz font samblant
    de le deviner par leur science.« Möchte man die vergleichende Analogie zu modernen Fi-
    nanzprognosen fortsetzen, so käme hier bei der praktischen Anwendung das Phänomen
    des »insider trading« in den Blick.

legitim seien.[63] Für die Frage nach der Bedeutung des Scheiterns aber resultiert aus der nicht zuletzt hiermit begründeten Vorsicht der Astrologen, dass die Anzahl der potentiell als ›zutreffend‹ wahrgenommenen Vorhersagen weit über die Menge der ›Zufallstreffer‹ hinaus steigen konnte. Das Ausmaß dieses Effekts musste dabei allerdings grundlegend davon abhängen, welchen Grad der ›Offenheit‹ die betreffenden Klienten zu akzeptieren bereit waren.

Ein zweiter bedeutender Aspekt neben der in Anschlag zu bringenden Unschärfe und der daraus resultierenden Trefferstreuung hat ebenfalls mit Phänomenen der Wahrnehmung zu tun, rekurriert aber stärker auf wahrnehmungspsychologische Grundeinstellungen: Tatsächlich besitzen Menschen eine gewisse Neigung, die Prognosen von gestern tendenziell zu ignorieren oder doch zumindest nicht systematisch zu evaluieren.[64] Dieser Effekt mag sogar evolutionstheoretisch zu erklären sein, da es zunächst einmal für die Orientierung in einer jeweiligen Gegenwart weitgehend unerheblich ist, Informationen aus der Vergangenheit zu berücksichtigen, die sich nicht als Realität konkretisierten und die damit zudem zeigten, dass eine potentielle Regelhaftigkeit, die im Hintergrund der Prognose stand, offensichtlich nicht zutraf.[65] Im Ergebnis ergänzen sich daher die Auswirkungen des (nicht vorhandenen) aktiven Interesses an fehlerhaften Information aus der Vergangenheit und ein deutlich nachzuweisender »confirmation bias« des menschlichen Gedächtnisses, das seine Inhalte stets mit den Parametern der sich entwickelnden Umwelt abgleicht.[66] Dabei fokussiert

---

63 Oresme selbst macht dies bei seiner einleitenden Differenzierung zwischen legitimen und illegitimen Anwendungen der Astrologie deutlich, siehe ebd., S. 52–56 (c. 1–2). Zur Beschränkung auf »generelle« Vorhersagen siehe bereits Claudius Ptolemäus: Tetrabiblos, hg. v. F. E. Robbins, Cambridge, MA 1940, S. 31 (I 3).

64 Dieser Effekt ist natürlich kontextabhängig und lässt sich in modernen Zusammenhängen systematischer Vorhersagepraktiken nicht ohne weiteres finden, vgl. etwa Becker, Imagined (wie Anm. 47), S. 227 f., über frühe Untersuchungen (ab den 1920er Jahren) zu den Hintergründen des häufigen Scheiterns ökonomischer Vorhersagen, sowie West, Kenneth D.: Forecast Evaluation, in: Elliott, Graham u. a. (Hg.): Handbook of Economic Forecasting, Bd. 1, Amsterdam 2006, S. 100–134, hier S. 101 (mit Verweis auf Edwin B. Wilson). Größere Metaanalysen zur Qualität der Prognosen scheinen aber erst im späteren 20. Jahrhundert eingesetzt zu haben, wobei insbesondere spektakuläre Momente des Scheiterns der Prognosen eine wichtige Rolle spielten, von den politischen Umwälzungen um 1990 über die Dotcom-Blase bis hin zur Finanzkrise ab 2007. Vgl. etwa Franses, Philip Hans / McAleer, Michael: Evaluating Macroeconomic Forecasts. A Concise Review of Some Recent Developments, in: Journal of Economic Surveys 28/2 (2014), S. 195–208, hier S. 196: »The formal evaluation of such forecasts has a long research history.« Das älteste zitierte Beispiel ist aber eine Studie von 1986.

65 Siehe die Hinweise in Anm. 67, sowie Tetlock / Gardner, Superforecasting (wie Anm. 41), S. 34 f., zur evolutionären Bedeutung des »fast thinking« als Wahrnehmungs- und Verarbeitungsfilter.

66 Die grundsätzliche Formbarkeit der Gedächtnisinhalte ist unterdessen wohl weitgehend akzeptiert, siehe etwa Welzer, Harald: Das kommunikative Gedächtnis. Eine Theorie der Erinnerung, München 2002 [überarb. Neuaufl. 2005]. Fried, Johannes: Der Schleier

es eben ungleich stärker auf Elemente, die (existierende oder eingebildete) Regelhaftigkeiten und Muster bestätigen, als auf Widersprüchlichkeiten oder auf Informationen, die sich im Nachhinein als falsch – und damit für die Gegenwart unmaßgeblich erwiesen haben.[67]

Für die hier diskutierte Frage bedeutet dies aber, dass vergangene Aussagen über die Zukunft, die sich letztlich nicht als wahr erwiesen haben, weitaus weniger stark wahrgenommen werden als solche, die bestätigt wurden. Über diese recht grobe Funktion hinaus, die sich skizzenhaft als ›Erinnern oder Vergessen‹ fassen lässt, zählt zu den Auswirkungen des »*confirmation bias*« zudem eine gewisse Neigung, einstige Vorhersagen in Teilen als geglückt zu deuten, sofern die Datenlage dies auch nur in Ansätzen zulässt (und zuweilen auch gegen jegliche empirische Evidenz).[68]

Ein beeindruckendes Beispiel aus der Zeit des späten Mittelalters bietet der in Chur tätige Doktor Erhard Storch: Aus nicht näher bekannten Gründen hatte Storch eine Jahresprognostik, ein *judicium anni*, für 1477 verfasst und an der Tür der Kathedrale mittels Anschlag veröffentlicht.[69] Der Inhalt war zweifellos riskant, da das *judicium* nichts weniger als eine schwere Erkrankung und voraussichtlich auch das Ableben entweder des Kaisers oder des Papstes im Verlauf des Jahres vorhersagte. Weshalb sich der Autor auf diese Weise prominent positionierte, ist ebenfalls nicht im Detail nachzuvollziehen; grundsätzlich galt die Vorsichtsregel, den Tod mächtiger Persönlichkeiten nach Möglichkeit nicht zu prophezeien, da man mit der Vergeltung durch die Betroffenen rech-

---

der Erinnerung. Grundzüge einer historischen Memorik, München 2004, glaubt (m. E. irrigerweise), dieses Problem theoretisch (und vor allem in der praktischen analytischen Anwendung der Geschichtswissenschaft) überwinden zu können. Zur Kritik siehe unter anderem Birbaumer, Niels / Langewiesche, Dieter: Neurohistorie. Ein neuer Wissenschaftszweig?, Berlin 2017.

67 Für eine populär-eingängige Präsentation siehe etwa Gardner, Dan: Future Babble. Why Expert Predictions Are Next to Worthless, and You Can Do Better, New York 2011, S. 68–82. Zur im Hintergrund stehenden »*kluginess*« des Gehirns siehe Marcus, Gary F.: Kluge: The Haphazard Construction of the Human Mind, Boston 2008; den Fokus auf Muster-Erkennung diskutiert Dawkins, Richard: Unweaving the Rainbow: Science, Delusion and the Appetite for Wonder, Boston 1998.

68 Mercier, Hugo / Sperber, Dan: The Enigma of Reason. A New Theory of Human Understanding, London 2017, S. 218 f., schlagen vor, von einem »myside bias« zu sprechen, der als kommunikationsökonomische Anpassung zu verstehen sei.

69 Der in seiner Anlage außergewöhnliche und damit äußerst interessante Fall ist nur überliefert in: Johannes Knebel: Diarium, Bd. 2, hg. v. Wilhelm Vischer, Leipzig 1880, S. 251–253. Zum Autor siehe knapp Schmid-Keeling, Regula: Knebel, Johannes, in: Historisches Lexikon der Schweiz 7 (2008), S. 298; vgl. zu seinem Interesse an Astrologie Mentgen, Astrologie (wie Anm. 19), S. 266 f. Zu den Ereignissen um Storch siehe Vasella, Oskar: Magister Artium Dr. med. Erhard Storch, Kanonikus von Chur. Das Schicksal eines Astrologen (1466–1495), in: Zeitschrift für schweizerische Kirchengeschichte / Revue d'histoire ecclésiastique suisse 53 (1959), S. 267–289.

nen musste.[70] Interessant ist der Vorfall hier aber vor allem deswegen, weil sich Storch nicht nur irrte – Kaiser und Papst überlebten das Jahr –, sondern in der Folge vom Propst der Kathedralkirche, Johannes Hopper, aufgefordert wurde, seine Fehlprognosen zu erklären. Damit bietet der Vorgang eines der seltenen Beispiele, in denen die nachträgliche Kritik an einer irrigen Prognostik außerhalb des Diskurses zwischen Astrologen ausdrücklich nachgewiesen ist. Zudem überliefert der Basler Kaplan Johannes Knebel auch die Antwort Storchs. Dieser rechtfertigte seinen Fehler einerseits mit der schlechten Qualität der ihm zur Verfügung stehenden Daten: Er habe nicht über Angaben zum exakten Grad des Aszendenten des Kaisers verfügt.[71] Dabei lässt es der Autor aber keineswegs bewenden, denn er fährt unmittelbar fort, sowohl seine Methode wie auch seine trotzdem erzielten Ergebnisse zu rechtfertigen. Ganz im Sinne des modernen *»garbage in – garbage out«* unterstreicht Storch nämlich die Leistungsfähigkeit seines Vorgehens, indem er hervorhebt, dass der Kaiser ja tatsächlich sehr krank geworden sei,[72] und damit die qualitative Korrektheit seiner Vorhersage behauptet. Komplettiert wird das Argument in der Folge mit der wesentlich grundsätzlicheren Aussage, dass Astrologen, die ihr Metier beherrschen, zwar gelegentlich hinsichtlich des Zeitpunkts bestimmter Ereignisse irren mögen, nicht aber hinsichtlich deren Qualität.[73] Damit aber reklamiert Storch nicht nur zunächst einen Teilerfolg für seine eigene Prognose, sondern verteidigt in der Folge vor allem die Grundlage seiner Expertise, indem er gelegentliche Irrtümer der unzureichenden Datenbasis zuschreibt oder auch dem Versagen des individuellen Experten.[74]

Für die argumentative und narrative Einbettung einer solchen Verarbeitung spielt nicht zuletzt die schon lange nachzuweisende Argumentationsfigur eine Rolle, dass getätigte Vorhersagen und das resultierende Wissen das Handeln der

---

70 Azzolini, Monica: The Political Uses of Astrology: Predicting the Illness and Death of Princes, Kings and Popes in the Italian Renaissance, in: Studies in History and Philosophy of Biological and Biomedical Sciences 41 (2010), S. 135–145, hier S. 135, zitiert den englischen Astrologen William Lilly (17. Jahrhundert) mit den Worten: »Give not judgment of the death of thy Prince.«

71 Johannes Knebel, Diarium (wie Anm. 69), S. 251: »et hoc ideo accidit, quia precisum ascendentis sive nativitatis non habui gradum«.

72 Ebd.: »aliqua eclipsis accidencia cesaree majestati evenerunt«.

73 Ebd., S. 252: »ex quo patet, quod astrologi in temporibus eventuum aliquando errant, non tamen in qualitativ eventuum errare possunt, si canones astrologicos bene intellexerint.«

74 Zur charakteristischen Spannung zwischen grundsätzlichem Systemvertrauen und der Skepsis gegenüber dem einzelnen Experten siehe Rexroth, Frank: Systemvertrauen und Expertenskepsis. Die Utopie vom maßgeschneiderten Wissen in den Kulturen des 12. bis 16. Jahrhunderts, in: Reich, Björn u. a. (Hg.): Wissen, maßgeschneidert. Experten und Expertenkulturen im Europa der Vormoderne, München 2012, S. 12–44; Knäble, Einleitung (wie Anm. 9), S. 11 f. Vgl. auf der Basis des Mailänder Beispiels auch Azzolini, Duke (wie Anm. 19), S. 208: »As this example clearly exemplifies, in this instance doubts were cast not on the practice of astrological counsel *per se*, but more simply on the skills (and possibly even the good intentions) of those who practiced it.«

Akteure beeinflussen.[75] Damit existiert auch die Grundlage für das Argument, die Ereignisse wären gewiss so eingetroffen wie prognostiziert, hätten die handelnden Individuen nicht davon gewusst. In amüsant-polemischer Form finden sich entsprechende Fallstudien zum 20. und 21. Jahrhundert in einer populären Darstellung von Dan Gardner.[76] Grundlegend scheinen sich die einschlägigen Reaktionen und Mechanismen zwischen dem späten Mittelalter und unserer Gegenwart also nicht zu unterscheiden. Eine wichtige Differenz besteht allerdings in der Akzeptanz eines ganz zentralen Arguments: Die hier betrachteten Astrologen verfügten über ein schlagkräftiges Standardmotiv, mit dem sie nicht nur Unschärfen in ihren Prognosen rechtfertigen konnten, sondern zugleich ihre religiöse Orthodoxie behaupteten: Gott stand es natürlich jederzeit frei, den Verlauf der Dinge zu ändern.[77]

Der erwähnte »*confirmation bias*« bezieht sich damit also auf zweierlei: Zum einen lenkt er die Aufmerksamkeit der Konsumenten astrologischer Prognosen, die sich im Nachhinein vor allem an zutreffende Vorhersagen bewundernd erinnern, während sie eine weitaus größere Zahl nicht eingetroffener Prognosen umstandslos ignorieren konnten. Im Ergebnis bedeutet dies aber, dass die Irrtümer der astrologischen Experten weitaus weniger ins Gewicht fielen, als ein rein sachrationaler Zugang zunächst nahelegen könnte. Zum anderen finden wir auch auf Produzentenseite Auswirkungen, indem nämlich Irrtum und Scheitern kaum jemals offen eingeräumt werden. Vielmehr besteht eine verbreitete Reaktion darin, positiv auf Teilerfolge zu verweisen, während Irrtümer mit systemimmanenten Steuerungsmechanismen in das Gesamtbild integriert werden, etwa im Sinne von »self-defeating prophecies«.[78]

Abschließend sei noch auf einen weiteren Effekt hingewiesen, der aller Anfälligkeit für Irrtümer zum Trotz der Astrologie langfristig einen klaren Wettbewerbsvorteil auf dem Markt der Orientierungsleistung verschafft haben mag: die ›Argumentversessenheit‹ des menschlichen Geistes. Wie eine ganze Reihe

---

75 Dies ist ein weit verbreitetes Argument, mit dem der Wert des astrologischen Wissens über die Zukunft behauptet wird, da sich die Individuen dann entsprechend verhalten könnten, etwa durch Prävention, Vorbereitung oder auch religiöse Bußleistungen. Diese Logik unterliegt implizit dem eingangs zitierten Beispiel Pauls von Middelburg, fand ihren expliziten Ausdruck aber auch im »Secretum Secretorum«, siehe Hiltgart von Hürnheim, Prosaübersetzung (wie Anm. 49), S. 54–56.

76 Gardner, Future (wie Anm. 67).

77 Vgl. etwa Johannes Laet de Borchloen: Iudicium anni 1478, München, Bayerische Staatsbibliothek, Clm 647, fol. 88ᵛ–101ᵛ, hier fol. 90ʳ: »Et noverit vestre illustrissime pater mee fore mentis et intencionis de subscriptis, quod in eventum quo quis me maligno harum reprehendere molitus fuerit (quod Deus avertat) quod Deus omnipotens creator planetarum omniam supernaturaliter inmutare posset, addendo vel minuendo.«

78 Gardner, Future (wie Anm. 67), S. 193–233; vgl. auch resümierend Minois, Geschichte (wie Anm. 43), S. 754. Grundlegend zur Frage der »*self-fulfilling*« und »*self-defeating prophecy*« der Artikel von Merton, Robert K.: The Self-Fulfilling Prophecy, in: The Antioch Review 8 (1948), S. 193–210; siehe auch Ders.: Social Theory and Social Structure, New York 1968 [enl. ed., orig. 1949].

sozialwissenschaftlicher und verhaltenspsychologischer Studien seit geraumer
Zeit immer wieder vorgeführt hat, zieht der menschliche Geist argument-
gestützte Ausführungen solchen ohne argumentative Grundlage vor. Mehr
noch: Die Effekte lassen sich in Momenten der Interaktion sogar dann nachweisen, wenn ein geäußertes Argument in der Sache gar nicht einschlägig mit dem
behaupteten Ergebnis oder dem avisierten Resultat zusammenhängt.[79] Aber
auch wenn es nicht um unmittelbare und situativ gebundene Reaktionen geht,
bei denen Prozesse »langsamen« und »schnellen« Denkens gegeneinander abzu-
wägen sind,[80] sind entsprechende Auswirkungen bemerkbar.

Mit Blick auf die moderne Astrologiegläubigkeit führte dies jüngst der Soziologe Arnaud Esquerre am Beispiel Frankreichs vor:[81] Soweit sich dies aussagekräftig nachvollziehen lässt, beruht die Überzeugungskraft astrologischer
Vorhersagen in der Tat zu einem beträchtlichen Teil darauf, dass die Aussagen
über die Zukunft hier mit empirischen Beobachtungen und methodisch-theore-
tischen Leitsätzen argumentativ unterfüttert werden (die zudem noch in Zahlen
gefasst und beschrieben werden können[82]). Zusätzlich verstärkt wird dieser
Effekt, wenn die betreffende Prognose ausdrücklich individualisiert für den
Empfänger erstellt wurde (oder dieser individuelle Zuschnitt zumindest behauptet wird): Die heutigen Leser von Horoskopen erwarten durchaus einen hohen
Grad an Spezifizität.[83]

Damit aber ist ein weiterer Wettbewerbsvorteil der Astrologen am Markt
der Beratung an spätmittelalterlichen Höfen (und darüber hinaus) zu identifizieren: Denn während ihre Konkurrenten unter den Klerikern oder Juristen
sich in ihren Ratschlägen vorrangig auf allgemeingültige Sätze und normative
Vorgaben berufen können, erscheint ein klassisches astrologisches Gutachten

---

79 Dies gilt etwa im Rahmen von Interaktionssituationen, in denen die appellative Dimen-
     sion von Äußerungen im Zentrum steht, siehe Langer, Ellen J. u. a.: The Mindlessness
     of Ostensibly Thoughtful Action: The Role of »Placebic« Information in Interpersonal
     Interaction, in: Journal of Personality and Social Psychology 36/6 (1978), S. 635–642;
     vgl. Willingham, Daniel T.: When Can You Trust the Experts? How to Tell Good Science
     From Bad in Education, San Francisco 2012, S. 31 f., sowie in breiterer Perspektivierung
     Kahneman, Daniel: Thinking, Fast and Slow, New York 2011.
80 Vgl. grundsätzlich Kahneman, Thinking (wie Anm. 79); siehe auch Tetlock / Gardner,
     Superforecasting (wie Anm. 41).
81 Esquerre, Arnaud: Prédire. L'astrologie au XXIᵉ siècle en France, Paris 2013. Vgl. auch den
     anders gelagerten Zugriff von Allum, Nick: What Makes Some People Think Astrology is
     Scientific?, in: Science Communication 33/3 (2011), S. 341–366.
82 Untersuchungen zur Überzeugungskraft von Zahlen als Mittel der Informationsver-
     mittlung oder Geltungsbehauptung stellen meines Wissens noch ein Desiderat dar. Vgl.
     allerdings zur Durchsetzung des »mathematischen« als rhetorische Figur in den Wirt-
     schaftswissenschaften McCloskey, Deirdre N.: The Rhetorics of Economics, Madison,
     WI ²1998, S. 138–155. Im Hinblick auf eine chronologisch und inhaltlich vergleichende
     Analyse etwa astrologischer und ökonomischer Prognosetechniken wäre dies zweifels-
     ohne ein äußerst lohnenswerter Gegenstand.
83 Vgl. Esquerre, Prédire (wie Anm. 81), S. 159–167.

in hohem Grade personalisiert, da es ja zunächst mit einer detaillierten Bestandsaufnahme der stellaren Einflüsse auf den Klienten einsetzt, etwa im Sinne eines Geburtshoroskops (das zudem in einer hochgradig kodifizierten Form graphisch niedergelegt wird und damit den Eindruck des wissenschaftlichen Zugriffs verstärken kann).[84] Auf dieser Grundlage behauptet der Astrologe als Experte anschließend nichts weniger, als über die Person und das Schicksal seines Klienten genauer und begründeter orientiert zu sein als dieser selbst.[85]

V. Fazit

Wie können nun die zentralen Ergebnisse dieses Versuchs resümiert werden, einen fruchtbaren Dialog zwischen mediävistisch-historischer Forschung und den Ergebnissen modern-sozialwissenschaftlicher Untersuchungen zu beginnen? Ausgangspunkt meiner Überlegungen war die Frage, wie sich der langanhaltende Erfolg der Astrologen als beratend tätige Experten im späten Mittelalter (und darüber hinaus) erklären lässt, wenn man doch zugleich davon ausgehen muss, dass diese Experten in ihren konkreten Prognosen immer wieder irrten. Wie schon das spätmittelalterliche Material zeigt, repräsentiert das hiermit angesprochene Problem keineswegs eine schlichte Projektion moderner Erwägungen auf eine längst vergangene Epoche, sondern wurde zumindest gelegentlich bereits von den Zeitgenossen reflektiert. Tatsächlich mussten die Astrologen als Experten der Zukunft immer wieder an ihre Grenzen geraten – und die Untersuchung ihrer Strategien, mit diesem Problem umzugehen, kann Strukturen und Muster aufzeigen, die gelegentlich frappierend an die Problemstellungen in aktuellen Expertenkonstellationen erinnern.

Aus der Vielfalt der an sich zu diskutierenden Phänomene und Antwortmöglichkeiten möchte ich hier drei Aspekte zusammenfassend hervorheben, die

84 Siehe etwa Boudet, Jean-Patrice / Charmasson, Thérèse: Une consultation astrologique princière en 1427, in: Comprendre et maîtriser la nature au Moyen Âge. Mélanges d'histoire des sciences offerts à Guy Beaujouan, Paris 1994, S. 255–278, mit Abb. (S. 277 f.), und Boudet, Jean-Patrice / Poulle, Emmanuel: Les jugements astrologiques sur la naissance de Charles VII, in: Autrand, Françoise u. a. (Hg.): Saint-Denis et la royauté. Études offertes à Bernard Guenée, Paris 1999, S. 169–179, mit Abb. (S. 179). Im Übrigen unterscheiden sich Astrologen von konkurrierenden Prognostikern durch die stete Verfügbarkeit ihrer Expertise, die nicht auf Momente göttlicher Inspiration oder anderweitige Vorzeichen angewiesen ist; dieser Vorteil kam bereits im Alten Orient gegenüber den traditionellen Sehern zum Tragen, siehe Maul, Wahrsagekunst (wie Anm. 48), S. 199 und 239.
85 Siehe hierzu knapp Oschema, Zukunft (wie Anm. 7), S. 282–288. Im Falle dieser hochgradig individualisierten Expertisen ist folglich mit anderen Wirkungszusammenhängen zu rechnen, als sie von Theodor Adorno für den Konsum von Horoskopen ›von der Stange‹ behauptet wurden, siehe Adorno, Theodor W.: Aberglaube aus zweiter Hand [1959], in: Ders.: Soziologische Schriften I, Frankfurt a. M. 2003, S. 147–176. Vgl. hierzu auch Furthmann, Katja: Die Sterne lügen nicht: Eine linguistische Analyse der Textsorte Pressehoroskop, Göttingen 2006, S. 212–220.

geeignet erscheinen, Felder zu markieren, deren weitere vertiefte Diskussion sich lohnen dürfte: Zum einen zeichneten sich Astrologen nicht zuletzt insofern als Experten aus, als sie ganz offensichtlich spezifische kommunikative Strategien entwickelten, die es ihnen erlaubten, Leerstellen ihrer Kompetenz effizient zu überspielen (etwa durch das Vorbringen bewusst vage gehaltener oder ambivalenter Aussagen) oder argumentativen Spielraum für den Fall zu schaffen, dass ihre Prognosen nicht eintrafen (unter anderem durch den Verweis auf Gottes Allmacht oder die Auswirkung der Prognose als »self-defeating prophecy«). Zum anderen ist für die hier untersuchte Periode des späten Mittelalters und das im Zentrum stehende Milieu fürstlicher Höfe hervorzuheben, dass die Klienten an der Präsenz astrologischer Expertise womöglich ganz andere Effekte schätzten als die zunächst maßgeblich erscheinenden Aussagen über die Zukunft: Zu erinnern ist hier etwa an die Orientierungsleistung durch die Bestandsaufnahme zur jeweiligen Gegenwart, aber auch an die soziale Dynamik, die sich durch die Existenz konkurrierender Beratergruppen am Hof einstellte und die dem jeweiligen Fürsten die effektivere Durchsetzung seiner eigenen Position ermöglicht haben mag.

Entscheidend für die Annäherung an eine überzeugende Antwort auf meine Frage erscheinen mir aber die Einsichten, die aus dem Dialog mit der sozialwissenschaftlichen Forschung zu gewinnen sind und deren Generierung das analytische Potential der historischen Untersuchung alleine bei weitem übersteigt: Bringt man nämlich die gut belegten Phänomene des »confirmation bias« und der ›Argumentorientierung‹ des menschlichen Geistes in Anschlag, so scheint es fast, dass die eingangs formulierte Frage aller Sorgfalt zum Trotz insofern falsch gestellt sein könnte, als sie auf der Annahme nicht zutreffender Wirkungszusammenhänge aufbaut. Letztlich ist die Feststellung, dass fehlerhafte Prognosen überhaupt erst einmal als solche wahrgenommen werden müssen, um zu Konsequenzen für ihre Autoren zu führen, eben doch gar nicht so banal, wie es auf den ersten Blick scheinen mochte. Ganz im Gegenteil können wir annehmen, dass spezifische, weithin zu beobachtende Grundzüge des menschlichen Gedächtnisses und der menschlichen Wahrnehmung rund um nicht eingetroffene Vorhersagen systematisch einen blinden Fleck oder zumindest einen Raum der Unschärfe kreieren, der einschlägige Reaktionen verhindert.

Für die Kulturen des späten Mittelalters, die erfolgreiche Astrologen-Experten hervorbrachten, bedeutet dies aber nichts weniger als die Einsicht, dass sie keineswegs adäquat als abergläubisch, leichtgläubig und unkritisch einzustufen sind – außer wir sind bereit, unsere eigenen Gesellschaften der Moderne mit denselben Begriffen zu beschreiben.[86] Denn im Kern beruht die relativ stabile Anerkennung der Astrologie als Feld der Expertise und als Beratungsgrundlage auf Mechanismen, die es auch der modernen Finanz- und Wirtschaftsexpertise

---

86 Anders formuliert, nämlich als Verzicht auf die Beschreibung menschlicher Akteure als »rational«, siehe Gobet, Understanding Expertise (wie Anm. 9), S. 92 und 225 f.

erlauben, ihre offensichtlichen Fehlleistungen[87] zu überspielen und trotz wiederholten Versagens weiterhin eine leitende Orientierungsfunktion in politischen und gesellschaftlichen Prozessen zu behaupten.[88]

Bibliographischer Nachtrag:
Erst nach dem Satz dieses Texts wurde mir bekannt, dass sich folgendes Werk aktuell im Druck befindet, das für zentrale Elemente meiner Thematik eine grundlegende Darstellung bietet: Rutkin, H. Darrell: Sapientia Astrologica: Astrology, Magic and Natural Knowledge, ca. 1250–1800, Bd. 1: Medieval Structures (1250–1500): Conceptual, Institutional, Socio-Political, Theologico-Religious and Cultural, Cham 2019 (im Druck).

---

87 Aus der breiten Literatur zum Versagen von Experten siehe etwa die eingängige Darstellung bei Gardner, Future (wie Anm. 67), oder die knappen Hinweise bei Gobet, Understanding Expertise (wie Anm. 9), S. 185–192. Vgl. auch die von der Stoßrichtung her schwer einzuschätzende Präsentation bei Fitch, Marc E.: Shmexperts. How Ideology and Power Politics are Disguised as Science, Washington, D.C. 2015.
88 In diesem Sinne wurden gelegentlich die Wirtschaftswissenschaften als »Glaubensformation« beschrieben, siehe Meier, Alfred: Ökonomen auf dem Weg von der Expertise zur Esoterik, in: Hitzler, Ronald u.a. (Hg.): Expertenwissen. Die institutionalisierte Kompetenz zur Konstruktion von Wirklichkeit, Opladen 1994, S. 74–82.

Philip Knäble

Die Rückkehr der Weltweisen

»Multiple Experten« und der Wandel von Expertenkulturen im 16. Jahrhundert

Das Göttinger Konzept der Expertenkulturen, das ist kein Geheimnis, ist zu großen Teilen von der konstruktivistischen Wissenssoziologie inspiriert.[1] Insbesondere das wissenssoziologische Standardwerk »Die gesellschaftliche Konstruktion der Wirklichkeit« der kürzlich verstorbenen Peter Berger (1929–2017) und Thomas Luckmann (1927–2016), dem sich jede Kohorte des Graduiertenkollegs intensiv bei Klausurtagen in der südniedersächsischen Peripherie widmete, diente dabei als Anregung und Diskussionsgrundlage.[2] Berger und Luckmann plädieren darin für eine Ausweitung des Untersuchungsgegenstandes der Wissenssoziologie auf das Wissen in alltäglichen Interaktionen und die Beziehungen zwischen einem allgemein verbreiten Alltagswissen und speziellen Wissensbereichen. In diesen Wissensbereichen treten Experten als Träger eines Sonderwissens auf, an die sich Laien mit dem Wunsch nach Problemlösungskompetenz wenden, wenn sie ihr Rezeptwissen für Probleme im Alltag als nicht mehr ausreichend betrachten.[3] Das auch in Publikationen des Kollegs häufig zitierte Beispiel fasst die Spezialisierung von Experten auf spezifische Wissensbestände prägnant zusammen: »So ›weiß ich etwas Besseres‹, als mit meinem Arzt über meine Geldanlagen, mit meinem Anwalt über mein Magengeschwür, mit meinem Buchhalter über meine Suche nach religiöser Wahrheit zu reden.«[4]

Der Experte zeichnet sich im Gegensatz zum allwissenden »Weltweisen«, der Rat für alle potentiellen Probleme bereitstellt, gerade durch ein auf ein bestimmtes Gebiet beschränktes Wissen aus.[5] Nun lässt sich aber darüber diskutieren,

1 Vgl. Rexroth, Frank: Systemvertrauen und Expertenskepsis. Die Utopie vom maßgeschneiderten Wissen in den Kulturen des 12. bis 16. Jahrhunderts, in: Reich, Björn u.a. (Hg.): Wissen, maßgeschneidert. Experten und Expertenkulturen im Europa der Vormoderne, München 2012, S. 12–44.

2 Vgl. ebd., S. 23; Schütz, Johannes: Hüter der Wirklichkeit. Der Dominikanerorden in der mittelalterlichen Gesellschaft Skandinaviens, Göttingen 2014, S. 24–27; Dümling, Sebastian: Träume der Einfachheit. Gesellschaftsbeobachtungen in den Reformschriften des 15. Jahrhunderts, Husum 2017, S. 31–46.

3 Vgl. Berger, Peter/Luckmann, Thomas: Die gesellschaftliche Konstruktion der Wirklichkeit. Eine Theorie der Wissenssoziologie, Frankfurt a.M. [23]2010, S. 36–47.

4 Ebd., S. 47; vgl. Rexroth, Systemvertrauen (wie Anm. 1), S. 23.

5 Vgl. Rexroth, Systemvertrauen (wie Anm. 1), S. 22; Hitzler, Ronald: Wissen und Wesen des Experten. Ein Annäherungsversuch – zur Einleitung, in: Ders. u.a. (Hg.): Expertenwissen.

inwiefern der von Berger und Luckmann konstatierte Befund auch für andere Epochen fruchtbar gemacht werden kann oder vielmehr eine Besonderheit des 20. Jahrhunderts darstellte. Zumindest in der Gegenwartsgesellschaft scheint das von ihnen aufgestellte Diktum an seine Grenzen zu stoßen.

So gehören etwa die Diskussion um Zusatzkosten einer Behandlung oder die Fragen nach möglichen Finanzierungsmodellen für Kassenpatienten in Deutschland längst zum Alltag beim Arztbesuch und können einen längeren Zeitraum in Anspruch nehmen als die nachfolgende Untersuchung. Ebenso wollen Anwälte detailliert über Magengeschwüre informiert werden, wenn sie in Verhandlungen über stressbedingte Ausfallzeiten im Beruf oder Ärztefehler ihre Mandanten vertreten. Und auch die religiöse Orientierung der Banker ist vor Kurzem relevant geworden, als im Zuge der Finanzkrise die Geldinstitute aus dem Bereich des *Islamic Banking*, die ihre Investitionsfelder nach der islamischen Moraltheologie ausrichteten, deutlich weniger stark von den Auswirkungen der Krise betroffen waren.[6]

Nun lag der Fokus des Graduiertenkollegs aber nicht auf der Zeitgeschichte, sondern auf der Erforschung vormoderner Expertenkulturen vom 12. bis zum 18. Jahrhundert. Doch auch für diesen Zeitraum – so die These – lassen sich Phasen ausmachen, in denen »multiple Experten«[7] und »Weltweise« Deutungshoheit über weitaus größere Wissensbereiche beanspruchten und zugeschrieben bekamen, als es die Figur des Experten als Spezialist für einzelne, klar abgrenzbare Wissensfelder vorsieht. Damit wird gleichzeitig die Frage angesprochen, in welcher Weise sich der in Europa seit dem Hochmittelalter zu beobachtende Prozess der Ausdifferenzierung von Wissensbeständen durchsetzte. Anders formuliert: Wie lässt sich die Entstehung von Expertenkulturen vom Hochmittelalter bis in die Gegenwart in den europäischen Gesellschaften adäquat beschreiben? Als lineare Entwicklung einer funktionalen Differenzierung, wie modernisierungstheoretische Ansätze hervorheben? Als zyklische Prozesse, in denen sich Phasen von Verdichtung von Expertenwissen mit Phasen von Entflechtung abwechseln? Oder etwa als Zentrum-Peripherie-Modell, in dem sich Expertenkulturen zunächst in Zentren herausbilden und dann in periphere Regionen ausstrahlen?

Der Aufsatz nähert sich diesen Fragen, indem er für einen kurzen Zeitraum in der Entwicklung der europäischen Expertenkulturen – dem 16. Jahrhundert – zwei Aspekte beleuchtet, die die Grenzen von Expertenwissen aufzeigen. In einem ersten Abschnitt wird der von Ingo Trüter aufgebrachte Begriff des »multiplen Experten« diskutiert, den er anhand der humanistischen Gelehrten im frühen 16. Jahrhundert entwickelt hat. Anschließend werden mit den katholischen Moraltheologen im spanischen Imperium Akteure betrachtet, die für

---

Die institutionalisierte Kompetenz zur Konstruktion von Wirklichkeit, Opladen 1994, S. 13–30, hier S. 13 f.

6 Vgl. Di Mauro, Filippo (Hg.): Islamic Finance in Europe, Frankfurt a. M. 2013.

7 Zum Begriff des multiplen Experten: Trüter, Ingo: Gelehrte Lebensläufe. Habitus, Identität und Wissen um 1500, Göttingen 2017, S. 247–263.

die Seelsorge Wissen in zahlreichen Bereichen erwarben und von den gläubigen Laien als »Weltweise« angerufen wurden. Im dritten Teil wird daran anknüpfend aufgezeigt, dass gerade in Mittelamerika (Neuspanien) Geistliche bei Problemen des Handelsalltags konsultiert wurden.

I.   Humanisten als »multiple Experten«

Im frühen 16. Jahrhundert lässt sich im humanistischen Milieu der Reichsstädte eine Konzentration unterschiedlicher Wissensbereiche feststellen, wie Ingo Trüter am Beispiel des Nürnberger Rats Willibald Pirckheimer (1470–1530) aufgezeigt hat. Trüter schlägt für diese Bündelung verschiedener Bereiche von Sonderwissen in einer Person den Begriff des »multiplen Experten« vor.[8] Er sieht den multiplen Experten aber in deutlicher Abgrenzung zum »Weltweisen«, da Willibald Pirckheimer zwar in mehreren Wissensfeldern, aber jeweils nur für einen bestimmten Aspekt konsultiert wurde:

»Er [Willibald Pirckheimer] verfügte zwar über umfassendes Wissen, wurde jedoch immer um spezifisches angefragt. In seiner Rolle als Experte war sein Wissen dabei nicht auf ein ›beschränktes Gebiet begrenzt‹, vielmehr wusste Willibald die Anfragen mit ›gesicherten Behauptungen und fundierten Urteilen zu erwidern.«[9]

Die Problemlösungskompetenz des studierten Juristen war insofern nicht nur in rechtlichen Belangen gefragt, sondern er wurde in unterschiedlichen Lebensabschnitten auch als Experte für »medizinische, rhetorische oder diplomatische Belange«[10] angerufen. Vor allem im medizinischen Bereich wurde sein praktisches Wissen von unterschiedlichen Akteuren in Anspruch genommen. Willibald hatte durch jahrelange Selbsttherapie der eigenen gesundheitlichen Leiden und die Lektüre medizinischer Fachbücher weitreichende Kenntnis für medizinische Probleme erworben. Zudem verfügte er über ein gut ausgestattetes Labor, in dem er selbst nach eigenen Rezepten Arzneien mischte.

Sein Nürnberger Freund, der Kanoniker Lorenz Beheim (1459–1521), trat deshalb an ihn heran, nachdem die Konsultation eines anderen medizinischen Experten, seines Barbiers, in seinen Augen erfolglos geblieben war. In einem Brief dankte er Willibald für das von ihm zubereitete Öl gegen sein Syphilisleiden:

»Diese Ungebildetsten glauben, dass sie Asklepios und Apoll vorangestellt seien. Aber, Gott sei Dank, brauche ich sie nun nicht mehr, und dennoch ist es gut zu wissen, welcher Art sie sind. Da du es aus freien Stücken angeboten hast, bitte ich dich kühn und verlange dringend, dass du mir das Rezept dieses Salböls zuschickest; ich werde dir alles, was in meinem Besitz steht, zurückerstatten. Und gleichzeitig schicke mir bitte

---

8   Vgl. ebd., S. 262 f.
9   Ebd., S. 262.
10 Ebd.

das schwarze Haarfärbemittel. Ich bete, dass du mir schreibst, ob man die Salbe dick oder dünn auftragen muss, direkt auf die Haut oder auf den Verband.«[11]

Wie der Brief zeigt, sollte Willibald sehr konkrete Angaben über Rezeptur und Anwendung der Salbe schicken. Da Lorenz sich selbst mit Medizin und der Herstellung von Medikamenten (und Giften) auskannte, konnte er die Salbe selbst herstellen. Lorenz' Kritik an den Barbieren zeigt zudem, dass es unterschiedliche Experten im medizinischen Feld gab, die konsultiert wurden. Vielfach kam es deshalb zu Rangkonflikte zwischen studierten Medizinern, Barbieren, heilkundigen Frauen, Apothekern und Humanisten, die auf vormodernen Märkten um Patienten konkurrierten.[12] Während Willibalds detaillierte praktische Kenntnisse gefragt waren, wurden die oberdeutschen städtischen Ärzte dagegen häufig nicht wegen ihres Sonderwissens konsultiert, sondern um die Wahrnehmung und Einschätzung ihrer Patienten zu stützen. Die Diagnose erfolgte in Aushandlungsprozessen zwischen von der Stadt angestellten Ärzten einerseits und wohlhabenden, angesehenen Patienten andererseits und stellte so vielmehr eine Form von Konsenswissen dar.[13]

Zeitgleich lässt sich auch im humanistisch-höfischen Bereich Italiens das Ideal des weitläufig gebildeten Adeligen beobachten. Eine der einflussreichsten Schriften für die höfische Bildung im frühen 16. Jahrhundert, Baldassare Castigliones (1478–1529) »Libro del Cortegiano« (Das Buch des Hofmanns) von 1528, fordert vom Hofmann eine natürlich erscheinende Vollkommenheit in einer Vielzahl von Wissensbereichen. Neben den kämpferischen Tugenden im Reiten und Tjostieren, Fechten und Ringen verlangt Baldassare Castiglione auch Geschick in Musik, Tanz und Ballspiel, der Malerei und Poesie sowie Kenntnisse der humanistischen Sprachen Latein und Griechisch und der Schriften antiker Autoren.[14] Dieser weitläufige Bildungskatalog, der »arma et litterae«, gelehrtes

---

11 »Sic enim rudissii vel Apolini aut Esculapio praestare sese autummant. Sed Dei gratia, iam non egeo, tamen bonum est scire huiuscemodi. Quare, quod promisisti tua sponte, audacter peto instanterque postulo: uti receptamistius unguenti mittas; remissurus tibi quodcunque fuerit meae proprietatis cum summa etiam gratiarum actione. Simulque mittas tincturam capillorum nigram. Tu quoque scribas oro, ob man das emplastrum dick ader [!] dünn auftrag, an super corio aut tela, ac ceteras circumstancias.«, Brief von Lorenz Beheim an Willibald Pirckheimer vom 09.02.1506, in: Willibald Pirckheimers Briefwechsel, hg. v. Emil Reicke, Bd. 1, München 1940, S. 330; deutsche Übersetzung bei Trüter, Gelehrte Lebensläufe (wie Anm. 7), S. 255 f.

12 Zu den unterschiedlichen Experten im medizinischen Feld und ihren Abgrenzungsbemühungen vgl. Schütte, Jana Madlen: Medizin im Konflikt. Fakultäten, Märkte und Experten in deutschen Universitätsstädten des 14. bis 16. Jahrhunderts, Leiden 2017, S. 198–267.

13 Vgl. dazu den Beitrag von Annemarie Kinzelbach in diesem Band.

14 Vgl. Buck, August: Baldassare Castigliones »Libro del Cortegiano«, in: Ders. (Hg.): Höfischer Humanismus, Weinheim 1989, S. 5–16; Burke, Peter: Die Geschicke des »Hofmann«. Zur Wirkung eines Renaissance-Breviers über angemessenes Verhalten, Berlin 1996, S. 31–52.

und praktisches Wissen vereinte, stellte den Hofmann zudem vor die Herausforderung, die aufwendig erlernten Kenntnisse und Körpertechniken nicht in den Vordergrund zu stellen:

»Man muß jede Ziererei gleich einer spitzigen und gefährlichen Klippe vermeiden und, um eine neue Wendung zu gebrauchen, eine gewisse Nachlässigkeit [sprezzatura] zur Schau tragen, die die angewandte Mühe verbirgt und alles, was man tut und spricht, als ohne die geringste Kunst und gleichsam absichtslos hervorgebracht erscheinen lässt. Davon leitet sich, glaube ich, am meisten die Anmut [grazia] ab.«[15]

Dagegen wird hochspezialisiertes Wissen in lediglich einem Bereich im »Libro del Cortegiano« eher kritisch gesehen. Es knüpft damit an humanistische Traditionen an, die bereits im 14. und 15. Jahrhundert das spezialisierte Wissen von Experten als zu beschränkt getadelt hatten.[16] Allerdings wird im Traktat erwähnt, dass die geforderten komplexen Körpertechniken häufig nur von spezialisierten Fecht-, Reit- und Tanzmeistern erlernt werden könnten, die als Experten für ihr Wissensgebiet an den Höfen angeworben werden. Ihre höfisch erzogenen Schüler sollten dagegen ihre Fertigkeiten und Körperpraktiken nicht ostentativ zur Schau stellen, sondern eher bescheiden verdeckt halten.[17] Insofern kommen bekannte Inszenierungsstrategien von universitären Experten, wie der Verweis auf Abschlüsse und Diplome, die Verwendung von Fachsprachen oder Hervorhebung der eigenen Verdienste, für den Hofmann (und im dritten Buch für die Hofdame) kaum in Frage.[18] Jedoch könnte die zur Schau gestellte »*Sprezzatura*« auch als Inszenierungsstrategie von Höflingen betrachtet werden, um an den italienischen Höfen Karriere zu machen. Wer über »*Grazia*« und »*Sprezzatura*« verfügte war als universell gebildeter Laie dem Experten überlegen und konnte dem Fürsten in nahezu allen Bereichen dienen und ihn beraten.[19]

Auch Willibald Pirckheimers Freund Lorenz Beheim, der in Ingolstadt und Leipzig Theologie studiert hatte und dann 1482 nach Italien ging, wo er 1496/97 zum Doktor des kanonischen Rechts promoviert wurde, zeichnete sich an den

---

15 Castiglione, Baldassare: Der Hofmann. Lebensart in der Renaissance, aus dem Italienischen von Albert Wesselski, Berlin 1996, S. 35. Im Original heißt es: »E ciò è fuggir quanto piú si po, e come un asperissimo e pericoloso scoglio, la affettazione; e, per dir forse una nova parola, usar in ogni cosa una certa sprezzatura, che nasconda l'arte e dimostri ciò che si fa e dice venir fatto senza fatica e quasi senza pensarvi. Da questo credo io che derivi assai la grazia.«, Ders.: Il libro del Cortigiano, a cura de Giulio Preti, Turin 1965, S. 44.

16 Vgl. Roick, Matthias: Der Fahnenflüchtige lässt sich krönen. Petrarca und die Anfänge der humanistischen Kritik am Experten, in: Reich u.a. (Hg.), Wissen, maßgeschneidert (wie Anm. 1), S. 45–81, hier S. 46–49, 80 f.

17 Vgl. Castiglione, Der Hofmann (wie Anm. 15), S. 34–37. Zu Expertenwissen am Hof vgl. Füssel, Marian u.a. (Hg.): Höfe und Experten. Relationen von Macht und Wissen in Mittelalter und Früher Neuzeit, Göttingen 2018.

18 Vgl. Dümling, Träume (wie Anm. 2), S. 43–45.

19 Vgl. Roick, Der Fahnenflüchtige (wie Anm. 16), S. 80 f.

italienischen Höfen durch eine große Bandbreite von Tätigkeitsfeldern aus. Lorenz war während seines 22-jährigen Italienaufenthalts in den Diensten des Kardinals Rodrigo Borgia zunächst als Haushofmeister tätig und so mit Verwaltung und Rechnungsführung befasst. Nachdem Rodrigo Borgia 1492 zum Papst Alexander VI. gewählt worden war, waren vor allem Lorenz' Kompetenzen als Festungsbaumeister und Belagerungsberater gefragt. Er wurde zum neuen päpstlichen Geschützmeister ernannt, da er einer Nürnberger Familie von Geschützbaumeistern und Büchsenmachern entstammte.[20] Neben seinem fortifikatorischen Wissen wurde der Doktor des kanonischen Rechts auch in anderen Wissensbereichen konsultiert. Der häufig am Kardinalshof weilende uneheliche Sohn des Papstes, Cesare Borgia, legte ihm 1492, als er mit 17 Jahren einen hohen Posten in der päpstlichen Streitmacht zugeteilt bekam, eine Liste mit über siebzig Fragen vor. Cesare erhoffte sich von dem Humanisten Problemlösungen in militärischen (fernmündliche Kommunikation zwischen zwei Festungen), medizinischen (Stärkung des Gedächtnisses) und alchemistischen (Geheimtinten, Gifte) Fragen und verlangte einige Monate später, dass Lorenz Beheim ihm aufgrund seiner astrologischen Kenntnisse ein Horoskop erstellte.[21]

Die Anrufung als Experte in multiplen Problemfällen scheint im frühen 16. Jahrhundert gerade im humanistischen Milieu häufig vorgekommen zu sein, weshalb eine zu starre Fixierung des Experten auf einzelne Wissensbereiche die Gefahr birgt, diese Multiperspektivität zu verkennen. Deshalb fällt es ja Historikerinnen und Historikern häufig schwer, Menschen der Renaissance wie Lorenz Beheim auf ein Schlagwort zu verengen. Die Charakterisierung als Geschützmeister, Kanoniker, Doktor des Kirchenrechts, Astrologe oder höfischer Berater beschreibt jeweils seine Kompetenzen, aber eben immer nur partiell. Im Gegensatz zur unpersönlichen Laien-Experten-Beziehung der Moderne aus dem Beispiel von Berger und Luckmann bilden die sozialen Relationen in der Vormoderne, die über Freundschaft, Familien- und Patronagebeziehungen hergestellt werden, bei der Konsultation eine entscheidende Rolle. Neben dem umfassend gebildeten humanistischen Gelehrten und dem anmutigen Höfling tritt im 16. Jahrhundert aber noch eine Sozialfigur deutlich hervor, die für eine Vielzahl von Problemen unterschiedlicher Wissensbereiche angerufen wird, der katholische Beichtvater.

20 Zu Lorenz Beheim siehe Schaper, Christa: Lorenz und Georg Beheim. Freunde Willibald Pirckheimers, in: Mitteilungen des Vereins für Geschichte der Stadt Nürnberg 50 (1960), S. 120–221.

21 Vgl. ebd., S. 128 f.; Neumahr, Uwe: Cesare Borgio. Der Fürst und die italienische Renaissance, München 2007, S. 9 f. Der Fragenkatalog befindet sich in der Nürnberger Stadtbibliothek im Nachlass von Willibald Pirckheimer, der das Manuskript nach Lorenz Beheims Tod erhielt: StadtB. Nbg. P. P. 375.

II. Der Seelsorger als »Weltweiser«

Die Sorge um das Seelenheil und die damit verbundene Beichte waren zentrale Bestandteile spätmittelalterlicher Religiosität. Um die Beichte ablegen und Buße erlangen zu können, waren Laien nach den Lehren der spätmittelalterlichen Kirche auf die Führung durch kundige Seelsorger in Form von ordnungsgemäß geweihten Priestern angewiesen.[22] Die Figur des Beichtvaters wird in der theologischen Literatur des Spätmittelalters häufig als Vater, Arzt und Richter zugleich tituliert,[23] der damit neben der Theologie semantisch auch die Bereiche der Medizin, des Rechts und der vormodernen »Ökonomik«, im aristotelischen Sinne als »Hausvaterlehre« verstanden, abdeckt und – nebenbei bemerkt – insofern deutliche Parallelen zu Anwalt, Arzt und Buchhalter im zitierten Beispiel von Berger und Luckmann aufweist. Doch trotz dieser semantischen Auffächerung wird der spätmittelalterliche Beichtvater bei konkreten Problemen im rechtlichen, medizinischen und (proto-)wirtschaftlichen Bereich eher selten für sein Sonderwissen angerufen. Vielmehr lassen sich in diesem Zeitraum Prozesse der Ausdifferenzierung von Experten beobachten, in denen Ärzte und Juristen für ihre spezifischen Fachgebiete konsultiert werden.[24]

Im Zuge der Reformation, die durch die Neukonzeption der Buße als Lebensform gegen das Ritual der Ohrenbeichte einen massiven Strukturwandel im Dienstleistungssektor der Seelsorge auslöste, wurde innerhalb der katholischen Gegenreform in der Mitte des 16. Jahrhunderts der »Wille zum Wissen« noch einmal verstärkt.[25] Zahlreiche Beichthandbücher boten den Seelsorgern durch allgemeine und spezifische Fragenkataloge nach Stand, Alter, Geschlecht und Profession sowie durch pädagogische Gesprächsführungstechniken Anleitung für die Beichte, wie auch an Laien adressierte Handbücher und Predigten den Beichtenden Anweisungen gaben, sich durch Memorialpraktiken auf die Beichte vorzubereiten.[26] Luthers Ansatz der subjektiven Beichte ohne Vermittlung durch den Priester lehnte das Konzil von Trient entschieden ab,[27] indem gerade die Rolle des Beichtvaters, nun als Richter, hervorgehoben wurde:

---

22 Vgl. Stansbury, Roland (Hg.): A Companion to Pastoral Care in the Late Middle Ages (1200–1500), Leiden 2010.

23 Vgl. O'Malley, John: Trent. What Happened at the Council?, London 2013, S. 153; Decock, Wim: Collaborative Legal Pluralism. Confessors as Law Enforcers in Mercado's Advice on Economic Governance (1571), in: Rechtsgeschichte 25 (2017), S. 103–114, hier S. 108.

24 Vgl. Rexroth, Systemvertrauen (wie Anm. 1), S. 24–31.

25 Vgl. Foucault, Michel: Der Wille zum Wissen. Sexualität und Wahrheit, Bd. 1, Frankfurt a. M. 1983, S. 24–27; Prosperi, Adriano: Beichte und das Gericht des Gewissens, in: Prodi, Paolo / Reinhard, Wolfgang (Hg.): Das Konzil von Trient und die Moderne, Berlin 2001, S. 175–197, hier S. 178 f., 188; Kaufmann, Thomas: Erlöste und Verdammte. Eine Geschichte der Reformation, München 2016, S. 308–316.

26 Vgl. O'Banion, Patrick: The Sacrament of Penance and Religious Life in Golden Age Spain, University Park, PA 2012, S. 60; Prosperi, Beichte (wie Anm. 25), S. 186.

27 Vgl. Prosperi, Beichte (wie Anm. 25), S. 188–191.

»Außerdem ergibt sich, daß auch jene Umstände im Bekenntnis dargelegt werden müssen, welche die Art der Sünde verändern; denn ohne sie würden weder die Sünden selbst von den Büßenden vollständig dargelegt werden noch wären sie den Richtern bekannt. So sähen sie sich außerstande, über die Schwere der Verfehlung richtig zu urteilen und den Büßenden dafür die notwendigen Strafen auferlegen zu können.«[28]

Trotz dieser Fokussierung auf die Funktion des Richters, die deutlich reduzierter anmutet als die spätmittelalterliche Trias (Haus-)Vater, Arzt, Richter, setzte sich mit dem Konzil von Trient eine größere Inanspruchnahme von bisher separierten Wissensbereichen innerhalb der neu entstandenen Moraltheologie durch.[29] Dies lag vor allem daran, dass die Theologen nicht allein Richter im Bereich der kirchlichen Rechtsprechung waren, sondern gerade auch in der Beichte, im »forum conscientiae« bzw. »forum internum«, die Gewissen der reuigen Sünder zu beurteilen hatten. Wie die Moraltheologie lehrte, waren alle weltlichen Gebote und Gesetze nicht nur von städtischen Obrigkeiten oder dem König erlassen, sondern zugleich auch an das göttliche Recht und Naturrecht gebunden. Alle Gläubigen mussten sich deshalb letztlich auch vor dem »forum conscientiae« mit den Beichtvätern als Richtern der Seelen (iudices animarum) verantworten.[30] Dies verlangte von den Seelsorgern einen umfassenden Blick auf die Welt, wie es etwa der Salamancaner Moraltheologe Francisco de Vitoria (1483–1546) hervorhob: »Das Amt und die Berufung des Theologen umschließt so viel, dass keine Handlung, keine Kontroverse, keine Angelegenheit dem Beruf und dem Gegenstand der Aufmerksamkeit der Theologen außen vor zu bleiben scheinen.«[31] Die spätscholastische Moraltheologie, die im 16. Jahrhundert zur kirchlichen Leitwissenschaft avancierte, vertrat das Selbstverständnis, auf potentiell

---

28 »Colligitur praeterea, etiam eas circumstantias in confessione explicandas esse, quae speciem peccati mutant, quod sine illis peccata ipsa nec a poenitentibus integre exponantur, nec iudicibus innotescant, et fieri nequeat, ut de gravitate criminum recte censere possint, et poenam, quam oportet, pro illis poenitentibus imponere.«, Wohlmuth, Josef (Hg.): Dekrete der ökumenischen Konzilien, Bd. 3: Konzilien der Neuzeit, Paderborn 2002, S. 706, dort weiter: »[…] sed ad instar acrus iudicialis, quo ad ipso velut a iudice sententia pronunciatur.«

29 Vgl. Prodi, Paolo: Eine Geschichte der Gerechtigkeit. Vom Recht Gottes zum modernen Rechtsstaat, München ²2005, S. 243–248.

30 Vgl. Duve, Thomas: Salamanca in Amerika, in: Zeitschrift für Rechtsgeschichte. Germanische Abteilung 132 (2015), S. 116–150, hier S. 123 f.; Decock, Legal Pluralism (wie Anm. 23), S. 107; Maihold, Harald: »Himmel und Erde«. Die Abgrenzung von forum internum und forum externum in der frühen Neuzeit, in: Germann, Michael/Decock, Wim (Hg.): Das Gewissen in den Rechtslehren der protestantischen und katholischen Reformationen, Leipzig 2017, S. 51–71.

31 »El oficio y cometido del teólogo abarca tanto que ningún argumento, ninguna controversia, ningún asunto parecen quedar fuera de la profesión y objecto de atención del teólogo.«, Francisco de Vitoria: Relectio de potestate, hg. v. Jesús Cordero Pando, Madrid 2008, Prólogo S. 7; vgl. dazu Decock, Wim: Theologians and Contract Law. The Transformation of the Ius Commune (1500–1650), Leiden 2013, S. 43.

jedes erdenkliche Problem der Gläubigen vorbereitet zu sein.[32] Diese Beurteilung durch die Geistlichen wurde von Laien verstärkt eingefordert, denn eine beträchtliche Zahl von Gläubigen in Spanien ging nun mehrfach im Jahr, zum Teil sogar mehrfach im Monat zur Beichte.[33]

So schärft auch der Ordensbruder und Schüler Vitorias, Bartolomé de Medina (1527–1581), in seiner »Breve instruccion de como se ha de administrar el Sacramento de la penitencia«[34] seinen geistlichen Lesern ein, »dass der Beichtvater aufmerksam gegenüber allen Ständen der Menschen sein soll, damit er jeden einzelnen Stand und Lebensumstand kennt und nach dessen Notwendigkeit angemessen helfen kann.«[35] Zwar konnten Anspruch und Umsetzung durchaus auseinanderklaffen, dennoch verlangten gerade gesellschaftlich wichtige, die Orden finanzierende und unterstützende Stände Aufmerksamkeit. Für besonders komplexe Fälle wie die Profession des Kaufmanns, dessen Möglichkeiten zur Sünde – wie Bartolomé anmerkt – unbegrenzt scheinen, vermittelt sein Werk vertiefte Kenntnisse der Handelspraktiken. Sein Stichwortverzeichnis listet zehn Einträge zu Wucher, 15 Formen des Verkaufens (*vender*) und nicht weniger als dreißig Arten der Wiedergutmachung (*Restitucion*) bei unrechtmäßig erworbenen Gütern auf.[36]

Neben der Beichte gehörte die Konsultation von Geistlichen vom Gemeindepriester bis hin zum Beichtvater des Königs in den spanischen Königreichen zur alltäglichen Beratungspraxis.[37] Wie die Briefe, Notariatsakten und Kontobücher der spanischen Kaufmannsfamilie Ruiz zeigen, die Henri Lapeyre (1910–1984) ausgewertet hat,[38] spielte gerade auch für Kaufleute die Konsultation bei strittigen, das Seelenheil gefährdenden Handelspraktiken eine große Rolle. Die Händlerfamilie Ruiz hatte ihren Sitz in der bedeutenden spanischen Messestadt des 16. Jahrhunderts, Medina del Campo, von wo aus Simon Ruiz (1525–1597) die Geschäfte führte. Sein Bruder vertrat die Interessen der Familie im französi-

---

32 Dies knüpft durchaus an spätmittelalterliche Traditionen an, die das kirchliche Recht für alle Fälle reklamierten, die eine Sünde darstellten. Vgl. Duve, Thomas: Katholisches Kirchenrecht und Moraltheologie im 16. Jahrhundert. Eine globale normative Ordnung im Schatten schwacher Staatlichkeit, in: Kadelbach, Stefan / Günther, Klaus (Hg.): Recht ohne Staat? Zur Normativität nichtstaatlicher Rechtsetzung, Frankfurt a. M. 2011, S. 147–174, hier S. 155.

33 Vgl. O'Banion, Sacrament (wie Anm. 26), S. 45–47.

34 Bartolomé de Medina: Breve instruccion de como se ha de administrar el Sacramento de la penitencia, Pamplona 1626 [Salamanca 1578].

35 Ebd., fol. 185^r: »Necessario es, que el confessor este advertido acerca de todos los estados de hombres, para que sepa examinar a cada uno de qualquier estado y condicion que sea, y remediarle conforme a su necessidad.«

36 Vgl. ebd., fol. 111^v–147^r, 193^v–194^v, wo die Arten der Sünde von Kaufleuten detailliert aufgeschlüsselt werden.

37 Vgl. Duve, Salamanca (wie Anm. 30), S. 131.

38 Lapeyre, Henri: Une Famille de marchands: Les Ruiz. Contribution à l'étude du commerce entre la France et l'Espagne au temps de Philippe II, Paris 1955; zum Handelsnetzwerk der Kaufmannsfamilie vgl. Ribeiro, Ana Sofia: Early Modern Trade Networks in Europe. Cooperation and the Case of Simon Ruiz, Abingdon 2016.

schen Nantes, sein Neffe André in Nordfrankreich und Antwerpen, so dass die Familie in den wichtigsten westeuropäischen Handelszentren präsent war.

Die Orientierung an der spätscholastischen Moraltheologie zeigte sich im Handelsalltag der Kaufmannsfamilie in mehrfacher Hinsicht, etwa bei der Befolgung der Konstitution »In eam pro nostro« durch Papst Pius V. 1571, welche die von den Kaufleuten mit dem Begriff *depositio* bezeichneten Wechselgeschäfte als fiktive Wechsel (*cambia ficta*) bewertet und damit als wucherisch verboten hatte.[39] So war Simon Ruiz zwar bereit, den Handelsbräuchen nachzukommen und seinen Geschäftspartnern, wenn sie darauf bestanden, den Aufschlag, den *depositio*, zu zahlen. Selbst weigerte er sich aber die Zahlung von anderen anzunehmen, wohl weil er um seine Absolution bei der Beichte fürchtete, die ohne die vollständige Restitution unrechtmäßig erworbenen Geldes nicht erfolgen konnte.[40]

Als 1586 englische Gewaltakteure auf See[41] Schiffe des Gouverneurs der Bretagne kaperten, beschlagnahmte dieser im Gegenzug die Handelswaren von englischen Kaufleuten in seinen Häfen und verkaufte sie an André Ruiz. André sandte sie an Lope de Arziniega, einen Angestellten der Firma in Spanien. Unsicher, ob dieser Handel rechtens sei, konsultierte Lope seine nicht näher genannten geistlichen Ratgeber und schrieb daraufhin an André Ruiz:

»Die Theologen halten den Ankauf nicht für gut, [...] es reicht nicht, dass die Engländer den Gouverneur beraubt haben, damit dieser sein Hab und Gut von einem anderen Engländer nehmen kann, falls es nicht derselbe war, der das Hab und Gut von ihm gestohlen hat.«[42]

Etwa zwanzig Jahre zuvor hatten Geschäftspartner seines Onkels in Rouen und Antwerpen bei heiklen Geschäften ähnliche Bedenken geäußert. Der wichtigste Ansprechpartner in Antwerpen, Fernando de Frias Ceballos, hatte in einem Brief den Vorrang des Seelenheils vor dem Gewinn deutlich erklärt: »aber die höchste Kunst ist es an Hab und Gut zu fehlen als im Gewissen und dem Dienst an Gott.«[43] Die spanischen Kaufleute in Antwerpen hatten sogar bereits 1530

---

39 Vgl. Denzinger, Heinrich: Kompendium der Glaubensbekenntnisse und kirchlichen Lehrentscheidungen. Verbessert, erweitert, ins Deutsche übertragen und unter Mitarbeit von Helmut Hoping hg. v. Peter Hünermann, Freiburg [37]1991, S. 603 f.

40 Vgl. Lapeyre, Les Ruiz (wie Anm. 38), S. 133 f.; Madariaga, Juan José de: Bernal Díaz y Simón Ruiz, de Medina del Campo, Madrid 1966, S. 357 f.

41 Vgl. Rohmann, Gregor: Jenseits von Piraterie und Kaperfahrt. Für einen Paradigmenwechsel in der Geschichte der Gewalt im maritimen Spätmittelalter, in: Historische Zeitschrift 304/1 (2017), S. 1–49, hier S. 1, 49.

42 »Los theologos no dan por buena la compra que v.m dize ny basta que los yngleses ayan robado al gobernador para que el pudiese tomar su hazienda a otro yngles, si no fuese al mismo que le ubiese robado su hazienda a el.«, Brief von Lope de Arziniega an André Ruiz vom 02.08.1587, zitiert nach Lapeyre, Les Ruiz (wie Anm. 38), S. 134.

43 »[...] pero arte mejor es faltar en lo de la azienda que en lo de la conciencia y servicio de Dios [...]«, Brief von Frias an Simón Ruiz vom 03.03.1564, zitiert nach Madariaga, Bernal Díaz (wie Anm. 40), S. 359.

ihren franziskanischen Beichtvater mit strittigen Fällen aus dem Handelsalltag an die theologische Fakultät in Paris geschickt, damit die Geistlichen ihre Probleme begutachten und Lösungen anbieten sollten.[44]

Bei den Verträgen mit dem Gouverneur der niederländischen Generalstaaten über die Ausstattung der Soldaten mit Tuchen im Jahr 1588 war Simon Ruiz die unterschiedliche Besteuerung im Vergleich zu den auf den dortigen Märkten angebotenen Tuchen ebenso suspekt. Ohne die ausdrückliche Billigung dieser Geschäftspraktiken durch einen geschulten Theologen wollte er sich auf Anraten seines Beichtvaters nicht mehr daran beteiligen.[45] Seine Geschäftspartner aus Lyon, die italienische Kaufmannsfamilie Bonvisi, rieten ihm, lieber Theologen in den Niederlanden zu konsultieren, da sie mehr von den dortigen Geschäftspraktiken verstünden als ihre Kollegen in Lyon.[46] Möglicherweise schwebte ihnen eine Konsultation des Jesuiten Leonardus Lessius vor, der seit seiner Ernennung zum Professor in Louvain 1585 Gutachten für Kaufleute erstellte und dabei deutlich weniger Geschäftsformen als wucherverdächtig erachtete als die spanischen Moraltheologen.[47] In dieser Empfehlung wird zwar Kritik an einzelnen Theologen als Experten laut, allerdings werden die Theologen insgesamt als geeignete Begutachter für Handelspraktiken nicht angezweifelt.

III. Die Konsultation von Geistlichen in Neuspanien

Waren katholische Geistliche in den europäischen Zentren bereits für unterschiedliche Wissensbereiche Ansprechpartner, so war ihre Rolle in den neuen spanischen Besitzungen in Übersee noch stärker ausgeprägt. Zwar waren viele Kolonialstädte in Amerika nach europäischem Vorbild strukturiert, sie konnten aber zunächst kaum die durch Professionen und Organisation erreichte Spezialisierung abdecken. Die Konquistadoren, Siedler und Händler hatten die Institutionen von Expertenkulturen verinnerlicht, lebten aber nun in Städten, Siedlungen und Missionsstationen, die eine derartige Auffächerung von Expertenwissen nicht aufweisen konnten, da einzelne Wissensbereiche schlicht

---

44 Vgl. Goris, Jan-Albert: Etude sur les colonies marchandes méridionales (portugais, espagnols, italiens) à Anvers de 1488 à 1567. Contribution à l'histoire des débuts du capitalisme moderne, Louvain 1925, S. 507–545; Knäble, Philip: Wucher, Seelenheil, Gemeinwohl. Der Scholastiker als Wirtschaftsexperte?, in: Füssel, Marian u. a. (Hg.): Wissen und Wirtschaft. Expertenkulturen und Märkte vom 13. bis 18. Jahrhundert, Göttingen 2017, S. 115–137, hier S. 125–130.

45 Vgl. Lapeyre, Les Ruiz (wie Anm. 38), S. 133 f.; Ders.: Simon Ruiz et les asientos de Philippe II, Paris 1953, S. 66 f.

46 »[...] y aquellos teologos que son sobre el lugar y pueden conocer el caso en que consiste, mejor lo entenderan que no los de aca [...]«, Brief von St. Bonvisi an Simon Ruiz vom 18.05.1588, zitiert nach Lapeyre, Simon Ruiz (wie Anm. 45), S. 67.

47 Vgl. Knäble, Philip: »Moralische Ökonomie«? – Zur Wirtschaftsethik der Schule von Salamanca am Beispiel von Martín de Azpilcueta und Leonardus Lessius, in: Saeculum 69 (2019) (im Druck).

fehlten oder mehrere Bereiche von einer Person oder Personengruppe gleichzeitig abgedeckt wurden. In Gebieten mit schwacher Staatlichkeit, wo königliche
Beamte selten und die staatlichen Normsetzungsprozesse gering waren, übernahmen kirchliche Organisationen wie die personalstarken Orden des 16. Jahrhunderts, zunächst Franziskaner und Dominikaner, später auch die Jesuiten,
diese Aufgaben.

Für die Handelsgeschäfte, die zwischen der Alten und der Neuen Welt sowie innerhalb der Neuen Welt getätigt wurden, blieb die Frage, ob ein (Zins-)
Gewinn als Wucher (*usura*) zu bewerten sei, von herausragender Bedeutung.
Auch die Restitutionspflicht, die Zurückgabe unrechtmäßig erworbenen Eigentums, spielte in der Beichte eine zentrale Rolle. Ohne Restitution, wurde den
Beichtvätern in Mexiko eingeschärft, dürfe keine Absolution in der Beichte
erfolgen. Für die Kaufleute kam erschwerend hinzu, dass Institutionen wie
Banken oder Kaufmannsgilden, die Hilfestellung bei moralisch fragwürdigen
Geschäften bieten konnten, in den spanischen Gebieten Amerikas im 16. Jahrhundert nicht vorhanden waren und ein eigenständiges verbindliches Handelsrecht selbst in Europa erst im Entstehen war. Von der Sachkenntnis der wenigen
Juristen in Handelsfragen waren die Kaufleute zudem wenig überzeugt.[48] Wie
Thomas Duve für das Vizekönigreich Mexiko im 16. Jahrhundert gezeigt hat,
übernahmen deshalb Geistliche die Bewertung kaufmännischer Praktiken:

»Es ist diese von wirtschaftlicher Instabilität, hohem Risiko und Gewinnmöglichkeiten geprägte und zugleich – man denke nur an den Missionsauftrag als tragende
Legitimation der spanischen Präsenz in Amerika – eschatologisch aufgeladenen Welt,
in der die Angehörigen des Klerus in eine Art Expertenposition für Fragen des Handelsrechts hineinrückten. Sie waren im öffentlichen Leben präsent, verfügten über
moraltheologische Kenntnisse, aus ihrer Beichtpraxis auch über Anschauung der
wirtschaftlichen Realitäten.«[49]

Die spanischen Moraltheologen konnten bei der Bewertung auf das spätmittelalterliche kanonische Recht zurückgreifen, das »als rechtliche Grundlage für die
Handelsgeschäfte [diente], die im europäischen Fernhandel und dann mit den
Kolonien betrieben wurden.«[50]

Zwar entziehen sich die konkreten Anfragen an die Theologen häufig den
Quellen, aber Gutachten, Beichthandbücher und Handbücher zum Vertrags-
und Handelsrecht lassen Rückschlüsse auf die Konsultationen zu.[51] Eines der
am meisten verbreiteten Handbücher zum Vertragsrecht im spanischsprachi-

---

48 Vgl. Duve, Salamanca (wie Anm. 30), S. 126–129.
49 Ebd., S. 130.
50 Schmoeckel, Mathias: Die Kanonistik und die Zunahme des Handels vom 13. bis zum
    15. Jahrhundert, in: Vierteljahrschrift für Sozial- und Wirtschaftsgeschichte 104 (2017),
    S. 237–254, hier S. 248.
51 Vgl. Lapeyre, Les Ruiz (wie Anm. 38), S. 127; Dürr, Renate: Confession as an Instrument
    of Church Discipline. A Study of Catholic and Lutheran Confessional Manuals from the
    16th and 17th Centuries, in: Müller, Sigrid / Schweiger, Cornelia (Hg.): Between Creativity

gen Raum, die »Summa de tratos y contratos« des Dominikaners Tomás de Mercado (um 1520–1575), soll deshalb dazu genauer betrachtet werden.[52] Tomás de Mercado stammte gebürtig aus Sevilla, hatte an den Universitäten Mexiko und Salamanca studiert und mehrere Jahrzehnte in Neuspanien verbracht, bevor er wieder nach Sevilla zurückkehrte. Sein Werk widmete er dem »Consulado de Mercaderes de Sevilla«, der Kaufmannsgilde des privilegierten Überseehafens und wichtigsten Handelsplatzes Spaniens.[53] Da der Handel und die Geschäftstätigkeit in der Stadt immer weiter zunehme, alle Welt und alles Geld nach Sevilla ströme, habe er beschlossen, auf Bitten der Kaufleute einen Leitfaden zum Vertragsrecht nach seinen Erfahrungen und den Lehrwerken der Universität von Salamanca zusammenzustellen.[54] Seine Perspektive blieb dabei der eines Beichtvaters verpflichtet, der aus Sorge um das Seelenheil der Kaufleute die verschiedenen Vertragsformen und Geschäfte detailliert erklärt: »Bei einem Geschäft nicht zu wissen, was gerecht und was nicht gerecht ist, bedeutet nichts zu verstehen, denn das ist das Wichtigste, das jeder Christ wissen muss, um beim Umgang mit dem Profanen nicht das ewige Heil zu verlieren.«[55]

Besonders in der erweiterten Auflage, die 1571 erschien, widmet sich Tomás dem von den spanischen Königen seit Ferdinand und Isabella verordneten Höchstpreis für Getreide (*Tasa del Trigo*), der die Bevölkerung bei Missernten vor extremen Preissteigerungen bewahren sollte. Die obrigkeitlich verordneten Preise, die von den Spätscholastikern kontrovers diskutiert wurden, sah Tomás als legitimes Mittel den Frieden im Königreich zu bewahren und die Kaufleute an ihre Verpflichtung, dem Gemeinwohl zu dienen, zu ermahnen. Insbesondere unterstrich er, dass Verstöße gegen die Preisbindung sehr wohl Konsequenzen beim »*forum internum*« der Beichte hätten und kritisierte damit ein jüngst erschienenes Traktat eines spanischen Juristen,[56] das die Auswirkungen beim »*forum internum*« als marginal einstufte. »Den kaiserlichen oder königlichen

---

and Norm-Making. Tensions in the Early Modern Era, Leiden 2013, S. 215–240; Duve, Salamanca (wie Anm. 30), S. 132.

52 Tomás de Mercado: Summa de tratos y contratos, Sevilla 1571 [Salamanca 1569 unter dem Titel Tratos y contratos de mercaderes], hg. v. Nicolás Sánchez-Albornoz, online: www.cervantesvirtual.com/obra/suma-de-tratos-y-contratos--0/, o. S., basiert auf der Madrider Edition von 1977, welche die Ausgabe Sevilla 1577 verwendet; vgl. dazu: Duve, Katholisches Kirchenrecht (wie Anm. 32), S. 160 f.; Decock, Legal Pluralism (wie Anm. 23), S. 105, dort auch Hinweise zu anderen Editionen.

53 »Al insigne y celebre Consulado de Mercaderes de Sevilla el padre maestro fray Tomás de Mercado, gracia, salud y prosperidad desea«, Tomás de Mercado, Summa (wie Anm. 52), Epístola nuncupatoria, o. S.

54 Vgl. ebd.

55 Ebd.: »Y no saber en un negocio que es lo justo y que es su contrario, es no entender nada de él, porque esto es lo primero que de cualquier negocio el christiano debe saber por no perder el bien eterno tratando de lo temporal.« Vgl. Duve, Katholisches Kirchenrecht (wie Anm. 32), S. 161.

56 Vgl. Decock, Legal Pluralism (wie Anm. 23), S. 105.

Gesetzen«, betonte er, »müssen wir nicht nur wegen der Angst vor den dort aus-
geführten Strafen gehorchen, sondern auch wegen des Seelenheils.«[57]

Er unterstreicht damit die Bedeutung der Beichte auch für den weltlichen
Bereich und hebt dafür die Rolle der Beichtväter hervor, indem er Antonio de
Mendoza (gest. 1552), den ersten Vizekönig von Mexiko, zitiert: »Für die gute
weltliche Regierung der Republik ist keine Sache nötiger und nützlicher als gute
Beichtväter. [...] Die Beichtväter sollten wirkliche Väter der Republik sein, da
sie die wesentlichen Gouverneure von ihr und die hauptsächliche Wacht alles
Guten sind«.[58]

Der Anspruch der Moraltheologen war dabei nicht in erster Linie, konkurrierende Normen und Ämter gegenüber den weltlichen Machthabern zu etablieren, sondern mit der Richterfunktion in der Beichte die weltliche Regierung
zu ergänzen, zu beraten und die Zusammenarbeit für das gemeinsame Ziel zu
fördern, eine geordnete, katholische Herrschaft zu schaffen. Die Beichtväter, so
Tomás de Mercado, stärken den Gehorsam der Gläubigen gegenüber dem König,
sorgen für die Durchsetzung auch des weltlichen Rechts und garantieren so Ordnung und Frieden. Ihr umfangreiches Wissen erlaubt es ihnen, in nahezu allen
Bereichen Empfehlungen auszusprechen und konsultiert zu werden, im eigenen
Verständnis somit als »Weltweise« aufzutreten.

Für Fragen des Handels reklamierten sie wegen der gesellschaftlichen Bedeutung und der Anfälligkeit der Kaufleute für Wucher eine besondere Zuständigkeit. So empfahl das dritte Provinzialkonzil von Mexiko 1585, dem von einem
Händler eine Liste spezifischer Probleme zum Silberabbau und -handel zur Bewertung vorgelegt wurde, für alle strittigen Fälle, bei denen ein Wucherverdacht
bestand, den Rat von erfahrenen und weisen Männern einzuholen.[59] Darunter
seien, wie das Konzil erläuterte, insbesondere »gebildete und gewissenhafte Personen, Theologen und Kanonisten«[60] zu fassen, die für Handelspraktiken und
das Vertragsrecht über die entsprechenden Kompetenzen verfügten.

---

57 »[...] que debemos obedecer a las leyes imperiales o reales no sólo por el temor de la pena
    allí explicada, sino por la conciencia.«, Tomás de Mercado, Summa (wie Anm. 52), Libro
    III, Capítulo III, o. S.; vgl. Decock, Legal Pluralism (wie Anm. 23), S. 109.
58 Tomás de Mercado, Summa (wie Anm. 52), Libro II, Capítulo VII, o. S.: »Que para el buen
    gobierno temporal de la república no hay cosa que más se requiera y aproveche que buenos
    confesores. [...] los padres confesores muy padres de la república, pues son los principales
    gobernadores de ella y la guarda principal de todo su bien«; vgl. Decock, Legal Pluralism
    (wie Anm. 23), S. 109 f.
59 Vgl. Duve, Salamanca (wie Anm. 30), S. 133 f.
60 »[...] personas de [...] letras, y conçiencia, théologos e canonistas«, zitiert nach ebd., S. 136.

IV. Schlussbetrachtung

Abschließend bliebe zu klären, ob die beiden aufgeführten Gruppen von multiplen Experten, die spanischen Moraltheologen und die Humanisten, als typische Vertreter des 16. Jahrhunderts oder vielmehr als Außenseiter in Gesellschaften mit wachsender funktionaler Differenzierung gelten können. Die Konsultationslust der spanischen Kaufleute und ihr Interesse an der Moraltheologie scheinen in vergleichender Betrachtung besonders ausgeprägt, da die italienischen, französischen und flandrischen katholischen Kaufleute weitaus weniger Bedenken bei ihren Geschäften zeigten.[61] Über die Konsultationspraxis von protestantischen Kaufleuten und möglichen funktionale Äquivalente zum katholischen Beichtvater wäre außerdem nachzudenken. Zumindest die auch an den protestantischen Höfen häufig für alle erdenklichen Fragen von Herrschern herangezogenen Astrologen und Wahrsager wirken bei erster Betrachtung durchaus auch als multiple Experten, die ähnliche Funktionen wie die Beichtväter erfüllen.[62]

Haben wir es bei den spanischen Moraltheologen mit einer rückwärtsgewandten Gruppe zu tun, die auf eine Regulierung der Kaufleute durch die Obrigkeit drängt, und sich damit den neuen frühkapitalistischen Handelspraktiken und dem entstehenden »Geist des Kapitalismus« verweigert?[63] Dies lässt sich nur bedingt bestätigen, da zeitgleich eine Reihe von Theologen und Kanonisten aus dem Umfeld der »Schule von Salamanca« wie etwa Leonardus Lessius Preisbildungsprozesse nach »marktwirtschaftlich« anmutenden Kriterien propagierten, auf die noch die »modernen« protestantischen Ökonomen um Adam Smith zurückgriffen.[64] Zwar führte die Reformation dazu, dass das kanonische Recht als Grundlage für das Handelsrecht für die reformierten Theologen und Kaufleute in England und den Niederlanden kaum noch adressierbar war.[65] Gleichzeitig konnten aber aus der neuen Moraltheologie Ideen für das Handelsrecht

61 Vgl. Lapeyre, Les Ruiz (wie Anm. 38), S. 133; Madariaga, Bernal Díaz (wie Anm. 40), S. 358.
62 Vgl. Brosseder, Claudia: Im Bann der Sterne. Caspar Peucer, Philipp Melanchthon und andere Wittenberger Astrologen, Berlin 2004, S. 27–80; Bauer, Barbara: Die Rolle des Hofastrologen und Hofmathematicus als fürstlicher Berater, in: Buck (Hg.), Höfischer Humanismus (wie Anm. 14), S. 93–118. Für das Spätmittelalter vgl. auch den Beitrag von Klaus Oschema in diesem Band.
63 Vgl. Weber, Max: Die protestantische Ethik und der Geist des Kapitalismus, in: Asketischer Protestantismus und Kapitalismus. Schriften und Reden 1904–1911, hg. v. Wolfgang Schluchter, Tübingen 2014; Lapeyre, Les Ruiz (wie Anm. 38), S. 127–129; zu Weber-These und Katholizismus vgl. auch Hersche, Peter: Muße und Verschwendung. Europäische Gesellschaft und Kultur im Barockzeitalter, Bd. 1, Freiburg 2006, S. 94–111, 442–489.
64 Vgl. dazu Chafuen, Alejandro: Faith and Liberty. The Economic Thoughts of the Late Scholastics, Oxford 2003.
65 Vgl. Schmoeckel, Kanonistik (wie Anm. 50), S. 254; Duve, Katholisches Kirchenrecht (wie Anm. 32), S. 157 f.

entlehnt werden, die auch für protestantische Theologen, Juristen und Kaufleute anschlussfähig waren. Neben der Verbindung einer protestantischen Ethik mit dem Geist des Kapitalismus zeichnete sich das 16. Jahrhundert zugleich – wie es der italienische Wirtschaftshistoriker Amintore Fanfani (1908–1990) als Replik auf Weber formulierte – durch eine katholische Ethik und den »Geist des Thomismus« aus, der durch die Beichtväter an die Kaufleute vermittelt wurde.[66]

Für die anfangs gestellte Frage nach dem Wandel von Expertenkulturen in der Frühen Neuzeit deutet die Konsultationspraxis von Geistlichen in der Neuen Welt zunächst darauf hin, dass die Herausbildung von Expertenkulturen vor allem in Zentren stattfand, wogegen sie sich in Gebieten mit verspäteten oder unter anderen Bedingungen stattfindenden Staatsbildungsprozessen verzögerte. Allerdings lässt sich diese Beobachtung nur bedingt halten, denn neue Rechts- und Vertragsformen, die neue Experten verlangten, entstanden nicht allein in den Zentren, sondern gerade auch in Kommunikation mit peripheren Regionen. Zum Teil erwiesen sich die Rechtsfindungsprozesse in der Neuen Welt als deutlich kreativer und wirkten auf in die europäischen Zentren zurück.[67]

Für eine zyklische Entwicklung, für Phasen der Verdichtung und Entflechtung von Expertenkulturen, lässt die Fokussierung auf das 16. Jahrhundert kaum eine Aussage zu. In dieser Richtung deutet sich zumindest an, dass in der zweiten Hälfte des 17. Jahrhunderts wiederum Universalgelehrte gesellschaftlich anerkannt wurden, während das frühe 18. Jahrhundert mit der Kritik am Polyhistor, dem nach universellen Wissen strebenden Dilettanten, dagegen als eine Zeit gelten könnte, in der multiple Experten in Verruf gerieten.[68]

Auch wenn sich die Frage nach dem Wandel von Expertenkulturen hier nicht abschließend klären lässt, so sensibilisiert die vorgenommene Untersuchung zumindest dafür, dass Ausdifferenzierungsprozesse von Wissensbereichen nicht zwangsläufig parallel mit der Etablierung von Experten verlaufen. Es scheint daher vielmehr längere Phasen zu geben, in denen neue Wissensfelder entstehen, ohne dass dafür bereits gesellschaftlich anerkannte Experten eindeutig bestimmbar sind.

---

66 Vgl. Fanfani, Amintore: Catholicism, Protestantism and Capitalism, New York ²1955, S. 120–159; vgl. auch Lapeyre, Les Ruiz (wie Anm. 38), S. 131. Fanfani entwarf in der Tradition des 19. Jahrhunderts die katholische Soziallehre als dezidierten Gegenentwurf zu Kapitalismus und Sozialismus, deren Umsetzung er durch die faschistische Regierung Italiens für möglich hielt.
67 Vgl. Duve, Salamanca (wie Anm. 30), S. 120–122.
68 Vgl. Zedelmaier, Helmut: Werkstätten des Wissens zwischen Renaissance und Aufklärung, Tübingen 2015, S. 107–122.

Annemarie Kinzelbach

Grenzen der Expertise oder gemeinschaftliches Wissen?

Körperwissen und politisches, rechtliches sowie soziales Handeln in der Frühen Neuzeit

In diesem Beitrag steht die Frage im Mittelpunkt, inwieweit im vormodernen Alltag von Stadt- und Landgemeinden Interaktionen, bei denen Körperwissen eine wesentliche Rolle spielte, die Grenzen ärztlicher Expertise aufzeigen. Möglichst quellennah arbeitend möchte ich Möglichkeiten einer Erweiterung des Expertenbegriffs sowie alternative bzw. ergänzende Ansätze wie den der Aushandlungsprozesse diskutieren.[1] Im Mittelpunkt der Untersuchung steht die Interaktion zwischen teilweise sozial stark differierenden Akteuren, deren beständige Kommunikation für die politische und soziale Stabilität der untersuchten (städtischen) Gemeinschaften im Heiligen Römischen Reich ausschlaggebend war.[2] Einleitend geht es zunächst darum zu zeigen, wie die Diskussion um Ärzte als Experten entstanden und in der Historiographie aufgegriffen worden ist. Eine darauf folgende Analyse, deren Schwerpunkt auf dem Verfahren der »Schau« liegt, ermöglicht es zu zeigen, durch welche Inszenierungen und Handlungen die verschiedenen Akteure der vormodernen (Stadt-)Gesellschaft Wissen über den Körper einforderten, präsentierten, verdeckten oder aufdeckten und aushandelten. Zum Abschluss erläutere ich die zunächst ahistorisch klingende Frage, inwieweit Verhältnisse die fremde Welt der Vormoderne kennzeichneten, die sich in unserer gegenwärtigen Welt beobachten lassen und von Jens Maeße in einem aktuellen Modell zum ökonomischen Expertentum der Gegenwart dargestellt werden.[3]

---

1 Der zunächst verwendete Expertenbegriff folgt der Variation von Ash, Eric H.: Introduction: Expertise and the Early Modern State, in: Ders. (Hg.): Expertise: Practical Knowledge and the Early Modern State (= Osiris 25), Chicago 2010, S. 1–24, hier S. 4–9, durch: Rexroth, Frank: Systemvertrauen und Expertenskepsis. Die Utopie vom maßgeschneiderten Wissen in den Kulturen des 12. bis 16. Jahrhunderts, in: Reich, Björn u. a. (Hg.): Wissen, maßgeschneidert. Experten und Expertenkulturen im Europa der Vormoderne, München 2012, S. 12–44, hier S. 22–26.

2 Vgl. Goppold, Uwe: Politische Kommunikation in den Städten der Vormoderne. Zürich und Münster im Vergleich, Köln 2007, S. 30–70.

3 Maeße, Jens: Ökonomisches Expertentum. Für eine Diskursive Politische Ökonomie der Wirtschaftswissenschaft, in: Ders. u. a. (Hg.): Die Innenwelt der Ökonomie. Wissen, Macht und Performativität in der Wirtschaftswissenschaft, Wiesbaden 2017, S. 251–286.

I. Experten des Körpers?

Besonders im 19. Jahrhundert bezeichneten sich (deutschsprachige, akademisch ausgebildete) Ärzte selbst als »Experten« der Medizin. Vor einer Generation zeigten historische Studien, wie erfolgreich und bis in die Gegenwart wirksam Ärzte in diesem Zeitraum ihre alleinige medizinische Expertise propagiert hatten.[4] Wesentliche Ergänzungen ergaben sich aus jüngeren Arbeiten mit dem Aspekt einer öffentlichen Inszenierung des Expertentums und der Darstellung der auf Interaktionen im Alltag basierenden Mechanismen des Experte-Seins im 19. Jahrhundert.[5] Genau in jenem Jahrhundert schrieben einige Mitglieder der medizinischen Fakultäten auch ihren akademischen Vorfahren Sachverständigen-Qualität zu, die seit dem Mittelalter oder der Frühen Neuzeit zu beobachten sei.[6] Sie vollendeten damit einen Diskurs, den deutschsprachige Professoren der Medizin spätestens seit dem 17. Jahrhundert angestoßen hatten.[7] Auch in der Medizingeschichte gilt es als Selbstverständlichkeit, dass in bestimmten Zusammenhängen, wie beispielsweise der Gerichtsmedizin, die Expertise von Männern gefragt war, die ihr Wissen an einer Universität erworben und mit dem Abschluss an einer medizinischen Fakultät bestätigt erhalten hatten.[8] Die Frage

---

4 Huerkamp, Claudia: Der Aufstieg der Ärzte im 19. Jahrhundert. Vom gelehrten Stand zum professionellen Experten, Göttingen 1985.
5 Broman, Thomas: Wie bildet man eine Expertensphäre heraus? Medizinische Kritik und Publizistik am Ende des 18. Jahrhunderts, in: Engstrom, Eric J. u. a. (Hg.): Figurationen des Experten. Ambivalenzen der wissenschaftlichen Expertise im ausgehenden 18. und frühen 19. Jahrhundert, Frankfurt a. M. 2005, S. 19–42; Gafner, Lina: Schreibarbeit. Die alltägliche Wissenspraxis eines Bieler Arztes im 19. Jahrhundert, Tübingen 2016.
6 Nur kurze Historisierungsabschnitte nennen neben italienischen Autoren meist den Leipziger Anatomie-Professor Johannes Bohn (1640–1718), vor allem Bohn, Johann: De Renunciatione Vulnerum, Seu Vulnerum Lethalium Examen […], Leipzig 1689; siehe etwa Schauenstein, Adolf: Lehrbuch der gerichtlichen Medizin, Wien ²1875, S. 3–7. Einen detailreichen historischen Nachweis, der auch die europäische Entwicklung einbezog, führte Mende, Ludwig J. C.: Ausführliches Handbuch der gerichtlichen Medizin: für Gesetzgeber, Rechtsgelehrte, Ärzte und Wundärzte. Erster Theil: Kurze Geschichte der gerichtlichen Medizin, und ihres formellen Theils erster Abschnitt, Leipzig 1819.
7 Schon vor Bohn publizierten ihre einschlägigen Forderungen und Formalisierungsvorschläge die Leipziger Professoren Gottfried Welsch (1618–1690) und Paul Ammann (1634–1691): Welsch, Gottfried: Rationale vulnerum lethalium iudicium […], Leipzig 1660; Ammann, Paul: Medicina critica sive decisoria […], Erfurt 1670.
8 Das Standardwerk dazu schrieb Fischer-Homberger, Esther E. C.: Medizin vor Gericht. Gerichtsmedizin von der Renaissance bis zur Aufklärung, Bern 1983; zur neueren Forschung siehe Müller, Irmgard / Fangerau, Heiner: Protokolle des Unsichtbaren: »Visa reperta« in der gerichtsmedizinischen Praxis des 18. und 19. Jahrhunderts und ihre Rolle als Promotoren pathologischanatomischen Wissens, in: Medizinhistorisches Journal 45 (2010), S. 265–292; Watson, Katherine D.: Forensic medicine in Western society. A History, New York 2011.

nach dem Expertenstatus von Gelehrten der Medizin wurde in jüngerer Zeit in allgemeinerer Form auch für die spätmittelalterliche Gesellschaft gestellt.[9]

Allerdings kennzeichnen Zweifel an diesem alleinigen Expertenstatus der universitär ausgebildeten Mediziner schon seit Jahrzehnten die einschlägige Geschichtsschreibung: Auf wenig Resonanz in der Medizingeschichte stieß jedoch zunächst ein Nachweis, dass schon in der Frühen Neuzeit studierte Ärzte in ihren Publikationen nicht-akademische Heilkundige diffamierten: Es wurde deutlich, dass Absolventen von medizinischen Fakultäten darauf gezielt hatten, die eigene Expertenrolle hervorzuheben und gleichzeitig diejenige der Hebammen und handwerklich ausgebildeten Chirurgen fragwürdig erscheinen zu lassen.[10] Da in der Polemik gleichzeitig ein Beleg für eine praktizierte Expertise gesehen werden kann, stellten sozial- und kulturhistorisch orientierte Arbeiten schließlich Hebammen und Chirurgen mit handwerklicher Ausbildung in den Mittelpunkt:[11] Den Auftakt bildete der Nachweis, dass Wundärzte ab dem 18. Jahrhundert aus ihren (gutachterlichen) Amts-Funktionen durch die »Collegia medica« verdrängt wurden.[12] Hebammen und handwerklich ausgebildete Chirurgen als rechtliche Gutachter der Frühen Neuzeit belegten seit den 1990er Jahren immer mehr Studien.[13] Sogar eine eher gleichwertige Expertenrolle von studierten

---

9 Schütte, Jana Madlen: Medizin im Konflikt. Fakultäten, Märkte und Experten in deutschen Universitätsstädten des 14. bis 16. Jahrhunderts, Leiden 2017.

10 Vgl. Fischer-Homberger, Esther E.C.: Hebammen und Hymen, in: Sudhoffs Archiv 61 (1977), S. 75–94, hier S. 78–81; Park, Katharine: Stones, Bones and Hernias: Surgical Specialists in Fourteenth and Fifteenth-Century Italy, in: French, Roger Kenneth (Hg.): Medicine from the Black Death to the French Disease, Aldershot 1998, S. 110–130.

11 Der Begriff Chirurg steht hier stellvertretend für die Quellen-Begriffe Barbier bzw. Scherer, Bader, Wundarzt, Bruch- und Steinschneider, die in Württemberg und Reichsstädten meist als Synonyma verwendet wurden. Bei der in der Literatur vielfach vorzufindenden Differenzierung handelt es sich um die Wiedergabe einer Nomenklatur, die im frühneuzeitlichen Alltag noch extrem schwankte, größtenteils wirksam wurde diese aber erst im 19. Jahrhundert. Zur komplizierten Begriffsgeschichte im 18. sowie frühen 19. Jahrhundert schon Sander, Sabine: Handwerkschirurgen. Sozialgeschichte einer verdrängten Berufsgruppe, Göttingen 1989, S. 54–61; zum seit dem Spätmittelalter vorherrschenden Gebrauch der Begriffe Kinzelbach, Annemarie: Heilkundige und Gesellschaft in der frühneuzeitlichen Reichsstadt Überlingen, in: Medizin, Gesellschaft und Geschichte 8 (1989), S. 119–149; Dies.: Erudite and Honoured Artisans? Performers of body care and surgery in early modern German towns, in: Social History of Medicine 27/4 (2014), S. 668–688, hier S. 671–674 und, nochmals allgemeiner, Dies.: Arztsein, Handwerk und Politik. Die Wund- und Stadtärzte, Barbiere, Bader, Chirurgen in Nördlingen, in: Jahrbuch des Historischen Vereins für Nördlingen und das Ries 35 (2017), S. 249–290.

12 Vgl. Sander, Handwerkschirurgen (wie Anm. 11), S. 206–215.

13 Vgl. Wiesner, Merry E.: The midwives of south Germany and the public/private dichotomy, in: Marland, Hilary (Hg.): The art of midwifery. Early modern midwives in Europe, London 1993, S. 77–94, hier S. 87–89; Harley, David: The scope of legal medicine in Lancashire and Cheshire, 1660–1760, in: Clark, Michael/Crawford, Catherine (Hg.): Legal medicine in history, Cambridge 1994, S. 45–63; Jackson, Mark: Suspicious infant deaths. The statute of 1624 and medical evidence at coroners' inquest, in: Ebd., S. 64–86, hier S. 65–68; Kinzelbach, Annemarie: Zur Sozial- und Alltagsgeschichte eines Handwerks in

Ärzten und Nicht-Studierten wie Chirurgen und Hebammen im Spätmittelalter und zu Beginn der Frühen Neuzeit ließ sich nachweisen – und zwar ausgerechnet in später stark hierarchisch strukturierten südeuropäischen Städten.[14] Nach der Jahrtausendwende intensivierte sich die historiographische Kritik an der Vernachlässigung von Gruppen, die in Mittelalter und Früher Neuzeit kein Medizinstudium absolviert hatten und trotzdem in rechtlich und gesellschaftlich relevanten Verfahren ihre Gutachten zu menschlichen Körpern präsentierten.[15] In aktuellen Studien wird auch die Expertise von »Matronen« und anderen Frauen in herausgehobenen gesellschaftlichen Positionen diskutiert.[16]

Den Befund »Expertenstatus« leiteten die meisten Arbeiten zur vormodernen Gesellschaft aus Quellenmaterial her, das zwei Eigenschaften charakterisierte: Die Interpretationen der Schriftzeugnisse waren zum einen geprägt von direkter oder indirekter Selbstdarstellung der Personen mit Expertenanspruch. In ihren Publikationen, Supplikation, Verteidigungsschriften sowie in Zunftunterlagen, biografischem und autobiografischem Material definierten sich Männer und Frauen in ihrer Rolle als Ärzte und Heilkundige mit spezifischen Kenntnissen. Zum anderen überwogen Formen formaler Anerkennung des Expertenstatus in normativen Regulierungen, Bestallungen und verschiedenem juristischem

---

der frühen Neuzeit: »Wundärzte« und ihre Patienten in Ulm, in: Ulm und Oberschwaben 49 (1994), S. 111–144, hier S. 127–131; Ferragud, Carmel: Barbers in the Process of Medicalization in the Crown of Aragon during the Late Middle Ages, in: Sabaté, Flocel (Hg.): Medieval Urban Identity: Health, Economy and Regulation, Newcastle upon Tyne 2015, S. 143–165, hier S. 143.

14 Vgl. Pastore, Alessandro: Il medico in tribunale. La perizia medica nella procedure penale d'antico regime (secoli XVI–XVIII), Bellinzona 1998; Shatzmiller, Joseph: Jews, Medicine, and Medieval Society, Berkeley 1994, S. 108–117, 131–134.

15 Zur bis in die Gegenwart reichenden Diskussion siehe vor allem: De Renzi, Silvia: Witnesses of the body: medico-legal cases in seventeenth-century Rome, in: Studies in History and Philosophy of Science 33 (2002), S. 219–242; Dies.: Medical Expertise, Bodies, and the Law in Early Modern Courts, in: Isis 98 (2007), S. 315–322; McClive, Cathy: Blood and Expertise: The Trials of the Female Medical Expert in the Ancien-Régime Courtroom, in: Bulletin of the history of medicine 82 (2008), S. 86–108; Dies.: ›Witnessing of the Hands‹ and Eyes: Surgeons as Medico-Legal Experts in the Claudine Rouge Affair, Lyon 1767, in: Journal for Eighteenth-Century Studies 35 (2012), S. 489–503; Blumenthal, Debra: Domestic medicine: slaves, servants and female medical expertise in late medieval Valencia, in: Renaissance Studies 28 (2014), S. 515–532; Kinzelbach, Annemarie: Chirurgen und Chirurgiepraktiken. Wundärzte als Reichsstadtbürger, 16. bis 18. Jahrhundert, Mainz 2016, hier S. 7–34.

16 Vgl. Gowing, Laura: Common bodies. Women, Touch, and Power in seventeenth-century England, New Haven 2003, vor allem S. 40–51; Robisheaux, Thomas W.: The last Witch of Langenburg. Murder in a German village, New York 2009, S. 29; Leong, Elaine Y. T. / Rankin, Alisha: Introduction. Secrets and Knowledge, in: Dies. (Hg.): Secrets and knowledge in medicine and science, 1500–1800, Farnham 2011, S. 1–20; Kinzelbach, Annemarie: Women and healthcare in early modern German towns, in: Renaissance Studies 28 (2014), S. 619–638.

Material der jeweiligen Regierungen.[17] Auch Akten, die aus der reichsstädtischen Verwaltung stammen, konnten entsprechend gedeutet werden, wenn hauptsächlich eine Institution betrachtet wurde oder die Interaktionsperspektive nur Obrigkeit und Ärzte fokussierte.[18]

Im Unterschied dazu ergeben sich prinzipielle Zweifel am Konzept »Expertentum«, wenn das Augenmerk auf interaktiven Praktiken aller Agierenden liegt und auch symbolische Handlungen sowie Inszenierungen sowohl von Regierungsmitgliedern als auch von abhängigen, beispielsweise bedürftigen Personen mit einbezogen werden. Schon aus der Patientengeschichte geht hervor, wie sehr es Expertenwissen an sozialer Konsequenz und Durchsetzung mangeln konnte. Die Interpretation als Marktphänomen schien dafür zunächst eine befriedigende Lösung zu bieten, die es ermöglichte, weiterhin von Experten zu sprechen.[19]

Grundsätzlich fragwürdig erscheint das Konzept allerdings dort, wo Wissen über den menschlichen Körper eine wesentliche, auch im Alltag sichtbare und rechtlich relevante Rolle spielte.[20] Interaktionen, die charakterisierte, dass menschliche Körper beobachtet, ihr Zustand ermittelt und über Ursachen und Folgen (auch rechtlich) geurteilt wurde, können mit den bislang verbreiteten Experten-Konzepten nicht befriedigend erklärt werden. In einem ersten Ansatz haben Andrew Mendelsohn und ich die These entwickelt, dass diese Formen

---

17　Diese Einschränkung gilt für zahlreiche Arbeiten wie beispielsweise De Renzi, Silvia: Medical competence, anatomy and the polity in seventeenth-century Rome, in: Renaissance Studies 21 (2007), S. 551–567; Stolberg, Michael: Formen und Funktionen medizinischer Fallberichte in der Frühen Neuzeit (1500–1800), in: Süssmann, Johannes u. a. (Hg.): Fallstudien: Theorie – Geschichte – Methode, Berlin 2007, S. 81–96; Mulsow, Martin: Expertenkulturen, Wissenskulturen und die Risiken der Kommunikation, in: Reich u. a. (Hg.), Wissen, maßgeschneidert (wie Anm. 1), S. 249–268; Brandli, Fabrice / Porret, Michel: Les corps meurtris. Investigations judiciaires et expertises médico-légales au XVIIIe siècle, Rennes 2014; Schütte, Medizin (wie Anm. 9); sowie für Teile meiner eigenen Arbeit: Kinzelbach, Annemarie: »… und sich der Curierung anmassen …«. Konkurrierende Heilkundige und Gesellschaft, in: Horn, Sonia / Pils, Susanne Claudine (Hg.): Stadtgeschichte und Medizingeschichte. Sozialgeschichte der Medizin, Wien 1998, S. 63–77; Dies.: Konstruktion und konkretes Handeln: Heilkundige Frauen im oberdeutschen Raum, 1450–1700, in: Historische Anthropologie 7 (1999), S. 165–190; Dies., Erudite (wie Anm. 11).

18　Vgl. Hammond, Mitchel Lewis: Medical Examination and Poor Relief in Early Modern Germany, in: Social History of Medicine 24 (2011), S. 244–259; Kinzelbach, Annemarie: »an jetzt grasierender kranckheit sehr schwer darnider«. »Schau« und Kontext in süddeutschen Reichsstädten der frühen Neuzeit, in: Wahrmann, Carl Christian u. a. (Hg.): Seuche und Mensch. Herausforderung in den Jahrhunderten, Berlin 2012, S. 269–282.

19　Zusammenfassende Analysen in Jenner, Mark S. R. / Wallis, Patrick: The Medical Marketplace, in: Dies. (Hg.): Medicine and the Market in England and its Colonies, c. 1450–c. 1850, Basingstoke [England] 2007, S. 1–23, vor allem S. 1–6.

20　Bei diesem Wissen müsste es sich um ein Experten definierendes »Sonderwissen« handeln, vgl. Rexroth, Systemvertrauen (wie Anm. 1), S. 22–25; Füssel, Marian: Die Experten, die Verkehrten? Gelehrtensatire als Expertenkritik in der Frühen Neuzeit, in: Reich u. a. (Hg.), Wissen, maßgeschneidert (wie Anm. 1), S. 269–288, hier S. 270 f.

von Körperwissen eher als »*common knowledge*« einzustufen seien.[21] Prozess-
dokumentationen, beispielsweise, können nicht nur Auskunft darüber geben,
wer worüber befragt wurde. Vielmehr finden sich etwa in Frankfurter Mord-
und Totschlagprozessen des 16. Jahrhunderts Anklage-, Befragungs- und Verteidigungsschriften mit Bearbeitungsnotizen, die Auskunft über das gesamte
Prozessverfahren geben können. In diesen Verfahren unterschieden sich ver-
meintliche medizinische Experten nicht von anderen Befragten. Weder erhielten
sie andere Fragen während des Prozesses, noch gaben sie andere Antworten.
Auch die Befragungs-Situation vor dem Richter veränderte sich nicht, wenn
Ärzte und Chirurgen oder Nachbarn, Nachbarinnen und Verwandte der Verstorbenen als Zeugen auftraten.[22] Der Gefahr, zu weitgehende Schlüsse zu ziehen, weil Schreiber und Richter eine Fiktion des Prozesses hinterlassen haben,
versuchten wir durch die Analyse auch ganz anderer Quellen zu entgehen.[23] Wir
haben Zunftaufzeichnungen, insbesondere Verfahren vor den sogenannten »Geschworenen« der Bader und Barbiere analysiert, bei denen Verhaltensweisen und
Verhandlungen vor allem im Handwerkermilieu im Mittelpunkt standen.[24] Eine
weitere wichtige Quellensorte, die wir berücksichtigten, entstand im Kontext des
institutionalisierten Verfahrens der »Schau« von kranken Personen, das in tos-
kanischen und mitteleuropäischen Städten materielle Spuren hinterlassen hat.[25]

Im Folgenden möchte ich Praktiken bzw. Interaktionen im Kontext der spätmittelalterlichen und frühneuzeitlichen »Schau« näher analysieren, um zu be-
nennen, welche Rolle das sogenannte Expertenwissen darin spielte.[26] Mein Ziel

---

21 Mendelsohn, Andrew J. / Kinzelbach, Annemarie: Common Knowledge: Bodies, Evi-
    dence, and Expertise in Early Modern Germany, in: Isis 108 (2017), S. 259–279.
22 Bei dem ausführlich dokumentierten Prozess gegen Martin Rhode im Jahr 1551 handelt
    es sich um ein Beispiel unter vielen, Frankfurt Institut für Stadtgeschichte, Criminalia 25;
    Mendelsohn / Kinzelbach, Common Knowledge (wie Anm. 21), S. 261, 264–266, 271–273,
    275 f. Siehe dagegen die Darstellung einer normierenden Schrift bei Deutsch, Andreas:
    Zwischen deliktischer Arzthaftung und Wetterzauber – Medizinrechtliche Fragestel-
    lungen im Klagspiegel (um 1436), in: Kern, Bernd R. u. a. (Hg.): Humaniora. Medizin –
    Recht – Geschichte. Festschrift für Adolf Laufs zum 70. Geburtstag, Berlin 2006, S. 45–72,
    hier S. 45, 59–61.
23 Zum fiktionalen Charakter von überlieferten Gerichtsprotokollen siehe McSheffrey,
    Shannon: Detective Fiction in the Archives, in: History Workshop Journal 65 (2008),
    S. 65–78, vor allem S. 65 f., 73 f.
24 Zur Bedeutung dieser Aufzeichnungen siehe Kinzelbach, Chirurgen (wie Anm. 15), S. 3–34.
25 Schon Karl Sudhoff und seine Kollegen sammelten Lepra-Schaudokumente aus Mittel-
    europa und veröffentlichten diese in neugegründeten Journalen, beispielsweise Wickers-
    heimer, Ernest: Eine kölnische Lepraschau vom Jahre 1357, in: Archiv für Geschichte
    der Medizin 2 (1909), S. 434; Sudhoff, Karl: Lepraschaubriefe aus dem 15. Jahrhundert,
    in: Ebd. 4 (1911), S. 370–378; Schwarz, Ignaz: Zur Geschichte der Lepraschau, in: Ebd.
    4/5 (1911), S. 383 f.; Sudhoff, Karl: Lepraschaubriefe aus Italien, in: Ebd. 5/6 (1912), S. 434 f.;
    Keussen, Hermann: Beiträge zur Geschichte der Kölner Lepra-Untersuchungen, in: Le-
    pra. Bibliotheca Internationalis 14 (1913), S. 80–112.
26 Polyakov, Michael: Practice Theories. The Latest Turn in Historiography?, in: Journal
    of the Philosophy of History 6/2 (2012), S. 218–235 (zur Historiografie von Praktiken);

in diesem Artikel ist, zu erörtern, in welcher Weise ich das oben genannte Konzept »*common knowledge*« ergänze bzw. ersetze, das wir als Widerspruch zur Existenz von körperbezogener ärztlicher Expertise in der frühneuzeitlichen Gesellschaft entwickelt haben.[27] Statt das Wissen in den dazugehörenden Interaktionen als Allgemeingut zu charakterisieren, werde ich ausführen, warum es eher eine Rolle als öffentlich oder gemeinschaftlich ausgehandeltes Wissen spielte, d. h. allenfalls im Sinne von »*public knowledge*« interpretiert werden sollte, und inwieweit modifizierte Konzepte von Expertise diese Formen von Interaktionen zutreffend beschreiben könnten.[28]

II. Schau, Expertise und öffentliche Räume

Bei der (spät-)mittelalterlichen und frühneuzeitlichen »Schau« handelt es sich um eine Kombination von mündlicher Befragung und körperlicher Untersuchung, die sich auf sehr unterschiedliche Körperzustände bezog. Sie fand in öffentlichen Räumen statt und wurde von Personen durchgeführt, denen ihr Amt zuzuschreiben schien, über einschlägiges Wissen zu verfügen. Das Verfahren hat sprachliche Wurzeln in der allgemein-ökonomischen Schau von Konsumwaren, basiert aber hauptsächlich auf zwei Vorbildern, die seit dem 13. Jahrhundert schriftliche Überreste hinterlassen haben: der *Lepraschau* zum einen und der wesentlich schlechter überlieferten *Wundschau* zum andern. Beide Verfahren gehörten zu einem Prozess, der öffentlich wirksame »Urteile« mit weitreichenden Konsequenzen hervorbrachte.[29]

Schlögl, Rudolf: Vergesellschaftung unter Anwesenden. Zur kommunikativen Form des Politischen in der vormodernen Stadt, in: Ders. (Hg.): Interaktion und Herrschaft. Die Politik der frühneuzeitlichen Stadt, Konstanz 2004, S. 9–30 (zur Interaktion).

27 Vgl. Mendelsohn / Kinzelbach, Common Knowledge (wie Anm. 21), S. 19.

28 Gerd Schwerhoff interpretierte den städtischen Raum als »Arena, die durch Interaktions- und Kommunikationsprozesse mit Bedeutung gefüllt wird und die diese Prozesse zugleich stets mit beeinflusst.« (Schwerhoff, Gerd: Stadt und Öffentlichkeit in der Frühen Neuzeit – Perspektiven der Forschung, in: Ders. [Hg.]: Stadt und Öffentlichkeit in der Frühen Neuzeit, Köln 2011, S. 1–28, Zitat S. 11).

29 Meyer, Andreas: Lepra und Lepragutachten aus dem Lucca des 13. Jahrhunderts, in: Ders. / Schulz-Grobert, Jürgen (Hg.): Gesund und krank im Mittelalter, Leipzig 2007, S. 145–209 (Lepragutachten im 13. Jahrhundert); Dross, Fritz: Seuchenpolizei und ärztliche Expertise: Das Nürnberger »Sondersiechenalmosen« als Beispiel heilkundlichen Gutachtens, in: Wahrmann u. a. (Hg.), Seuche und Mensch (wie Anm. 18), S. 283–301, hier S. 291–294 (frühneuzeitliche Lepraschau und allgemeiner Kontext der Schau); Kinzelbach, »Schau« (wie Anm. 18) (Wandel der Schau von Kranken); Dies., Chirurgen (wie Anm. 15), S. 5–7 und demnächst Dies.: Dealing with Mistakes and Errors. The Minutes of the *Geschworenen* Barbers and Surgeons in Ulm, in: Gadebusch Bondio, Mariacarla / Poma, Robert (Hg.): Errors and Mistake in Early Modern Medicine, Turnhout 2018 (im Druck) (Schau im Kontext von Handel und Handwerk sowie von Gerichtsverhandlungen, »Wundschau«).

Im Unterschied zu einigen anderen europäischen Staaten sind aus dem Heiligen Römischen Reich Schaudokumente aus zahlreichen ehemaligen Reichsstädten, aus einigen Universitätsarchiven und wenigen Hospitalarchiven überliefert.[30] Meist handelt es sich jedoch um Einzelexemplare, Formulare oder nur über beschränkte Zeiträume gesammelte Exemplare.[31] Einer der vollständigsten und wegen der Parallelüberlieferung interessantesten Bestände befindet sich im Stadtarchiv Nördlingen. Zwischen 1481 und 1700 wurden in der knapp 9.000 Einwohner fassenden Reichsstadt rund 2.200 Schauzettel gesammelt und bis 1809 sind insgesamt mindestens 5.000 überliefert. Mit der Mediatisierung und der grundlegenden Umgestaltung von Regierung und Verwaltung durch die bayrische Zentralregierung bricht die Überlieferungsserie zu Beginn des 19. Jahrhunderts ab.[32]

Ein in den meisten Details repräsentatives Schauzettel- oder Schaubrief-Exemplar aus Nördlingen ist in den Abbildungen 1 und 2 zu sehen; aus den Einzelheiten lassen sich Informationen über Handlungen ableiten, die mit diesem Dokument verbunden waren.[33] Abbildung 1 zeigt die Textseite mit zwei Unterschriften. An erster Stelle unterzeichnete Gutbertus Vaius, ein promovierter Arzt, der 1571 bis 1595 als Physikus in Nördlingen bestallt war.[34] Für dieses Amt hatte er einen Vertrag mit der Stadtregierung abgeschlossen, in dem Leistungen und Gegenleistungen vereinbart wurden. Darauf folgt die Unterschrift

---

30 Oft wird nur aus anderen Quellen deutlich, dass solche Schaudokumente in ganz Europa ausgestellt wurden, vgl. Rawcliffe, Carole: Leprosy in medieval England, Woodbridge 2006, S. 184–204.

31 Frankfurt Institut für Stadtgeschichte, Sanitätsamt, Akten des Rats (vor allem 15. Jahrhundert); Stadtarchiv Überlingen, Spitalarchiv (ab hier: StadtA Ue SpA) Nr. 80, 113 (frühes 16. und zweite Hälfte 17. Jahrhundert); Stadtarchiv Ulm (ab hier: StadtA U), A [4401], [4403], [4397] (17. und 18. Jahrhundert); Universitätsarchiv Tübingen, 20/10 (16. und 17. Jahrhundert); Ammann, Medicina critica (wie Anm. 7), S. 1–8 (einzelne Dokumente der Universität Leipzig). Weitere Quellenhinweise in »Lepra: Bibliotheca Internationalis« (1900–1914/15) und den Jahrgängen 1911–1913 im »Archiv für Geschichte der Medizin«. Einzelexemplare nutzte eine Vielzahl von Studien, aus Raumgründen seien hier nur ausgewählte Monographien genannt, die auch Quellen abdrucken: Mehl, Jürgen: Aussatz in Rottweil. Das Leprosenhaus Allerheiligen der Siechen im Feld (1298–1810), Rottweil 1993, S. 148, 166f., 245–247; Demaitre, Luke E.: Leprosy in premodern medicine. A malady of the whole body, Baltimore 2007, S. 132–159; Uhrmacher, Martin: Lepra und Leprosorien im rheinischen Raum vom 12. bis zum 18. Jahrhundert, Trier 2011, S. 76–82.

32 Stadtarchiv Nördlingen (ab hier StadtA Noe) R 39 F 2 Nr. 12–F 3 Nr. 63, die gerundeten Zahlen sind darauf zurückzuführen, dass neben dem Hauptbestand auch einzelne Schauzettel in anderen Beständen überliefert sind, jede Angabe damit unvollständig ist. Zur Einwohnerzahl siehe Friedrichs, Christopher R.: Urban Society in an Age of War: Nördlingen, 1580–1720, Princeton, NJ 1979; zur Mediatisierung Bagus, Alexander C. H.: Schwäbische Reichsstädte am Ende des Alten Reiches, Aachen 2011.

33 StadtA Noe R 39 F 2 Nr. 27, 27.12.1591.

34 Vgl. StadtA Noe R 39 F 1 Nr. 10; siehe auch den Eintrag Personen, Lemma »Vay, Gutbert <fl. 1571–1595>« in der Online-Datenbank Frühneuzeitliche Ärztebriefe des deutschsprachigen Raums (1500–1700), www.aerztebriefe.de (letzter Zugriff am 19.12.2017).

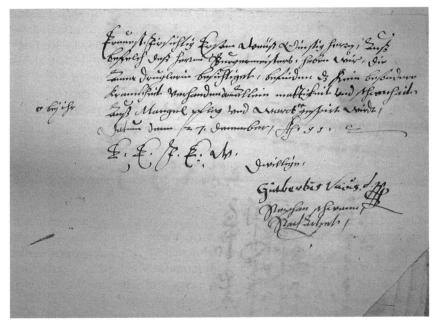

Abb. 1: Textseite des Schauzettels, Stadtarchiv Nördlingen R 39 F 2 Nr. 27, 27.12.1591.

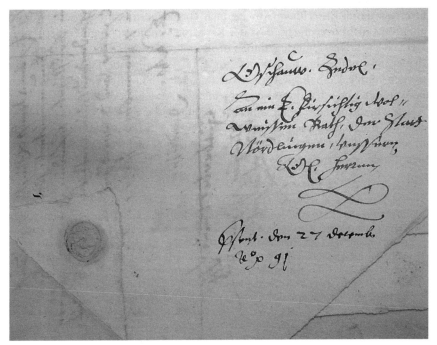

Abb. 2: Rückseite des Schauzettels, Stadtarchiv Nördlingen R 39 F 2 Nr. 27, 27.12.1591.

des handwerklich ausgebildeten Hospital- und Stadtarztes Stephan Schwan. Auch er war in diesen Ämtern von der Stadt bestallt, unterzeichnete in dieser Funktion 1591 bis 1593 und versah die Briefzettel mit seinem eigenen Siegel (einem Schwan).[35] Die Rückseite des Dokuments (Abbildung 2) enthält als Betreff »Geschaw Zedel« und nennt den Nördlinger Rat als Adressaten. Von dritter Hand stammt ein Präsentations-Vermerk. Links unten ist ein Papierabschnitt mit Siegel zu erkennen, dieser Abschnitt fehlt in Abbildung 1 rechts unten. Das Schreiben an die Ratsherren lautet:

»Auß befelch deß Herren Burgermeisters, haben wir, die Anna Druglerin besichtiget, [wir] befinden daß kein besondere Krankcheit vorhanden [ist] vnd Allein mattigkeit vnd schwachhait. Auß Mangel [an] pfleg vnd wartt [am Rand eingefügt:] bej ihr gespiert wirdt, datum«.

Aus dem Text geht hervor, dass die städtische Regierung ein Gutachten in Auftrag gegeben hatte, das Wissen über den menschlichen Körper voraussetzte, das in einem formalisierten und institutionalisierten Verfahren abgerufen werden konnte: Amtsmänner teilten mit, was im formalen Vorbild dieser Zettel, dem Leprazertifikat, das Aussätzige seit dem hohen Mittelalter erhielten, mit dem Vokabular eines Gerichtsverfahrens einhergegangen war.[36]

Wie beim Vorbild entsprach die Form dieser Zettel einem Dokument, das in eine Reihe von (auch symbolischen) Handlungen eingebunden war. Das Schriftstück erstellten die heilkundigen Amtsmänner in der Regel gemeinsam und ersetzten damit die frühere Anwesenheit von Regierungsmitgliedern, woraus allerdings nicht hervorgeht, dass der Rat seine Verantwortung delegiert hatte. Der versiegelte Brief wurde nämlich ins Rathaus getragen. Dort erwarteten die Regierungsmitglieder eine Stellungnahme, über die diskutiert und entschieden werden konnte. Deshalb akzeptierte der Rat auch Schauzettel, die nur ein einzelner studierter oder handwerklich ausgebildeter Arzt ausgestellt hatte.[37]

Die Überbringer der Dokumente überwanden oft mehrere symbolhafte Grenzen, die möglicherweise eine Objektivierung der Schau signalisieren sollten, in jedem Fall aber herrschaftlicher Repräsentation dienten. Das Stadttor passieren musste, wer die Schau an einem fremden Ort vornehmen ließ.[38] Über-

---

35 Vgl. StadtA Noe R 39 F 1 Nr. 14, 05.03./16.04.1591; F 2, Nr. 27, 13.04.–27.12.1591; Nr. 28, 10.01.1592–03.08.1593. Zu den Stadtärzten siehe Kinzelbach, Arztsein (wie Anm. 11).

36 Damit sind Begriffe wie »angeklagt«, »verleumdet«, »beschuldigt«, »schuldig«, »unschuldig« gemeint, vgl. Dies., Schau (wie Anm. 18), S. 273 f.

37 Vgl. StadtA Noe R 39 F 2 Nr. 12–26: Einzelne studierte Ärzte erstellten Aussatz-Testate in den 1530er und 1540er Jahren; ein handwerklich ausgebildeter Stadtarzt fertigte zwischen den 1560er und den 1590er Jahren hunderte von Schauzetteln alleine an. Alleintestate wurden nach der Wende zum 17. Jahrhundert deutlich seltener akzeptiert.

38 Vgl. StadtA Noe R 39 F 1 Nr. 11, 31.07.1594; StadtA Ue SpA 113, Schreiben des Untervogts von Bludenz, 1532 und 1538; 113, Schreiben von Bürgermeister und Rat von Überlingen 10.05.1543; StadtA U A [4403], 06.02.1598, 20.03.1598, 20.05.1598, 30.05.1601; A [4397] 22.12.1723, 05.01.1724, 7. und 14.05.1736. Siehe auch Sudhoff, Karl: Wurzacher Lepra-

dies bestimmten in einer Frühphase der Lepraschau Instanzen der Kirche über deren Durchführung, da Stadtherrschaft meist in kirchlicher Hand lag.[39] Im 13. Jahrhundert hatten die Verfahren teilweise in Kirchengebäuden stattgefunden. Für bürgerliche Kommunen bot dies eine Möglichkeit, konflikterzeugende Entscheidungen zunächst einmal nach außen zu verlegen. Beim außerhalb der Stadtmauer liegenden Leprosorium, dessen Räume oder Garten als Schau-Orte zunehmend genutzt wurden, handelte es sich zudem weiterhin um ein Gebäude mit religiöser Aufladung. Fakultätsgebäude als Schauorte lagen zwar meist innerhalb der Mauern, sie gehörten aber im juristischen Sinn zu einer Gemeinschaft, die gewissermaßen außerhalb lag.[40] Die Stadtregierungen nutzten seit dem Spätmittelalter zunehmend die Möglichkeit, die Schau intensiv zu kontrollieren, indem sie ihre bestallten studierten und handwerklich ausgebildeten Ärzte das Verfahren durchführen ließen und es teilweise sogar innerhalb der Stadtmauern etablierten, in neuen Hospitälern oder – wie in Nürnberg – in einem speziell dafür errichteten Gebäude.[41]

Mit dem Zielort Rathaus verwandelte sich der Bericht über Aussagen einer Einzelperson sowie über bestimmte Eigenschaften eines Körpers in einen Gegenstand politischer Diskussion. Dort erbrach der Stadtschreiber das Siegel der Schaudokumente und verlas, meist noch am selben Tag, den Inhalt während der Ratssitzung und vermerkte dies auf dem Schriftstück, das danach archiviert wurde. Die Ratsversammlung fasste einen Beschluss, der im Ratsprotokoll schriftlich festgehalten und meist mündlich an alle Beteiligten weitergegeben wurde.

Spuren einer obrigkeitlich erzwungenen Schau, in der Männer und Frauen wie Verbrecher unter Bewachung vorgeführt wurden, verschwinden im Laufe des 16. Jahrhunderts.[42] In dessen zweiter Hälfte sowie in den folgenden Jahr-

---

schaubriefe aus den Jahren 1674 bis 1807, in: Archiv für Geschichte der Medizin 5 (1912), S. 426–434; Ders.: Dokumente zur Ausübung der Lepraschau in Frankfurt a. Main im XV. Jahrhundert, in: Lepra. Bibliotheca Internationalis 13 (1913), S. 141–170, hier S. 142–148.

39 Zur kirchlichen Stadtherrschaft in Reichsstädten siehe beispielsweise Happ, Sabine: Stadtwerdung am Mittelrhein. Die Führungsgruppen von Speyer, Worms und Koblenz bis zum Ende des 13. Jahrhunderts, Köln 2002, S. 75–209.

40 Vgl. Sudhoff, Lepraschaubriefe (wie Anm. 25), S. 371 f.; Ders.: Weitere Lepraschaubriefe aus dem 14.–17. Jahrhundert, in: Archiv für Geschichte der Medizin 5 (1911), S. 154–156, hier S. 156; Ders., Italien (wie Anm. 25); Keussen, Beiträge (wie Anm. 25), S. 82–96, 98; Müller, Christian: Lepra in der Schweiz, Zürich 2007, S. 53–55; Meyer, Lepra (wie Anm. 29), S. 185, 193 f., 201–204.

41 Vgl. Stadtarchiv Nürnberg, D 2/IV, Spital- und Stadtalmosenamt, 04.06.1705; 23.01.1709; 28.07.1714; StadtA U, A [4403], Fasc. 26, 51–94; StadtA Noe R 39 F1 Nr. 10; StadtA Ue Nr. 1022; SpA Nr. 109 (1624); Sudhoff, Dokumente (wie Anm. 38); Kinzelbach, Heilkundige (wie Anm. 11); Dross, Fritz: Vom zuverlässigen Urteilen. Ärztliche Autorität, reichsstädtische Ordnung und der Verlust »armer Glieder Christi« in der Nürnberger Sondersiechenschau, in: Medizin, Gesellschaft und Geschichte 29 (2010), S. 9–46, hier S. 20–27.

42 Vgl. StadtA Noe R 39 F 2 Nr. 12 (1535 Hans Loder Eckart; 1546 Margreth Eysengrein); StadtA Ue SpA 113, 1532 und 1538 (Schau-Anfragen); 10.05.1543 (Schreiben von Bürgermeister und Rat).

hunderten ist aus den Texten häufig auf eine Eigeninitiative der Kranken oder Bedürftigen zu schließen. Darüber hinaus finden sich Hinweise darauf, dass sich die Schau vom öffentlich-gemeinschaftlichen Raum in einer von Karitas geprägten Umgebung zunehmend weg und in Haushalte von Kranken verlagerte. Im späten 16. Jahrhundert fand in Nördlingen die regelmäßige Untersuchung und Befragung in der Behandlungs-Stube des Chirurgen und Stadtarztes im Leprosoriums-Komplex statt. Dieser Raum lag im Blatterhaus und war von den dortigen Patienten nur durch einen Vorhang getrennt, so dass die Gemeinschaft der Kranken zu Ohrenzeugen des Vorgehens von Stadt-Physikus und Stadtarzt wurde.[43] Im 18. Jahrhundert suchten die Ärzte die Kranken oft in deren Haushalt auf, obwohl der Leprosoriums-Komplex nach seinem Abriss 1647 schnell wieder aufgebaut wurde.[44] Unverändert blieb dagegen die Schau von Toten oder Schwerverletzten am Tatort oder dem aktuellen Aufenthaltsort des Betroffenen. Öffentlichkeit entstand in diesen Fällen durch die Anwesenheit von Ratsmitgliedern oder weiteren Beauftragten des Rates.[45]

Aus den Schaudokumenten können weitere Einzelheiten der Interaktionen zwischen den teilweise sozial weit voneinander entfernten Agierenden – den begutachteten Personen oder ihren Angehörigen, den Regierungsmitgliedern und den begutachtenden Ärzten – abgeleitet werden, die darauf hindeuten, dass nicht das »Sonderwissen« der Gutachter eine ausschlaggebende Rolle spielte.[46] Vielmehr lassen sich andere Faktoren beobachten, die Verhaltensweisen der Beteiligten entscheidend prägten und letztendlich Einfluss auf Entscheidungen ausübten – und somit Grenzen von Expertise aufzeigen. Die folgenden Ausführungen zeigen, warum die Gutachten als ein Aushandlungs-Ergebnis einzustufen sind. Dieses Ergebnis musste mit individuellen, allgemeinen und politischen Vorstel-

---

43 Vgl. StadtA Noe R 39 F 1 Nr. 11, 03.05.1594; 31.07.1594; F 2 Nr. 29, 24.05.1594.

44 Vgl. StadtA Noe R 39 F 2, Nr. 43, 11.01.1695, 22.03.1695; Nr. 44, 15.02.1699; Nr. 45, 17.07.1702; 14.12.1706; Nr. 46, 31.01.1712, 24.10.1712; Nr. 3, 03.03.1743, 04.03.1743, 26.03.1743, 17.04.1743; F 3 Nr. 56, 12.08.1768, 14.10.1768; 19.01.1769; 25.02.1770; 10.01.1772; 16.01.1772; 13.02.1772; 20.02.1773; 08.03.1772; 15.03.1772; F 3 Nr. 61, 01.03.1796, 31.03.1796, 14.04.1796, 05.06.1796. Zu Abriss und Wiederaufbau der Anlage siehe Kinzelbach, Annemarie / Sturm, Patrick: Der Siechenhauskomplex vor den Toren Nördlingens. Entwicklung, Funktion und bauliche Gestalt vom 13. bis zum 18. Jahrhundert, in: Jahrbuch des Historischen Vereins für Nördlingen und das Ries 33 (2011), S. 25–54, hier S. 36–41. Dass es sich beim frühneuzeitlichen Haushalt nur um einen sehr begrenzt privaten Raum handelte, zeigt Capp, Bernard S.: When gossips meet: women, family, and neighbourhood in early modern England, Oxford 2003. Eibach, Joachim: Das offene Haus. Kommunikative Praxis im sozialen Nahraum der europäischen Frühen Neuzeit, in: Zeitschrift für Historische Forschung 38 (2011), S. 621–664, plädiert dafür, eher den Begriff »Haus« zu wählen und dieses in mehrfacher Hinsicht als »offen« zu interpretieren.

45 Beispiele aus Stichproben: StadtA Noe R 39 F 2, Nr. 29, 09.11.1596; Nr. 32, 05.07.1605; 29.08.1606; Nr. 33, 26.11.1611; 11./12.09.1611; 21.06.1615, 06.03.1619; 24.07.1618; F 2 Nr. 7, 15./16.08.1723; 12./13.10.1739; 24./27.07.1756; 30.07.1793; Nr. 8, 03.05.1758; 14.03.1766; Nr. 9, 01.04.1721; 13.03.1766.

46 Ärztliches »Sonderwissen« unterstreichen dagegen Mulsow, Expertenkulturen (wie Anm. 17), S. 249; Schütte, Medizin (wie Anm. 9), S. 23–25, 391.

lungen oder Zielen übereinstimmen. Nicht Spezialwissen setzte sich durch, sondern Konsenswissen. In den folgenden drei Schritten möchte ich verschiedene Interpretationsmöglichkeiten der zu beobachtenden Interaktionen darstellen.

III.1. Die examinierte Person dirigiert die Expertise

Begutachtete Personen waren keine erwartungsvollen oder gar hilflosen Opfer von obrigkeitlich initiierter Expertise. Vielmehr forderten sie die Übernahme ihrer eigenen Sichtweise auf ihren körperlichen Zustand ein. Nicht immer tritt dies so deutlich zutage wie in dem schon durch Karl Sudhoff bekannt gewordenen Fall des Maderus Henne. Maderus weigerte sich 1458 nicht nur, das Schauergebnis der Frankfurter Ärzte-Kommission zu akzeptieren, das er als Aussatzurteil verstanden hatte. Vielmehr verklagte er die Schauer auf Schadenersatz, nachdem es ihm gelungen war, aus Köln ein gegenteiliges Ergebnis besiegelt zu erhalten, dass er nämlich von Aussatz frei sei.[47]

Pluralität herrschte folglich nicht nur auf dem medizinischen Versorgungsmarkt, sondern auch auf dem Gutachtermarkt. Damit waren auch Dorfbewohner vertraut, wie das Beispiel von Martin Naff aus einer Kleinsiedlung im schwäbischen Reichskreis zeigt: Martin erschien im Jahr 1656 mit einem Schreiben seines Vogtes vor der Tübinger Fakultät, um seinen nunmehr mindestens vierten Schaubrief zu erhalten. Wie Maderus besorgte sich Martin zu Gutachten jeweils Gegengutachten aus weiter entfernten und angesehenen Orten wie Straßburg oder Tübingen, weil er seinen körperlichen Zustand anders beurteilt sehen wollte als dies seine nähere Umgebung tat.[48]

Das selbstgeleitete Agieren und die Nutzung von konkurrierenden Angeboten, die mit Hilfe des Konzepts des medizinischen Marktes erklärt werden können, erhellen hier nur einen Aspekt von Maderus' oder Martins Verhalten. Eine Analyse von Mehrfachgutachten, die sich in den Nördlinger Dokumenten finden lassen, ermöglicht es, einen wesentlichen Aspekt zu beleuchten, der zur Erklärung der Interaktion zwischen Gutachtern und Begutachteten berücksichtigt werden muss: Die geschauten Personen sahen in den Ärzten nicht die Experten für ihren Körper. Sie vertrauten vielmehr auf die soziale Position und die kulturelle Bedeutung der Gutachter. Sie bauten darauf, den Vertrauensvorschuss der Ärzte in Ämtern für ihre eigenen Anliegen nutzen zu können. Diese Amtmänner wiederum waren auch auf die Beobachtungen Dritter angewiesen.

Der Schauzettel für Anna Catharina Flickherin aus dem Jahr 1713 illustriert dieses Verhalten der Geschauten. Der Physikus, Dr. Jacob Sebastian Doederlein (fl. 1704–1713), und der Stadtarzt und Chirurg, Johann Georg Lang (fl. 1690–1712), berichteten darüber, dass Anna Catharina vor etwa einem Vierteljahr vor ihnen erschienen sei und über Sehbeschwerden, »Dunckelheit der

---

47 Vgl. Sudhoff, Dokumente (wie Anm. 38), S. 156.
48 Vgl. Mendelsohn / Kinzelbach, Common Knowledge (wie Anm. 21), S. 268.

Augen«, geklagt habe. Darauf sei sie vier Wochen lang im »Lazareth« aufgenommen und mit kostbaren Arzneien behandelt worden.[49] Anna Catharina hatte also zu Recht darauf vertraut, dass die Ärzte ihr Körperwissen übernehmen und die Ratsmitglieder dem Urteil ihrer Amtsmänner folgen würden. Allerdings hatte sie nicht damit gerechnet, dass ein Infragestellen der Kompetenz zu heilen, den Chirurgen dazu veranlassen könnte, sein fehlendes Wissen durch Rückgriffe auf Beobachtungen Dritter zu ergänzen. Dieser berichtete, Anna Catharina habe vorgegeben, alle Maßnahmen hätten nichts genützt. Daraufhin schaltete er Hospitalinsassen als Beobachtende und Handelnde ein. Er beschrieb, den Hospitalinsassen sei aufgefallen, dass Anna Catharina fähig war, Flachsfarben zu unterscheiden, und dass sie sich im Lazarett bewegen konnte, ohne irgendwo anzustoßen. Schließlich griff der Chirurg zu einer nicht medizinischen Beweismethode, indem er Anna Catharina einen großen Stein in den Weg legen ließ, den sie vor Zeugen ohne Probleme umgehen konnte. Am Ende war es jedoch die Geschaute selbst, die indirekt bekannte, dass sie einen Körperzustand nur vorgetäuscht hatte. Nach Darstellung des Stadtarztes reagierte sie auf die Nachforschungen, indem sie ihn heftig verfluchte.[50] Damit versuchte Anna Catharina vergeblich, dem Gerede, das im Hospital entstanden war, eine eigene Handlung entgegenzusetzen, indem sie den Chirurgen spirituell bedrohte.[51]

Der Vertrauensvorschuss, den die Ärzte durch ihr Amt genossen, spielte auch eine wichtige Rolle für diejenigen, die ihren eigenen Körper kannten, aber die Unsicherheit des Wissens der Ärzte und deren Rolle als Amtsmänner dafür nutzen wollten, ihre eher fragwürdigen Handlungen legitimieren zu lassen. Die Geschauten setzten ihren eigenen Wissensvorsprung geschickt ein, indem sie Informationen zurückhielten. Mit etwas Hintergrundwissen ist dies an den beiden Schauzetteln der Walpurg Drauenecker ablesbar. Sie wurde 1593 kurz nacheinander, eine Woche vor Weihnachten und nochmals an Heiligabend von denselben Ärzten untersucht und befragt. Dieser als »Tochter« bezeichneten Frau bescheinigten die Nördlinger Amtsärzte, dass die Monatsblutungen ausgeblieben seien, worauf sich Hautauffälligkeiten sowie eine Gelbsucht mit erhöhter Temperatur und Enge zeigten. Die Empfehlung lautete, die Erkrankte zu versorgen und abzuwarten. Sieben Tage später vermerkten die Ärzte auf dem zweiten Schauzettel, dass Walpurg purgierende Arzneien eingenommen habe

49 Vgl. StadtA Noe R 39 F 2 Nr. 46, 04.10.1713.
50 Vgl. ebd.
51 Zum Verfluchen als Konfliktmechanismus siehe Labouvie, Eva: Verwünschen und Verfluchen. Formen der verbalen Konfliktregelung in der ländlichen Gesellschaft der Frühen Neuzeit, in: Blickle, Peter / Holenstein, André (Hg.): Der Fluch und der Eid. Die metaphysische Begründung gesellschaftlichen Zusammenlebens und politischer Ordnung in der ständischen Gesellschaft, Berlin 1993, S. 121–144; zum kirchlichen Vorbild ihrer Handlung siehe Jaser, Christian: Ecclesia maledicens. Rituelle und zeremonielle Exkommunikationsformen im Mittelalter, Tübingen 2013, S. 45–53; zur Macht von Gerede: Capp, When gossips meet (wie Anm. 44), vor allem S. 55–69.

und es ihr etwas besser ginge, sie nun aber unter einem Eitergeschwür leide.[52] Der Umstand, dass diese als unverheiratet gekennzeichnete Frau purgierende Arzneien erhalten hatte, ist außergewöhnlich, weil bereits im ersten Schauzettel ein vorsichtiger Hinweis auf den Verdacht einer illegitimen Schwangerschaft verborgen lag. Die Erwähnung, dass vier Wochen, bevor die Blutungen ausfielen, die Nördlinger Messe stattgefunden habe, fällt nämlich aus dem Muster der übrigen Texte. Mit einem Schwangerschaftsverdacht wäre es jedoch automatisch verboten gewesen, ein purgierendes Mittel zu geben. Schon die ersten Regulierungen des Gesundheitswesens untersagten Apothekern, Ärzten, Hebammen etc. streng, schwangeren Frauen solche Mittel zu verabreichen, da sie abtreibend wirken konnten.[53] Mit der unkommentierten Erwähnung dieses Mittels durch die begutachtenden Ärzte hatte Draueneckers Tochter sich vom Verdacht einer illegitimen Schwangerschaft und einer eventuellen Abtreibung befreien können. Sie hatte zu Recht auf das Vertrauen gesetzt, das die Regierung ihren Ärzten im Amt entgegenbrachte.

Die obigen Ausführungen werden verständlicher, wenn das Zustandekommen von körperbezogenem Handlungswissen in der Frühen Neuzeit berücksichtigt wird. Ein Wissensvorsprung von Frauen und ihren sozialen Netzen bezogen auf den weiblichen Körper wird in der Forschungsliteratur schon lange Zeit diskutiert.[54] Zwei Beispiele aus den frühneuzeitlichen Reichsstädten Nördlingen und Nürnberg unterstreichen dies. Ende des Jahres 1697 verbreitete sich in verschiedenen Städten das Gerücht, der langjährige Stadtphysikus von Nördlingen Rosinus Lentilius (1657–1733) gebe Amt und Wohnsitz auf, was dann auch kurz darauf geschah. Lentililius hatte sich zuvor im August 1697 gezwungen gesehen, ein Rechtfertigungsschreiben an die städtische Regierung zu senden. Darin beschuldigte er eine unverheiratete Textilwerkerin, die inzwischen ein

---

52 Vgl. StadtA Noe R 39 F 2 Nr. 28, 17.12. und 24.12.1593.
53 Entsprechende Bestimmungen sind aus spätmittelalterlichen, handschriftlichen Apothekenordnungen sowie frühneuzeitlichen Drucken bekannt, vgl. Wankmüller, Armin: Eine Ravensburger Apothekenordnung des 15. Jahrhunderts, in: Ders. (Hg.): Beiträge zur württembergischen Apothekengeschichte, Bd. 8, Tübingen 1968–1970, S. 33–37, hier S. 36 (Nürnberg, Ulm, Ravensburg); Habrich, Christa: Apothekengeschichte Regensburgs in reichsstädtischer Zeit, München 1970, S. 137–141; Rat der Reichsstadt Worms: Reformatio Und erneuwerte Ordnung der Apotecken […], Frankfurt a. M. 1582, S. VI, Art. IX.; Rat der Reichsstadt Augsburg: Eines Ersamen Raths der Statt Augspurg Apothecker Ordnung […], Augspurg 1597, Art. VI.; allgemeiner siehe Leibrock-Plehn, Larissa: Hexenkräuter oder Arznei. Die Abtreibungsmittel im 16. und 17. Jahrhundert, Stuttgart 1992, S. 32–176.
54 Vgl. grundlegend Duden, Barbara: Geschichte unter der Haut. Ein Eisenacher Arzt und seine Patientinnen, Stuttgart 1987. Von einem seit dem späten Mittelalter sich intensivierenden Aneignungsprozess des Wissens über den weiblichen Körper durch die männlichen Ärzte geht Park, Katharine: The Secrets of Women. Gender, Generation, and the Origins of Human Dissection, New York 2006, aus; dagegen spricht Schlumbohm, Jürgen: Lebendige Phantome. Ein Entbindungshospital und seine Patientinnen, 1751–1830, Göttingen 2012, S. 245–267, auch noch für das 19. Jahrhundert davon, dass Schwangerschaft zwischen Ärzten und Frauen »verhandelt« wird.

Kind geboren hatte, ihn mit Unterstützung einer Verwandten betrogen zu haben. Die beiden Frauen hatten den Stadtphysikus, laut seiner Angaben, so an der Nase herumgeführt, dass er die Schwangerschaft nicht bemerkt habe und deshalb noch einen Monat vor der Geburt mehrfach sogenannte »treibende« Arzneien verschrieb.[55] Auch eine Generation später, 1716, ließ der Nürnberger Rat den jungen Stadtphysikus Johann Christoph Götz (1688–1733) vor das *Collegium Medicum* zitieren und um seine schriftliche Stellungnahme bitten, weil eine Magd verdächtigt wurde, einen Abtreibungsversuch mit seiner Hilfe unternommen zu haben. Aus Götzens erfolgreichem Verteidigungsschreiben geht hervor, dass er von Bediensteten und Angehörigen einer Patrizierfamilie geschickt manipuliert worden war, so dass er der damals wohl schwangeren Magd abtreibende Arzneien verschrieben hatte.[56] Aus den Praxistagebüchern dieses Nürnberger Arztes geht jedoch darüber hinaus eine grundsätzliche Erkenntnis hervor: Auch bezogen auf den männlichen Körper galt im ärztlichen Alltag, dass benötigtes Handlungswissen bis in die 1730er Jahre nicht notwendigerweise bei den studierten Ärzten vorausgesetzt wurde. Vielmehr entstand dieses im Austausch mit den Erkrankten und ihren Angehörigen oder wurde von diesen bereits in ihren Bitten um bestimmte Arzneien oder Behandlungen explizit oder implizit formuliert.[57]

III.2. Regierungsmitglieder beeinflussen die Expertise

Schaudokumente waren nicht nur vom Körperwissen der Geschauten abhängig, sie konnten vielmehr auch als Symbole von politischer Gegnerschaft gestaltet und eingesetzt werden. Aus diesem Grund war es für Regierungsmitglieder wichtig, beeinflussen zu können, wie diese Dokumente aussahen. Sie zielten auf einen Einfluss, der darüber hinausging, die Schau anzuweisen und über die daraus resultierenden Empfehlungen zu entscheiden. Dabei ist weniger ausschlaggebend, dass die städtischen Regierungsmitglieder die Expertisen ihrer Amtsärzte schon dadurch prägten, dass sie diese studierten und handwerklich ausgebildeten Ärzte zuvor aus mehreren Bewerbern auswählen konnten und vielfach nur befristet bestallten.[58] Auch ein möglicher Einfluss, der aus einer nicht sehr hohen, aber verhandelbaren Bezahlung resultierte, sei hier lediglich

---

55 Vgl. StadtA Noe R 39 F 1 Nr. 12, 27.08.1697 (Brief 46), 07.01.1698 (Brief 51), 12.02.1698 (Brief 50) und 22.11.1697 (Brief 53).
56 Vgl. Universitätsarchiv Erlangen MS 1200_1, S. 194–199.
57 Vgl. Kinzelbach, Annemarie u. a.: *Observationes et Curationes Nurimbergenses*. The Medical Practice of Johann Christoph Götz (1688–1733), in: Dinges, Martin u. a. (Hg.): Medical practice, 1600–1900. Physicians and their patients, Leiden 2016, S. 169–187, hier S. 179–181; Kinzelbach, Women (wie Anm. 16), S. 630–637.
58 Um die frei werdenden Stadtarzt- und Physikus-Stellen bewarben sich meist mehrere Personen, vgl. StadtA Noe R 39 F 1 Nr. 11, 12, 19–21.

erwähnt.[59] An dieser Stelle soll gezeigt werden, warum es für Reichsstadtregierungen und lokale Herrscher sehr wichtig war, politisch opportune Gutachten zu erhalten.

Solche Gutachten konnten politischen Zielsetzungen dienen, wie der Fall Jerg Wagners illustriert. Dieser Bewohner von Territorialbesitz des Hospitals der katholischen Reichsstadt Überlingen wurde im Jahr 1543 überfallartig gefangengenommen und nach Konstanz überführt, wo er in der Schau als leprakrank verurteilt und damit von seiner Familie und seinem Hof getrennt wurde. Wie andere Geschaute lehnte auch Jerg es ab, die ihm auferlegte Opferrolle anzunehmen. Er wandte sich an die Überlinger Ratsmitglieder, weil er – nach deren Beschreibung – diese Krankheit nicht an sich verspürt habe. Der Überlinger Stadtphysikus befreite Jerg auch prompt von diesem Verdacht und sprach ihn als »rein« frei.[60] Im Umstand, dass der dörfliche Administrator trotzdem die Rückkehr zu Jergs Familie verweigerte, deutet sich schon an, dass es in diesem Fall weniger um sich widersprechende Expertisen mit möglicherweise ökonomischen oder kulturellen Auswirkungen ging. Eine Analyse der politischen Hintergründe zeigt vielmehr, dass es sich um einen Akt im Konflikt zwischen den beiden Reichsstadtregierungen handelte, bei dem den Schaubriefen die Rolle zukam, demonstrativ gegenteilige Positionen zu verkörpern. Konstanz, damals noch Reichsstadt, und Überlingen waren benachbarte konfessionelle Rivalen und hatten außerdem schon seit mehreren Jahrhunderten um territoriale und rechtliche Einfluss-Sphären konkurriert. In diese Konkurrenz waren in der Bodenseeregion mit ihren extrem kleinteiligen Territorien auch andere Herrschaftsträger wie Reichsritter und Adelsfamilien sowie Klöster mit ihren Vögten verwickelt. Die Bewohner von Jergs Heimatdorf Sipplingen waren beispielsweise im Jahr 1594 13 verschiedenen Feudalherren unterworfen, deren Zusammensetzung und jeweiligen Rechte sich überdies beständig im Fluss befanden.[61] Vor allem aber existierten seit 1527 konfessionelle Spannungen zwischen der Konstanzer Regierung, die bereits früh die Reformation durchgeführt hatte, und den Überlinger Ratsherren, die sich als Führer der katholischen Städte etabliert hatten.[62] Einer Bestrafung der reformierten Stadtgemeinde gleichkommend hatte

---

59 Vgl. StadtA Noe R 39 F 1 Nr. 10, 1480–1641; Nr. 11, 11.05.1570, 23.10.1579; Nr. 12, 11.05.1675
    (Brief 23); Stadtkammer-Rechnungen 1494–1521; Calculi Senatorii, 1540, Bl. 19.
60 Vgl. StadtA Ue SpA 113, Briefkonzept, 10.05.1543.
61 Vgl. Berner, Herbert: Sipplingen am Bodensee. Geschichte eines alten Dorfes, Sipplingen
    1967, hier S. 79–82; Büttner, Rudolf: Das Konstanzer Heilig-Geist-Spital und seine Besit-
    zungen im Linzgau. Studien zur ländlichen Wirtschafts- und Sozialgeschichte vornehm-
    lich zwischen 1548 und 1648, Konstanz 1986, S. 49–59, 65, 67–70, 128 f., 519.
62 Vgl. Enderle, Wilfried: Konfessionsbildung und Ratsregiment in der katholischen Reichs-
    stadt Überlingen (1500–1618) im Kontext der Reformationsgeschichte der oberschwä-
    bischen Reichsstädte, Stuttgart 1990; Rublack, Hans-Christoph: Die Einführung der
    Reformation in Konstanz. Von den Anfängen bis zum Abschluß 1531, Karlsruhe 1971;
    Zimmermann, Wolfgang: Rekatholisierung, Konfessionalisierung und Ratsregiment. Der
    Prozeß des politischen und religiösen Wandels in der österreichischen Stadt Konstanz
    1548–1637, Sigmaringen 1994.

der Konstanzer Bischof das noch 1390 bestätigte Vorrecht der Konstanzer zur Lepraschau aufgelöst und dem Stadt-Medicus der rivalisierenden katholischen Reichsstadt das entsprechende Benefiz erteilt: Urkundliche Nachweise für die Schau in Überlingen finden sich seit 1529 – und damit hatte die Überlinger Regierung einen seit 1410 schwelenden Streit um dieses Privileg zugunsten ihrer Stadtärzte zur Entscheidung bringen können.[63] Die beiden Schauverfahren in den rivalisierenden Städten mit ihren gegenteiligen Ergebnissen belegen, dass Expertise und politische Zielsetzung harmonieren mussten.

In weniger drastischer Form wird dies auch deutlich, wenn Schauzettelinhalte verglichen werden, die Personen betreffen, die schon mehrfach in der Schau erschienen waren und von den Ärzten als nur kostenaufwendig oder nicht mehr heilbar eingestuft wurden. Ein solches Ergebnis akzeptierten die Ratsherren ungern, weil daraus oft folgte, dass die betreffende Person Unterstützung benötigte, möglicherweise sogar bis an ihr Lebensende mit Hilfe karitativer Einrichtungen ernährt oder auch in einem Hospital untergebracht werden musste.[64] Die Beispiele der Schauzettel für Melchior Hainrich und Apollonia Zöllnerin in Nördlingen zeigen, wie die Ratsversammlung versuchte, die Schau in ihrem Sinne durch Wiederholen-Lassen zu beeinflussen und wie Ergebnisse ausgehandelt wurden.[65] Am 9. Mai 1592 wiesen die unterzeichnenden Amtsärzte, Stadtphysikus und Stadtarzt darauf hin, dass sie schon am 28. November 1591 als Ergebnis ihrer Schau berichtet hätten, Melchior könne kein anderes Mittel als ein Thermalbad helfen. Die sogenannte Holz-Kur (mit Absuden von Guajak und anderen exotischen Hölzern) sowie das Nördlinger (Mineral-)Bad hätten nämlich keine Besserung bewirkt. Sie empfahlen erneut den Besuch eines Thermalbades. In ihrem Beschluss vom nächsten Tag ließ die Regierung Melchior mitteilen, aus seinem Schauzettel gehe hervor, dass er die Absicht habe, »zur Erlangung seiner gesundheit in das Wildbad« zu gehen, dies könne der Rat ihm nicht abschlagen und wolle ihm dazu zwei Gulden »verehren«.[66] Nur sieben Wochen später folgte der dritte Schauzettel für Melchior, zu seiner Untersuchung war ein weiterer Physikus abgeordnet worden und nun folgte die Aussage, eine weitere Behandlung seiner langwierigen Krankheit sei nicht möglich. Es werde aber notwendig sein, ihm einen »gebirlichen« Unterhalt zu verschaffen.[67] Wie schwer es den Ratsmitgliedern fiel, eine solche Unterhaltsempfehlung ohne Aussicht auf

63 Vgl. StadtA Ue 1016; 1022; 1031; Ratsprotokoll 1530, Bl. 72ᵛ; SpA 80; Baas, Karl: Zur Geschichte der mittelalterlichen Heilkunst im Bodenseegebiet, in: Archiv für Kulturgeschichte 4 (1906), S. 130–158, hier S. 137–139.
64 Auch in anderen Reichsstädten erfolgte die Unterstützung von Kranken vorwiegend bis »auff besserung« und nur in Ausnahmefällen lebenslang; vgl. Kinzelbach, Annemarie: Armut und Kranksein in der frühneuzeitlichen Stadt. Oberdeutsche Reichsstädte im Vergleich, in: Krimm, Konrad u. a. (Hg.): Armut und Fürsorge in der frühen Neuzeit, Ostfildern 2011, S. 141–176, hier S. 152–157, 175.
65 Vgl. StadtA Noe R 39 F 2 Nr. 28, 09.05.1592, 28.11.1592.
66 StadtA Noe Ratsprotokolle 1592, 10.05. (Melchior Heinrich).
67 Vgl. StadtA Noe R 39 F 2 Nr. 28, 28.11.1592.

Besserung zu akzeptieren, zeigt sich im Fall von Apollonia Zöllnerin in den drei zwischen 12. November und 5. Dezember 1592 ausgestellten Schauzetteln. Physikus und Stadtarzt wiesen darauf hin, sie hätten schon zuvor mehrfach festgehalten, dass Apollonia nach 15 Kurversuchen nicht mehr zu helfen sei. Auch bei zweimalig erneuter Schau bestanden sie darauf. Der Bürgermeister schickte jedoch die Frau so lange zur Schau, bis die Ärzte im Amt nicht nur empfahlen, ihren Unterhalt zu sichern, sondern einen Hoffnungsschimmer aufglimmen ließen: In ihrem abschließend akzeptierten Zettel schlugen Stadt-Physikus und Arzt vor, dass Apollonia versorgt und eine »Zeitlang, von der handt geheillet werde«.[68]

Die Kommunikation des gewünschten Ergebnisses vom Rat zu den Amtsärzten erfolgte in den verhältnismäßig überschaubaren Kommunen der Reichsstädte auf verschiedenen, auf nachweisbaren und auf hypothetischen Wegen. Unzufriedenheit mit dem Inhalt der Zettel konnte der Rat indirekt oder symbolisch ausdrücken, indem dieselbe Person, wie soeben gezeigt, mehrfach zur Schau geschickt oder ein weiterer Arzt zur Durchführung gesandt wurde. Aus verschiedenen Quellen geht immer wieder hervor, dass mündliche Kommunikation nach wie vor eine wichtige Rolle spielte: Nicht nur der Ratsschreiber transferierte während der Ratssitzung den geschriebenen Inhalt der Schauzettel in eine mündliche Mitteilung und gab die daraus resultierende Entscheidung mündlich weiter. Auch während dieser Informationsübermittlungen bestand eine Gelegenheit zu weiterem informellen, mündlichen Austausch. Darüber hinaus existierte die gemeinsame Trinkstube von Ratsherren und Physici als Ort, Mitteilungen zu transferieren. Ein Teil der studierten und handwerklich ausgebildeten Ärzte konnte außerdem die Chance nutzen, bestimmte Themen mit Ratsmitgliedern innerhalb ihrer Familien zu besprechen, weil sie Mitglieder von Ratsfamilien geheiratet hatten oder selbst aus solchen stammten.[69]

Die Belege, dass sich die begutachtenden Ärzte in ihren Expertisen sowohl von Erwartungen der Auftraggeber als auch von (zurückgehaltenen) Informationen der Geschauten lenken ließen, beleuchten jedoch nur einen wichtigen Aspekt der Interaktionen. Im Spiegel der Schauzettelstichproben gewann ein anderer Aspekt an Bedeutung: die Vermittlungsfunktion. Wie die folgenden Ausführungen zeigen, präsentierten sich die Ärzte in den Schauzetteln zunehmend als Vermittler in der Kommunikation zwischen einer meist bedürftigen Klientel und den Regierungsmitgliedern.

---

68 StadtA Noe R 39 F 2 Nr. 28, 16.10.1592, 12.11.1592, 05.12.1592.
69 Vgl. Kinzelbach, Arztsein (wie Anm. 11), S. 27–31.

IV. Interaktion mit Begutachteten als Kommunikationsvermittlung

Eine Vermittlerrolle lässt sich schon daraus schließen, dass Ärzte das Narrativ der Geschauten übernahmen. Wir konnten dies am Beispiel des bereits erwähnten Dorfbewohners Martin Naff zeigen: Ein Überlieferungszufall erhielt Befragungsprotokoll und den korrigierten Entwurf des Antwortbriefes der Tübinger Fakultät an Martins Vogt. Aus dem Quellenvergleich geht hervor, dass selbst unter dem Dekanat eines renommierten Mediziners wie Samuel Hafenreffer (1587–1660) Martins Erzählung und seine Deutung der äußerlich sichtbaren Krankheitszeichen nur mit wenigen Erklärungen zur Diätetik ergänzt wurden.[70]

Am Beispiel von Nördlingen wird darüber hinaus deutlich, dass nicht nur das Narrativ der Geschauten in die Schauzettel einfloss. Vielmehr präsentierten sich studierte ebenso wie handwerklich ausgebildete Amtsärzte immer wieder als Sprachrohr für Bedürftige gegenüber der städtischen Regierung. Schon im 16. Jahrhundert finden sich vereinzelte Hinweise darauf, wenn beispielsweise der Physikus Peter Stehelin (fl. 1566–1607) einzelne Schauzettel mit der Weitergabe von Bitten der Geschauten enden ließ.[71] Stichproben in Schauzettel-Serien deuten darauf hin, dass sich die ärztliche Wahrnehmung verschob, zumindest aber eine zunehmend intensive Betonung sozialer Umstände von Kranken auftauchte.[72]

Ein Diskurs über soziale Ursachen für Epidemien, in den Ärzte und Chronisten sowie Regierungsmitglieder involviert waren, ist schon seit mehr als einer Generation durch die Geschichtsschreibung über Seuchen bekannt. Seit dem (späten) Mittelalter galten Mangelernährung und unsaubere oder beengte Wohnverhältnisse bei ›Armen‹ als Ursache für deren epidemische Erkrankungen, außerdem existierten verschiedene Vorschläge, Abhilfe zu schaffen. Dieser Diskurs wurde im 16. Jahrhundert auch auf andere, als »ansteckend« eingeschätzte Krankheiten, vor allem die sogenannte »Franzosenkrankheit« ausgedehnt.[73]

Soziale Ursachen von Erkrankungen auch jenseits der Seuchen formulierten die Nördlinger Physici und handwerklich ausgebildeten Stadtärzte immer

---

70 Vgl. Mendelsohn / Kinzelbach, Common Knowledge (wie Anm. 21), S. 268 f.
71 Vgl. StadtA Noe R 39 F 2 Nr. 12, 06.03.1583, 10.01.1587. Zu Dr. med. Peter Stehelin siehe Personen, Lemma »Stehelin, Peter <fl. 1566–1607>« in der Datenbank Frühneuzeitliche Ärztebriefe des deutschsprachigen Raums (1500–1700), www.aerztebriefe.de (letzter Zugriff am 19.12.2017).
72 Vgl. Kinzelbach, »Schau« (wie Anm. 18), S. 278–282.
73 Vgl. Carmichael, Ann G.: Plague and the poor in Renaissance Florence, Cambridge 1986, S. 108–115, 120; Calvi, Giulia: Histories of a plague year, Berkeley 1989, S. 21–197; Slack, Paul: The impact of plague in Tudor and Stuart England, London 1985, S. 195–294; Kinzelbach, Annemarie: »Böse Blattern« oder »Franzosenkrankheit«: Syphiliskonzept, Kranke und die Genese des Krankenhauses in oberdeutschen Reichsstädten der frühen Neuzeit, in: Dinges, Martin / Schlich, Thomas (Hg.): Neue Wege in der Seuchengeschichte, Stuttgart 1995, S. 43–69.

häufiger sehr explizit seit dem Ende des 17. Jahrhunderts. Gleichzeitig schlugen sie vor, wie diese im individuellen Fall zu beheben seien. Am 15. Februar 1699 beschrieben beispielsweise »Barbierer und Stattarzt« Johann Georg Lang (fl. 1665–1712) und Doktor Johann Melchior Welsch (d. J., 1671–1712) Ursachen der Hauterkrankung (»Scabie sicca«) von Apollonia Elisabetha Hamrin als Folge von ärmlichen Lebensbedingungen: Der Hautausschlag am ganzen Körper resultiere einerseits aus der Ansammlung eines üblen Nahrungssaftes, der wiederum durch schlechte Nahrungsmittel entstanden sei. Andererseits komme der Ausschlag von Auskühlung durch Mangel an benötigter Kleidung und Bettwäsche. Die Amtsärzte plädierten für eine Blutreinigungskur sowie Unterhalt mit Speisen und Getränken und Unterbringung in einer »warmen stuben«.[74] Derselbe Stadtarzt blieb bei der Benennung sozialer Ursachen für Hauterkrankungen, benannte solche auch gemeinsam mit dem Physikus Doktor Daniel Wencker (fl. 1693–1742) bei drei kleinen Kindern.[75] Auch Regina Holtzingerin, die »auf einem Karren […] mit Geschwulst und s.v. Durchfall« nach Nördlingen gebracht worden war, attestierten die beiden Amtsärzte, sie habe »hochnötig« sowohl Arznei als auch Lebensmittel und Kleidung zu erhalten.[76]

Eine Generation später geht die Funktion als Sprachrohr der Bedürftigen noch deutlicher aus den Schauzetteln hervor. In den 1740er Jahren formulierten die Amtsärzte, Erkrankte hätten sie gebeten, den Ratsherrn ihre Bitte um Unterstützung »wegen armuth« zu übergeben (»hinterbringen«). Gleichlautende Begründungen für ihre jeweiligen Bitten gaben die Ärzte sowohl von Einzelpersonen mit verschiedenen Leiden weiter als auch von ganzen Familien. Die 54-jährige Ehefrau Erdtle »und zwey Söhn und Zwey Töchter, die alle an jetzt grasiernder kranckheit darnider ligen«, beispielsweise, bitte um die »Lazarethülf«. Lazarethilfe umfasste sowohl Arzneien als auch Lebensmittel und weitere Unterhaltskosten.[77]

Ihre Funktion als Sprachrohr verstärkten Amtsdoktor und Stadtarzt Ende des 18. Jahrhunderts mit bildhaften Appellen. Bezogen auf die Familie der Sibylla Schnellin teilten sie beispielsweise mit: Alle »liegen an starker Sucht darnieder und Elend scheint an allen Ecken hervor«.[78] Offensichtlich suchten die Ärzte die akut an sogenanntem »Faulfieber« erkrankten Personen in ihren Häusern auf, denn sie nahmen auch Pflegenotstand wahr und formulierten diesen in suggestiven Beschreibungen: Die Hilfsbedürftigkeit der 22-jährigen Maria Rosina

---

74 StadtA Noe R 39 F 2 Nr. 44, 15.02.1699. Zu Dr. med. Johann Melchior Welsch d. J. siehe Frühneuzeitliche Ärztebriefe des deutschsprachigen Raums (1500–1700), www. aerztebriefe.de/id/00034576 (letzter Zugriff am 19.12.2017).

75 Vgl. StadtA Noe R 39 F 2 Nr. 46, 31.01.1712, 27.04.1712, in diesen Fällen als Ursache von »Krätze«.

76 StadtA Noe R 39 F 2 Nr. 46, 07.01.1712; vergleichbare Empfehlungen auch für weiter Erkrankungen, beispielsweise am 11.02.1712, 04.03.1712, 26.08.1712 oder 05.10.1712.

77 Vgl. StadtA Noe R 39 F 2 Nr. 3, 17.04.1743; weitere Beispiele 27.02., 03.03., 04.03., 08.03., 13.03., 26.03., 29.03., 04.04., 09.04., 18.04.1743.

78 StadtA Noe R 39 F 3 Nr. 61, 21.02.1796.

Geyern hoben sie auf die Stufe »höchst«, denn diese habe in ihrer schweren Erkrankung »nicht einmal ein Bette zum liegen sondern [sei] bloß mit alten Kleidern zugedeckt«.[79] Die amtsärztlichen Vorschläge, soziale Notlagen zu lindern, setzten sich auch noch zu Beginn des 19. Jahrhunderts fort. Beispielsweise berichteten die Ärzte dem Magistrat von »armseligen äußerst dürftigen Umständen«, in denen sie den 64-jährigen Johann Jacob Dosch und seine 80-jährige Ehefrau Eva Barbara vorgefunden hätten. Diese seien »vermöge der körperlichen Gebrechen und der Altersschwäche« nicht mehr in der Lage, die »nothwendigsten Nahrungsmittel zu verdienen«.[80] Bis zur vollständigen Übernahme der Verwaltung durch Bayern fuhren der ordinierte Physikus bzw. Stadtphysikus und der Stadtarzt fort, ihre Berichte über soziale Ursachen von Krankheiten zu formulieren.[81]

V.   Grenzen der Expertise oder gemeinschaftliches Wissen?

Aus den bisherigen Ausführungen lassen sich verschiedene Schlussfolgerungen für den Begriff der Expertise ableiten, wenn körperbezogene Interaktionen in einem öffentlichen bzw. politischen Zusammenhang der vormodernen Gesellschaft untersucht und alle Akteure berücksichtigt werden. Die Argumentation basiert auf den Forschungsergebnissen von Jahrzehnten, in denen zunächst eine Expertenfunktion der studierten Ärzte im Mittelpunkt stand – ausgehend von deren Selbstdarstellung und formaler Anerkennung. Diesen Studien folgten, wie gezeigt, bis in die Gegenwart Arbeiten, die nachwiesen, dass entsprechende Expertise auch einem weit größeren Kreis von Männern und Frauen zugesprochen wurde. Dazu gehörten neben handwerklich ausgebildeten Ärzten (die als Chirurgen, Wundärzte, Barbiere oder Bader bezeichnet wurden) und Hebammen sowie Matronen auch andere Frauen in herausgehobenen gesellschaftlichen Positionen und spezifischen Situationen. In den obigen Ausführungen standen nicht Patienten und ihre Handlungsorientierung als eher »privates« oder Einzelfall bezogenes Feld im Mittelpunkt. Vielmehr bildete die Rolle von Expertise im öffentlichen Umfeld von wohltätig oder gesellschaftsstabilisierend geprägter (Gesundheits-)Politik einen Schwerpunkt der Ausführungen.

Der Fokus lag auf Interaktionen zwischen studierten bzw. handwerklich ausgebildeten Ärzten und Kranken sowie Regierenden, die sich im Quellenbestand der Schaudokumente widerspiegeln. Diese Interaktionen prägte ein Vertrauensverhältnis zwischen Regierungsmitgliedern und begutachtenden Ärzten, bei dem das Aushandeln von Expertise eine wichtige Rolle spielte. Am Zustandekommen der Ergebnisse waren jedoch auch die Geschauten in entscheidender

---

79 StadtA Noe R 39 F 3 Nr. 61, 01.03.1796, 31.03.1796.
80 StadtA Noe R 39 F 3 Nr. 63, 21.09.1804.
81 Vgl. StadtA Noe R 39 F 3 Nr. 63, 03.09., 19.10., 28.11., 14.12.1804, 03.01., 16.01., 17.05., 28.07., 04.08., 19.08., 26.08.1805.

Weise beteiligt. Sie spielten keine passive Rolle, vielmehr zeigten die Beispiele, wie sehr die Ärzte auf Informationen, auf Körperwissen der Geschauten angewiesen waren, um ihr Amt ausüben zu können.

Für eine Charakterisierung der zu beobachtenden Interaktionen erwies sich die Rolle des Experten, wie sie üblicherweise beschrieben wird, als unzureichende Erklärungshilfe. Andererseits fungierte als Gutachter im Amt gerade nicht jede beliebige Person, weshalb die involvierten Wissensbestände auch nicht auf Alltagswissen reduziert werden können. In dem hier beschriebenen Kontext bietet am ehesten ein aktuelles, soziologisches Modell einen Erklärungsansatz. Jens Maeße hat für die Beschreibung gegenwärtigen ökonomischen Expertentums vorgeschlagen, von einem trans-epistemischen Feld zu sprechen. Dieses sei »ein diskursiv vernetzter, heterogener Wirkungszusammenhang, in dem sich unterschiedliche soziale Welten überkreuzen und ineinander übergehen«.[82] Obwohl Maeße für sein Modell gerade nicht die *face-to-face* Gesellschaft beobachtet, kann es doch dazu beitragen, die beschriebenen Interaktionen zwischen Stadtregierungen, Amtsärzten und (bedürftigen) Bewohnern in den vormodernen Kommunen von überschaubarer Größe besser zu verstehen. In Reichsstädten musste nämlich im beschriebenen Kontext »zwischen den unterschiedlichen sozialen Welten ein intensiver Austausch« stattfinden; ein bekanntes Beispiel hierfür sind Handwerker, deren Söhne und Töchter an der akademischen und politischen Welt teilhatten.[83] Hier stand jedoch ein solcher Austausch zwischen Bedürftigen, Ärzten und Regierungsmitgliedern im Mittelpunkt. Nicht nur setzte die bloße Existenz der Schaudokumente eine beständige Kooperation von Handwerkern und Akademikern sowie Regierungsmitgliedern voraus. Aus dem oben diskutierten Fall Jerg Wagners geht hervor, wie notwendig der Austausch selbst zwischen den Welten von städtischem Feudalherr und landsässigem Untertan war. Außerdem zeigte das Beispiel der Aufdeckung des Betrugs von Anna Catharina Flickherin, in welcher Weise Ärzte und die »Armen« kommunizieren und so gemeinsame Interessen verfolgen konnten.

Für die im letzten Abschnitt beschriebene Funktion der Amtsärzte als Sprachrohr der Bedürftigen bietet das trans-epistemische Feld zwei Möglichkeiten der Hypothesenbildung. Die einfachste Erklärung dafür ist eine stark ökonomisch geprägte: Durch den Dreißigjährigen Krieg und die Erbfolgekriege sowie weitere Kriegsfolgen, die zumindest die Finanzen der Reichsstädte und ihrer Bewohner massiv beeinträchtigten, verschlechterten sich auch die ökonomischen Bedingungen von Amtsärzten. Dadurch waren diese möglicherweise darauf angewiesen, dass die ökonomisch geschwächten Mitbürger durch

---

82 Maeße, Ökonomisches Expertentum (wie Anm. 3), S. 264.
83 Ebd. Siehe dazu Kinzelbach, Arztsein (wie Anm. 11), sowie das komplexe Beziehungsgeflecht zwischen den Nördlinger Familien, das Daniel Eberhard Beyschlag sichtbar machte, als er zu Beginn des 19. Jahrhunderts ausgehend von Epitaphen und Grabsteinen Heirats- und Verwandtschaft-Verbindungen wie auch Lebensdaten darstellte, Beyschlag, Daniel Eberhardt: Beyträge zur Nördlingischen Geschlechtshistorie, Bd. 1–3, Nördlingen 1801–1803.

öffentliche Unterstützung gestärkt, sich schließlich wieder Ärzte und Arzneien leisten konnten. Zumindest legen Einzelbefunde einen solchen Schluss nahe, eine systematische Untersuchung der ökonomischen Situation von Ärzten fehlt allerdings.[84] Ein weit komplexeres Erklärungsangebot bietet der »Prozess der Kapitalkonvertierung« im trans-epistemischen Feld:[85] Ein Teil der begutachtenden Ärzte gehörte zu den ratsfähigen Familien. Durch ihren Einsatz für Bedürftige trugen sie zum einen zur Stabilisierung der Regierung bei. Gleichzeitig konnten sie, zum anderen, symbolisches Kapital für ihre eigene Person – aber auch für ihre Familienmitglieder – erwerben. Solches Kapital entschied sowohl in der Stadt als auch in der Region über die Besetzung von Ämtern.[86] In einer Gesellschaft, die ein Netzwerk von (persönlichen) Abhängigkeiten sowie ein hoher Stellenwert von Religion kennzeichneten,[87] konnte symbolisches Kapital auch derjenige vermehren, der seine Stimme den Bedürftigen lieh und dadurch seine vorbildlich christliche Gesinnung unter Beweis stellte.[88]

---

84 Vgl. StadtA Noe R 39 F 1 Nr. 12 (14) 05.01.1642; (16) 14.03.1654; (22) 05.09.1675 (studierte Ärzte); Nr. 24 29.05.1577 bis 30.03.1787 (handwerklich ausgebildete Ärzte). Auch bei handwerklich ausgebildeten Ärzten in anderen Reichsstädten zeichneten sich zu Beginn des 18. Jahrhunderts ökonomische Probleme ab, StadtA U A [3103].
85 Vgl. Maeße, Ökonomisches Expertentum (wie Anm. 3), S. 264.
86 Dies gilt für studierte und für handwerklich ausgebildete Ärzte, vgl. StadtA Noe R 39 F 1 Nr. 12 (16) 14.03.1654, (22) 05.09.1675; Kinzelbach, Arztsein (wie Anm. 11); Beyschlag, Beyträge (wie Anm. 83), Bd. 1, S. 180–183, 187; Bd. 2, S. 78 f., 159 f., 163–165, 256–268, Bd. 3, S. 453–459, 470–472, 535–540.
87 Vgl. Schlumbohm, Jürgen: Zur Einführung, in: Ders. (Hg.): Soziale Praxis des Kredits. 16.–20. Jahrhundert, Hannover 2007, S. 7–14, hier S. 7.
88 Zur sich über Jahrhunderte und erst allmählich herausbildenden kulturellen Unterscheidbarkeit der Konfessionen (Hölscher, Lucian: Acht Thesen zum Reformationsjubiläum 2017, in: Zeitschrift für Religions- und Geistesgeschichte 65 [2013], S. 224–234, hier S. 230) gehört m. E. auch die Wertung von Karitas.

Brigitte Huber

Funktionen und Grenzen medialer Expertise

I. Einleitung

Dieser Beitrag beschäftigt sich mit Experten aus kommunikationswissenschaftlicher Perspektive. Die Kommunikationswissenschaft interessiert sich konkret dafür, welche Rolle Experten als journalistische Quellen und als Akteure in den Medien spielen. Experten können mittlerweile als fixer Bestandteil der journalistischen Berichterstattung angesehen werden. Ob es etwa um die Analyse von Wahlergebnissen im Fernsehen oder um die Kommentierung einer neuen Ernährungsdiät in einer Zeitschrift geht – Experten werden oft und gerne um ein Statement gebeten. Die Bedeutung, die Experten in den letzten Jahren in den Medien gewonnen haben, zeigt sich nicht zuletzt an den öffentlichen Debatten, die sich immer wieder rund um Medienauftritte von Experten entzünden. Exemplarisch sei hier auf die Artikel »Die 30-Sekunden-Problemlöser«[1] oder »Die Alles-Erklärer«[2] verwiesen, in denen unter anderem der journalistische Umgang mit Expertenquellen sowie die Unabhängigkeit von Experten hinterfragt werden. Auch Kommunikationswissenschaftler thematisieren den journalistischen Einsatz von Experten und sprechen von einer »Experteritis«[3] oder einem »Expertenboom«[4] in den Medien.

Ausgehend von dieser Diskussion stellt sich die Frage, welche Funktionen Experten in der Medienberichterstattung einnehmen und wo mediale Expertise auch an ihre Grenzen stößt. Dazu werden in diesem Beitrag Ergebnisse aus zwei empirischen Untersuchungen der Autorin präsentiert, nämlich eine inhaltsanalytische Studie sowie Leitfadeninterviews mit Journalisten und medial präsenten Experten. Dabei wird argumentiert, dass Experten wichtige Funktionen in den Medien einnehmen und dass zugleich immer gewisse Grenzen der medialen Expertise mitbedacht werden müssen. Wie im Folgenden herausgearbeitet wird, können sich diese Grenzen hinsichtlich Kompetenzbereich und Unabhängig-

---

1 Kron, Philipp: Die 30-Sekunden-Problemlöser, in: FAZ, Nr. 280, 29.11.2008, S. 13.

2 Meyer, Michael G: Die Alles-Erklärer. Warum Medien so oft und oftmals sorglos auf Experten zurückgreifen, in: Berliner Zeitung, 24.06.2009, http://www.berlinonline.de/berliner-zeitung/archiv/.bin/dump.fcgi/2009/0624/media/0015/index.html (letzter Zugriff am 26.08.2009).

3 Dernbach, Beatrice: Die Vielfalt des Fachjournalismus. Eine systematische Einführung, Wiesbaden 2010, S. 47.

4 Neverla, Irene: Zäsur und Kompetenz. Thesen zur journalistischen Krisenberichterstattung, in: Beuthner, Michael u. a. (Hg.): Bilder des Terrors – Terror der Bilder? Krisenberichterstattung am und nach dem 11. September, Köln 2003, S. 158–169, hier S. 163.

keit von Experten manifestieren, aber auch durch einen Mangel an Vielfalt und Transparenz im journalistischen Umgang mit Expertenquellen in der Berichterstattung entstehen. Die Autorin plädiert abschließend für einen verantwortungsvolleren Umgang mit Expertenquellen. Alle beteiligten Akteure – Journalisten, Experten und Publikum – sind angehalten, sich die Grenzen medialer Expertise bewusst zu machen. Eine besondere Herausforderung liegt darin, das Publikum für diese Grenzen zu sensibilisieren.

II. Definition Experte

Jede wissenschaftliche Disziplin hat ihr eigenes Verständnis davon, was unter einem Experten verstanden werden kann. Während beispielsweise die Psychologie Experten im Wesentlichen über herausragende Leistung definiert,[5] findet sich in soziologischen Untersuchungen ein Verständnis von Experten als eine soziale Zuschreibung, als Rolle, als »soziale Etikettierung«.[6] Diese Auffassung von »Experte« als Zuschreibung ist auch für kommunikationswissenschaftliche Untersuchungen zentral. In diesem Beitrag werden Experten als Personen verstanden, die in der Medienberichterstattung in der *Rolle des Experten* vorkommen.[7] Um zu verstehen, was diese Rolle konkret beinhaltet, wird auf die Definition von Peters zurückgegriffen, nach der sich ein Experte durch folgende drei Merkmale auszeichnet: 1. Verfügen über wissenschaftliches Sonderwissen, 2. Bereitstellen des Sonderwissens im Rahmen eines Experte-Klient-Verhältnisses und 3. Anwendung des Wissens zur Diagnose und Bewältigung von praktischen Problemen.[8] Diese Definition berücksichtigt nur Wissenschaftler als Experten; erweitert auf nichtwissenschaftliches Wissen und übertragen auf die Medienberichterstattung umfasst die Rolle des Experten laut Huber Folgendes:

»Grundsätzlich wird von einer Person in der Rolle des Experten erwartet, dass sie auf Basis ihres Wissens einen Beitrag zur Diagnose und/oder Lösung eines Problems beiträgt. In der Medienberichterstattung kann so ein Beitrag sehr unterschiedlich ausfallen und von der Erklärung komplexer Zusammenhänge über die Einschätzung der Folgen nach einer Katastrophe bis hin zu Tipps bei Alltagsproblemen im Ratgeberjournalismus reichen.«[9]

5 Für einen Überblick über die psychologische Expertiseforschung siehe Ericsson, K. Anders u. a. (Hg.): The Cambridge Handbook of Expertise and Expert Performance, Cambridge 2006.
6 Hitzler, Ronald u. a.: Vorwort, in: Dies. (Hg.): Expertenwissen. Die institutionalisierte Kompetenz zur Konstruktion von Wirklichkeit, Opladen 1994, S. 5–7.
7 Vgl. Huber, Brigitte: Öffentliche Experten. Über die Medienpräsenz von Fachleuten, Wiesbaden 2014, S. 38.
8 Vgl. Peters, Hans Peter: Wissenschaftliche Experten in der öffentlichen Kommunikation über Technik, Umwelt und Risiken, in: Neidhardt, Friedhelm (Hg.): Öffentlichkeit, öffentliche Meinung, soziale Bewegungen. Sonderheft 34 der Kölner Zeitschrift für Soziologie und Sozialpsychologie, Opladen 1994, S. 162–190.
9 Huber, Öffentliche Experten (wie Anm. 7), S. 38 f.

Wie im Methodenkapitel noch ausgeführt wird, bedeutet dies für eine inhaltsanalytische Erfassung von Experten in der Medienberichterstattung entsprechend, dass weniger eine Auswahl nach bestimmten Leistungen oder Berufs-
gruppen geeignet scheint, sondern viel mehr gemäß der *Rolle*, welche die Person
im Artikel einnimmt.

III. Forschungsstand zu medialen Experten

Die Kommunikationswissenschaft hat zu Experten in verschiedenen themati-
schen Kontexten der Medienberichterstattung geforscht, wie etwa in der Wissen-
schaftsberichterstattung,[10] Medizinberichterstattung,[11] im Ratgeberjournalismus,[12]
in der Kriegsberichterstattung[13] oder in der Wahlkampfberichterstattung.[14] Zudem finden sich auch Studien, die sich auf die Analyse von bestimmten Exper-
tentypen wie etwa Wissenschaftler als Experten[15] oder Wirtschaftsexperten[16]
konzentrieren. Aus diesen und weiteren Studien können bereits wesentliche
Aspekte zum Einsatz von Experten in der Medienberichterstattung herausge-
filtert werden.

Zunächst können grundsätzlich verschiedene Formen des Experteneinsatzes
unterschieden werden. So können Journalisten Experten im Rahmen ihrer *Re-
cherche* heranziehen, zum Beispiel um Hilfe bei der Konzeptualisierung eines
Artikels zu erhalten, etwa wenn es sich um ein wenig bekanntes Thema handelt.[17]

10 Besio, Cristina / Hungerbühler, Ruth: Experten und Laien in Wissenschaftssendungen:
    Rollen, Autorität und Legitimation, in: Stenchschke, Oliver / Wichter, Sigurd (Hg.): Wis-
    senstransfer und Diskurs, Frankfurt a. M. 2009, S. 335–346; Peters, Hans Peter / Hein-
    richs, Harald: Öffentliche Kommunikation über Klimawandel und Sturmflutrisiken.
    Bedeutungskonstruktion durch Experten, Journalisten und Bürger, Jülich 1995.
11 Kruvand, Marjorie: Bioethicists as Expert Sources in Science/Medical Reporting, in:
    Newspaper Research Journal 30 (2009), S. 26–41; Verhoeven, Piet: Where has the doctor
    gone? The mediazation of medicine on Dutch television, 1961–2000, in: Public Under-
    standing of Science 17 (2008), S. 461–472.
12 Hömberg, Walter / Neuberger, Christoph: Experten des Alltags. Ratgeberjournalismus
    und Rechercheanzeigen, Eichstätt 1995.
13 Steele, Janet E.: Experts and the Operational Bias of Television News: The Case of the Per-
    sian Gulf War, in: Journalism and Mass Communication Quarterly 72 (1995), S. 799–812.
14 Tennert, Falk / Stiehler, Hans-Jörg: Interpretationsgefechte. Ursachenzuschreibungen an
    Wahlabenden im Fernsehen, Leipzig 2001; Rosenberger, Sieglinde K. / Seeber, Gilg: Kopf
    an Kopf. Meinungsforschung im Medienwahlkampf, Wien 2003.
15 Albaek, Erik u. a.: Experts in the Mass Media: Researchers as Sources in Danish Daily
    Newspapers, 1961–2001, in: Journalism and Mass Communication Quarterly 80 (2003),
    S. 937–948.
16 Maeße, Jens: Deutungshoheit. Wie Wirtschaftsexperten Diskursmacht herstellen, in:
    Hamann, Julian u. a. (Hg.): Macht in Wissenschaft und Gesellschaft. Diskurs- und feld-
    analytische Perspektiven, Wiesbaden 2017, S. 291–318.
17 Vgl. Imhof, Kurt: Wissenschaftliches Wissen in der Wissens- und Mediengesellschaft:
    Die »Expertisierung« der öffentlichen Kommunikation. Vortrag gehalten auf der Tagung

Im Artikel selbst können Experten dann in vier verschiedenen Formen vorkommen; es lässt sich nach Peters eine sogenannte *vierstufige Hierarchie* unterscheiden: 1. Es wird nur die Handlung des Experten beschrieben, 2. der Experte wird direkt oder indirekt zitiert, 3. der Experte wird interviewt oder 4. der Experte ist selbst Autor des Textes, tritt also als Verfasser eines Gastkommentars auf.[18] Am meisten Handlungsspielraum bzw. Einfluss hat der Experte entsprechend, wenn er selbst Verfasser des Beitrags ist.

Auch wurden bereits die *Gründe* erforscht, warum Journalisten Experten einsetzen. Ein Grund ist, dass Journalisten grundsätzlich nach *Fakten, Glaubwürdigkeit* und *Objektivität*[19] in der Berichterstattung streben; dazu tragen Experten in der Berichterstattung bei. Zusätzlich kann der Einsatz von Experten Journalisten bei der Einhaltung der *Trennung von Nachrichten und Meinung* helfen.[20] In einer tatsachenbetonten Darstellungsform, wie etwa einem Bericht, sollte der Journalist seine eigene Meinung nicht einbringen. Um doch seinen Standpunkt einfließen lassen zu können, zitiert er einen Experten, der ebenfalls diesen Standpunkt vertritt. In diesem Fall dienen Experten als sogenannte »opportune Zeugen«[21] für einen gewissen Standpunkt. Kepplinger hat die Kommentare der Journalisten mit der Tendenz der Expertenstatements in der Berichterstattung verglichen. Aus seiner Sicht kann man von einer »instrumentellen Aktualisierung«[22] von Experten sprechen: »Die vorhandenen Expertenaussagen werden bewußt oder unbewußt zur Stützung der redaktionellen Linie publiziert.«[23] Das führt zu der Frage, wie Experten ausgewählt werden. Nölleke hat mit Hilfe von Interviews mit Journalisten den sogenannten »Expertenwert« ermittelt. Demnach spielen bei der Auswahl von Experten folgende Kriterien eine Rolle:[24]
– Fachkompetenz
– Status / Prominenz

»Wissen – Medien – Kommunikation. Paradigmen zur Analyse der Gegenwartsgesellschaft.« Eine gemeinsame Tagung der Sektion Wissenssoziologie und der Sektion Medien- und Kommunikationssoziologie in der Deutschen Gesellschaft für Soziologie an der Technische Universität Berlin, 09.–10.10.2003, http://www.sgvw.ch/sektor/news/expertitis_ganzer_beitrag.pdf (letzter Zugriff am 10.02.2008).

18 Vgl. Peters, Wissenschaftliche Experten (wie Anm. 8), S. 180 f.
19 Vgl. Boyce, Tammy: Journalism and Expertise, in: Journalism Studies 7 (2006), S. 889–906; Steele, Experts (wie Anm. 13), S. 800.
20 Siehe dazu Huber, Brigitte: Experten oder Ersatzjournalisten. Zur Rolle der Meinungsforscher in den Medien, Diplomarbeit, Universität Wien 2008.
21 Hagen, Lutz: Die opportunen Zeugen. Konstruktionsmechanismen von Bias in der Zeitungsberichterstattung über die Volkszählungsdiskussion, in: Publizistik. Vierteljahreshefte für Kommunikationsforschung 37 (1992), S. 444–460.
22 Kepplinger, Hans Mathias: Künstliche Horizonte. Folgen, Darstellung und Akzeptanz von Technik in der Bundesrepublik, Frankfurt a. M. 1989, S. 145.
23 Ebd., S. 145 f.
24 Vgl. Nölleke, Daniel: Die Konstruktion von Expertentum im Journalismus, in: Dernbach, Beatrice / Quandt, Thorsten (Hg.): Spezialisierung im Journalismus, Wiesbaden 2009, S. 98–110.

- Sprachliches Darstellungsvermögen (Prägnanz der Darstellung)
- Meinungsstärke
- attraktives Erscheinungsbild und authentisches Auftreten
- Erreichbarkeit und Zuverlässigkeit
- Vorhersehbarkeit des Statements
- vorherige Medienauftritte

Diese Auswahlkriterien führen dazu, dass Journalisten immer wieder dieselben Experten zitieren, es entwickeln sich sogenannte »Leitexperten«.[25] Wie kann das theoretisch eingeordnet werden? Hier bietet sich die Betrachtung von Experten als *Öffentlichkeitsakteure* an. Laut dem Öffentlichkeitsmodell nach Neidhardt kann zwischen Publikums-, Sprecher- und Vermittlungsrollen in der Öffentlichkeit unterschieden werden, wobei Experten neben den folgenden Akteuren als Sprecherrollen verortet werden können:[26]

1. Repräsentanten (sprechen als Vertreter von Interessenverbänden, Parteien, sozialen Bewegungen, Vereinen)
2. Advokaten (sprechen ohne politische Vertretungsmacht, aber im Namen von unverfassten Gruppierungen mit Blick auf deren Interessen; beispielsweise Sozialarbeiter)
3. Experten (Sprecher mit wissenschaftlich-technischen Sonderkompetenzen)
4. Intellektuelle (behandeln sozial-moralische Sinnfragen)
5. Kommentatoren (Journalisten, die nicht nur berichten, sondern sich mit eigener Meinung zu Wort melden)

Eine Fokussierung auf wenige Experten kann in diesem Modell als nicht förderlich eingestuft werden. Konkret wird dadurch die *Transparenzfunktion* von Öffentlichkeit geschwächt. Diese ist gewährleistet, wenn alle Gruppen und alle Themen Zugang zur öffentlichen Arena haben. Durch eine Fokussierung auf wenige Experten ist diese Transparenzfunktion entsprechend geschwächt. Die Ergebnisse der empirischen Untersuchung werden zeigen, wie begrenzt oder vielfältig das Expertenspektrum der tagesaktuellen Medienberichterstattung in Österreich tatsächlich ist.

---

25 Ebd., S. 106.
26 Vgl. Neidhardt, Friedhelm: Öffentlichkeit, öffentliche Meinung, soziale Bewegungen, in: Ders. (Hg.), Öffentlichkeit (wie Anm. 8), S. 7–41, hier S. 14.

IV. Methode

Im Folgenden werden kurz die eingesetzten Methoden der beiden Untersuchungen erläutert.[27] Zum einen wurde eine quantitative *Inhaltsanalyse* durchgeführt. »Die Inhaltsanalyse ist eine empirische Methode zur systematischen, intersubjektiv nachvollziehbaren Beschreibung inhaltlicher und formaler Merkmale von Mitteilungen.«[28] Ziel war es in diesem Fall, das Vorkommen von Experten in der tagesaktuellen Berichterstattung zu untersuchen. Da eine Studie[29] zeigt, dass Experten erst seit den 1990er Jahren regelmäßig in der Berichterstattung eingesetzt werden, wurde für die vorliegende Inhaltsanalyse 1995 als Anfangspunkt der Erhebung festgelegt. Als Endpunkt wurde 2010 gewählt, da zu diesem Zeitpunkt die Durchführung der Erhebung startete. Dieser Zeitraum wurde – wie in anderen Studien bereits erprobt[30] – mittels Fünfjahresschritten abgedeckt, woraus sich für die Stichprobe die Jahre 1995, 2000, 2005 und 2010 ergaben. In diesen Jahren wurden künstliche Wochen erstellt, wobei aus jedem Monat ein rotierender Wochentag gewählt wurde, wodurch zwei künstliche Wochen pro Jahr pro Medium gebildet wurden.[31] Als Medien wurden die österreichischen Tageszeitungen »Der Standard« als Vertreter der österreichischen Qualitätszeitungen und die »Kronen Zeitung« als Vertreterin der österreichischen Boulevardzeitung gewählt. Insgesamt gingen 14.050 Zeitungsartikel in die Analyse ein. Um das Ausmaß der Expertenpräsenz zu erheben, wurde zunächst jeder Artikel dahingehend analysiert, ob einer oder mehrere Experten vorkamen. Wie im Kapitel zur Begriffsdefinition erarbeitet, wurden entsprechend all jene Personen als Experten codiert, die im Artikel in der Rolle des Experten präsent waren. Dabei wurden sowohl namentlich genannte Experten als auch anonyme Nennungen berücksichtigt. Unter anonymen Nennungen wurden Formulierungen wie »Experten geben zu bedenken, dass« codiert. Jene Artikel, die mindestens eine namentliche oder nicht namentliche Nennung von Experten enthielten, wurden detaillierter codiert.[32] Dabei wurden zusätzliche Merkmale erhoben, unter anderem *Geschlecht, institutionelle Zugehörigkeit* und *Funktion*.

Zusätzlich zur Inhaltsanalyse wurden *Interviews* mit österreichischen Experten und Journalisten geführt. Das Ziel der Leitfadeninterviews war es, den

---

27 Für detaillierte Angaben zu Planung und Durchführung der beiden empirischen Untersuchungen siehe Huber, Öffentliche Experten (wie Anm. 7), S. 97–108.

28 Früh, Werner: Inhaltsanalyse, Konstanz 2007, S. 27.

29 Albaek u. a., Experts (wie Anm. 15).

30 Blöbaum, Bernd: Wandel redaktioneller Strukturen und Entscheidungsprozesse, in: Bonfadelli, Heinz u. a. (Hg.): Seismographische Funktion von Öffentlichkeit im Wandel, Wiesbaden 2008, S. 119–129.

31 Vgl. Früh, Inhaltsanalyse (wie Anm. 28), S. 109.

32 Für Details siehe das Codebuch im Anhang von Huber, Öffentliche Experten (wie Anm. 7), S. 196.

Prozess der Etablierung von medialen Expertenfiguren mit Hilfe von Aussagen der an diesem Prozess beteiligten Experten und Journalisten zu rekonstruieren. Konkret wurden 16 Experten im Zeitraum 5. November bis 3. Dezember 2012 sowie zehn Journalisten im Zeitraum 8. Januar bis 7. März 2013 interviewt. Die Auswahl der Interviewpartner erfolgte auf Basis der Ergebnisse der Inhaltsanalyse. Diese zeigten, dass ein Großteil der medial präsenten Experten aus der Gruppe der universitären Wissenschaftler stammt, aber auch Experten aus anderen Bereichen wie etwa außeruniversitären Forschungseinrichtungen, Meinungsforschungsinstituten oder NGOs zitiert wurden. Entsprechend wurde bei der Auswahl der Interviewpartner eine breite Palette an relevanten Institutionen angeschrieben. Für die Durchführung der Interviews wurde ein Leitfaden für Experten und einer für Journalisten mit je fünf Themenblöcken erstellt. Beide dienten im Interview zur Orientierung und wurden entsprechend flexibel gehandhabt:

»Um das Interview so weit wie möglich an einen natürlichen Gesprächsverlauf anzunähern, können Fragen aus dem Interviewleitfaden auch außer der Reihe gestellt werden, wenn es sich ergibt. So kommen Interviewpartner mitunter von selbst auf ein bestimmtes Thema zu sprechen, und es wäre unsinnig, sie von dort wieder wegzulenken.«[33]

Diese Vorgangsweise erwies sich als fruchtbar, da beispielsweise bereits die Einstiegsfrage an die Experten nach dem Beginn ihrer Medienkontakte jeweils ganz unterschiedliche Anknüpfungspunkte an die weiteren Fragen bot. Die Interviews wurden transkribiert und mit Hilfe der Software Atlas.ti ausgewertet. Bei der Auswertung wurde auf eine offene Handhabung des Kategoriensystems geachtet, indem Merkmalsausprägungen frei verbal beschrieben werden und das Kategoriensystem durch neue Kategorien ergänzt werden konnte.[34] Besonders prägnante Zitate wurden markiert und bei der Darstellung der Interviewergebnisse mit dem Ziel eingebunden, die Schlussfolgerungen transparent zu machen, die Fälle plastischer darzustellen und die Lesbarkeit des Textes zu verbessern.[35]

V. Ergebnisse

Zunächst soll gezeigt werden, wie sich die Präsenz von Experten im Laufe der Zeit verändert hat. Wie Abbildung 1 verdeutlicht, kamen 1995 in 7,3 % aller Zeitungsartikel Experten vor. Ab 2000 waren es ca. 10 %. Interessant ist eine

---

33 Gläser, Jochen / Laudel, Grit: Experteninterviews und qualitative Inhaltsanalyse. 3., überarb. Aufl., Wiesbaden 2009, S. 42.
34 Vgl. ebd., S. 205.
35 Vgl. ebd., S. 273 f.

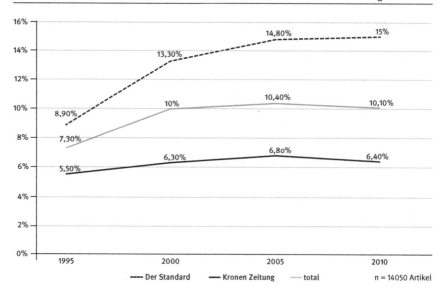

Abb. 1: Experten im Zeitverlauf (1995–2010).

getrennte Betrachtung der Ergebnisse: »Der Standard« hat einen Anstieg von 8,9 % im Jahr 1995 auf 15 % im Jahr 2010 zu verzeichnen. Dieser Anstieg ist signifikant. Bei der »Kronen Zeitung« hingegen ist kein signifikanter Anstieg zu verzeichnen. Das kann damit erklärt werden, dass in der »Kronen Zeitung« Experten vor allem als Autoren von Kolumnen vorkommen und diese entsprechend gleichgeblieben sind. Des Weiteren kann eine Rolle spielen, dass Qualitätszeitungen generell stärker auf die Trennung von Nachricht und Meinung achten als Boulevardzeitungen. Zudem hat ein Journalist von der »Kronen Zeitung« im Interview betont, dass er selbst Experte sei und daher keine Experten brauche.[36] Der Verzicht auf externe Experten wurde auch in einer Studie zur Berichterstattung über TV-Duelle deutlich, wobei Experten in der Kronen Zeitung überhaupt nicht zu Wort kamen, sondern Leserbriefschreiber und Journalisten selbst die analytisch-bilanzierenden Kommentare zum TV-Duell vornahmen.[37]

Interessant war an den Interviews, dass die Journalisten selbst die Veränderung ganz unterschiedlich wahrnahmen. So berichtete etwa ein Journalist: »Ich bin jetzt seit 25 Jahren in der Innenpolitik, und ich kann nur aus diesem Blickwinkel beurteilen, und da hat sich das massiv verändert.«[38] Zu Beginn seiner Tätigkeit spielten Experten keine Rolle, da habe es nur Journalisten als

36 Vgl. Interview mit Journalist J07.
37 Siehe dazu Plasser, Fritz / Lengauer, Günther: Wahlkampf im TV-Studio: Konfrontationen in der Medienarena, in: Plasser, Fritz (Hg.): Politik in der Medienarena, Wien 2010, S. 193–240.
38 Interview mit Journalist J04.

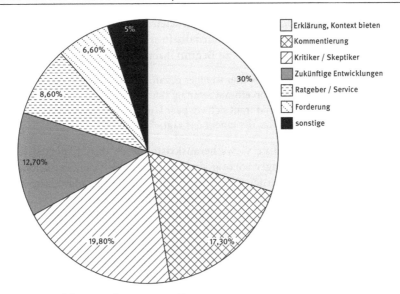

Abb. 2: Funktionen von Experten.

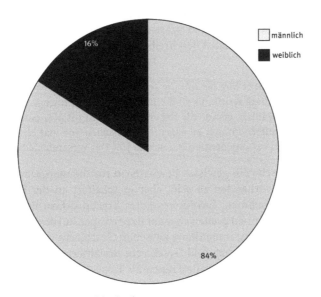

Abb. 3: Geschlecht der Experten.

Kommentatoren gegeben. Heute hingegen seien Experten zentraler Bestandteil der Berichterstattung. Eine andere Journalistin erzählte, dass Experten heute für sie weniger Bedeutung hätten als zu Beginn ihrer Karriere:

»In meiner eigenen Arbeit ist es eher weniger geworden. Das hängt aber sicher damit zusammen, wenn man den Job einmal zwanzig Jahre gemacht hat, dann macht man ein paar Dinge nicht mehr und traut sich ein paar Dinge selber festzustellen und muss jetzt nicht irgendwen anrufen, der einem das sagt.«[39]

Zudem hat sich in den Interviews herauskristallisiert, dass Experten je nach Medium mehr oder weniger wichtig sind. Das hängt mit den Funktionen zusammen, die Experten im jeweiligen Medium einnehmen. Abbildung 2 zeigt, dass insgesamt die Erklärung die wichtigste Funktion ist.

Wie bereits erwähnt kommt im »Standard« die Erklärungs-, Kommentierungs- und Kritikfunktion öfter vor als in der »Kronen Zeitung«. Dort sind Experten vor allem Ratgeber, was dem Servicecharakter der Zeitung entspricht. Im Folgenden wird nun genauer analysiert, wer als Experte auftritt. Abbildung 3 zeigt das Geschlecht der Experten. 84 % der codierten Experten sind Männer; das Expertenbild ist eindeutig männerdominiert. Nur 16 % der codierten Experten sind Frauen. Bezogen auf die weiter oben erläuterte Transparenzfunktion von Öffentlichkeit kann hier also von deren Schwächung gesprochen werden.

Einen Einblick, wie es zu diesem Ungleichgewicht hinsichtlich der Geschlechterverteilung bei den medial präsenten Experten kommen kann, liefern die Interviews. Ein Journalist beschreibt die Situation in seiner Redaktion folgendermaßen:

»Also seit einiger Zeit gibt es hier bei uns die konstante Kritik, dass zu wenig Frauen sichtbar sind. Ich teile diese Kritik. Es sind einfach zu viele Männer in der Zeitung. Es schreiben zu viele Männer, gerade die Experten sind sehr oft Männer. Wir haben einmal den Versuch unternommen zu sagen: Jetzt machen wir mal eine Liste mit weiblichen Experten in verschiedensten Bereichen. [...] Das versandet jedes Mal.«[40]

Es scheint also einerseits ein gewisses Bewusstsein für die mangelnde Präsenz weiblicher Experten vorhanden zu sein, aber es scheitert an der Umsetzung gegensteuernder Maßnahmen. Ein interessantes Ergebnis dazu liefert die Inhaltsanalyse: Journalistinnen greifen eher auf Expertinnen zurück als Journalisten. Tabelle 1 zeigt den Zusammenhang zwischen Geschlecht des Journalisten, der den Artikel geschrieben hat, und Geschlecht des zitierten Experten. Während Männer nur in 10,6 % der Fälle Frauen als Experten zitieren, sind es bei Frauen 25,1 %. Dieser Unterschied ist signifikant.

---

39 Interview mit Journalistin J03.
40 Interview mit Journalist J10.

Tab. 1: Zusammenhang zwischen Geschlecht Experte und Geschlecht Journalist

		Geschlecht des Journalisten		Gesamt
		männlich	weiblich	
Experte Geschlecht	männlich	405	182	587
		89,40 %	74,90 %	84,30 %
	weiblich	48	61	109
		10,60 %	25,10 %	15,70 %
Anzahl Experten		453	243	696
		100,00 %	100,00 %	100,00 %

Chi2=25,200; df=1; p<0,001; Cramer-V=0,190

In den Interviews zeigt sich jedoch, dass auch Journalistinnen ihre Vorbehalte gegenüber Frauen als Expertinnen haben und oft Männer bevorzugen, wie dieses Zitat einer Journalistin verdeutlicht:

»Also ich habe da schon mit Kolleginnen drüber geredet, dass wir gelegentlich verzweifeln an den Damen, weil die haben dann Angst, dass sie jetzt nicht die Spezialexpertin sind, die vielleicht gebraucht wird oder dass sie etwas vielleicht nicht wissen könnten oder man muss es hundertmal dann ihnen schicken, ob es eh richtig wiedergegeben wurde. [...] Das führt dann möglicherweise dazu, dass man das nächste Mal wieder die altbewährten Herren anruft.«[41]

Abschließend sollen nun noch die Motive aufgezeigt werden, warum Experten Journalistenanfragen annehmen bzw. warum sie in Medien präsent sind. Eine Gruppe von Beweggründen konnte zur Kategorie »persönliche Anerkennung« zusammengefasst werden. Ein Experte beschreibt sein Motiv folgendermaßen: »Man freut sich ja auch, gefragt zu werden. Also es wird ja nicht jeder gefragt, nicht? [...] Man wird möglicherweise ein bisschen – also arrogant ist jetzt übertrieben – aber man wird ein bisschen eingebildet.«[42] Ein weiteres Motiv, das sich im Zuge der Interviews mit Experten herauskristallisierte, lässt sich als »hehre Absicht« umschreiben. Eine Expertin äußert sich dazu folgendermaßen:

»Ja, was mich motiviert ist halt, dass ich möchte, dass eine lebenswerte Zukunft auch für die folgenden Generationen gesichert wird. Und das Thema in die Medien zu bringen ist natürlich irgendwie essentiell dabei, damit man ein gewisses Bewusstsein auch schafft, dass da was passieren muss.«[43]

41 Interview mit Journalistin J03.
42 Interview mit Experte E04.
43 Interview mit Expertin E14.

Ein weiteres Motiv kann als eine Art von Pflichtgefühl beschrieben werden. Ein Experte aus der Wissenschaft führt dazu aus: »Wir leben von öffentlichen Geldern und haben auch eine Verpflichtung, ein Stück weit zurückzugeben, was wir bekommen. Aber das wird nicht von allen geteilt, das sage ich Ihnen gleich.«[44] Schließlich ließ sich ein viertes Motiv identifizieren: Werbung. Eine Expertin äußert sich dazu folgendermaßen: »Für die Bücher, muss ich schon sagen, ist es eine indirekte Bewerbung; das heißt aber jetzt auch nicht, dass sich die Bücher bei mir zu Zehntausenden verkaufen.«[45] Ein anderer Experte bringt es folgendermaßen auf den Punkt: »Also es sind einfach die zwei Motive: Das eine ist, dass das Unternehmen an Reputation gewinnt bzw. sollte zumindest an Reputation gewinnen, und das sollte sich auch mittelfristig auf die Einnahmen auswirken. Aber das andere ist wirklich eine moralische Motivation.«[46]

VI. Schluss

Ausgangspunkt des vorliegenden Beitrages waren gesellschaftliche Diskussionen zur Bedeutung von Experten in der Medienberichterstattung. So wurde etwa darüber diskutiert, ob Experten zu oft eingesetzt werden oder der Umgang mit Experten in der Berichterstattung zu wenig transparent ist. Der Beitrag schließt an diese Diskussion an und arbeitet mit Hilfe von Ergebnissen einer Inhaltsanalyse österreichischer Tageszeitungen sowie von Leitfadeninterviews mit österreichischen Journalisten und medial präsenten Experten heraus, wie Experten in der Medienberichterstattung eingesetzt werden und inwiefern mediale Expertise dabei auch an ihre Grenzen stößt. Die Ergebnisse der Inhaltsanalyse zeigten zunächst, dass die Präsenz von Experten im Zeitraum 1995 bis 2010 zwar zugenommen hat, aber nicht von einem generellen »Expertenboom« gesprochen werden kann – findet sich diese Entwicklung nur in einer der beiden analysierten Tageszeitungen. Als zentrale Funktion von Experten in der Berichterstattung zeichnete sich dabei das Erklären und Kontextualisieren ab, gefolgt von Kommentierung, Kritik, Prognose, Ratschlag und Forderung.

Zu den Grenzen medialer Expertise kann schließlich festgehalten werden, dass diese Grenzen mehrere Aspekte betreffen können: den Kompetenzbereich der Experten, die Vielfalt der Expertenstimmen, die Unabhängigkeit der Experten und die Transparenz in der Darstellung der Experten. Zum Kompetenzbereich von Experten: Die Experten, die in den Medien sichtbar sind, können, aber müssen nicht zwingend die sein, die sich beim Thema am besten auskennen. Wie erläutert, spielen hier viele journalistische Auswahlkriterien eine Rolle. Dazu kommt, dass laut Aussagen der Interviewpartner Frauen ihre eigene Kompetenz eher in Frage stellen als Männer. Viele kompetente Frauenmeinungen sind also

---

44 Interview mit Experte E13.
45 Interview mit Expertin E06.
46 Interview mit Experte E16.

in der Medienöffentlichkeit nicht präsent. Dies führt direkt zu einer zweiten Grenze, nämlich der Vielfalt an Expertenstimmen in den Medien. Die Vielfalt kann auf zweierlei Art und Weise eingeschränkt sein: 1. auf das Geschlecht bezogen: Das mediale Expertenspektrum ist stark männerdominiert. 2. auf die Meinungsvielfalt innerhalb des Artikels bezogen: Pro Artikel wird meist nur ein Experte zitiert, d. h. konkurrierende Expertenstimmen werden selten sichtbar. Das wäre aber besonders wichtig, wenn man bedenkt, dass die wenigsten Experten wirklich als unabhängig eingeschätzt werden können, wie folgendes Zitat verdeutlicht: »Oft weiß man ja auch nicht so genau, wer jetzt gerade im Hintergrund ein Gutachten schreibt oder sich sponsern lässt von einer Lobbyingeinrichtung oder sonst was.«[47] Schließlich hängt es sehr stark davon ab, wie transparent mit Experten in der Medienberichterstattung umgegangen wird, wie folgendes Zitat auf den Punkt bringt:

»Ein Experte, der von einer politischen Partei beauftragt wird, kann per se nicht ganz unabhängig sein. Das heißt nicht, dass der es nicht würdig ist, zitiert zu werden und dass seine Expertise nicht zählt. Aber der Ordnung halber muss man dazu sagen, für wen der auch arbeitet.«[48]

Für die journalistische Arbeit empfiehlt sich also ein möglichst transparenter und vielfältiger Umgang mit Experten in der Berichterstattung. Abschließend bleibt jedoch zu bedenken:

»Der Atem des Journalismus droht kurz und flach zu werden. Beispiele gibt es mehr als genug: Wenn etwa Politikberater in TV-Interviews als politische Analytiker gefragt werden, wir aber als Zuseher nicht erfahren, wen sie beraten, dann ist das der Königsweg – für die Politikberater. Für den politischen Journalismus aber ist es eine Strophe im Abgesang und für das Publikum Etikettenschwindel.«[49]

Ein wichtiger Schritt bestünde also auch darin, ein Bewusstsein für die Grenzen medialer Expertise beim Publikum zu schaffen. Dies kann neben sensibilisierenden Berichten im Rahmen des Medienjournalismus auch im Rahmen der Vermittlung von Medienkompetenz in Schulen und anderen Bildungseinrichtungen stattfinden.

---

47 Interview mit Journalist J06.
48 Interview mit Journalist J09.
49 Haas, Hannes: Ein dialektischer Optimist und Mutmacher. Heribert Prantls Bekenntnis zum Journalismus. Vorwort, in: Ders. (Hg.): Heribert Prantl. Die Welt als Leitartikel. Zur Zukunft des Journalismus. Theodor-Herzl-Vorlesungen, Wien 2012, S. 15.

Autorinnen und Autoren des Bandes

Prof. Dr. Eric H. Ash, Wayne State University, USA.

Dr. Marcel Bubert, Westfälische Wilhelms-Universität Münster, Deutschland.

Dr. Georg Fischer, Universität Aarhus, Dänemark.

PD. Dr. Susanne Friedrich, Ludwig-Maximilians-Universität München, Deutschland.

Prof. Dr. Marian Füssel, Georg-August-Universität Göttingen, Deutschland.

Dr. Brigitte Huber, Universität Wien, Österreich.

Dr. Annemarie Kinzelbach, Technische Universität München, Deutschland.

Dr. Philip Knäble, Georg-August-Universität Göttingen, Deutschland.

Dr. Jens Maeße, Justus-Liebig-Universität Gießen, Deutschland.

Dr. Ekaterini Mitsiou, Universität Wien, Österreich.

Prof. Dr. Klaus Oschema, Ruhr-Universität Bochum, Deutschland.

Prof. Dr. Frank Rexroth, Georg-August-Universität Göttingen, Deutschland.

Inga Schürmann, Georg-August-Universität Göttingen, Deutschland.

Prof. Dr. Masaki Taguchi, Universität Hokkaido, Japan.